SiC 基石墨烯及其金属改性

胡廷伟　著

中国原子能出版社

图书在版编目 (CIP) 数据

SiC 基石墨烯及其金属改性 / 胡廷伟著 . —— 北京：
中国原子能出版社，2022.8
ISBN 978-7-5221-2063-8

Ⅰ . ① S… Ⅱ . ① 胡… Ⅲ . ① 石墨烯—研究 Ⅳ .
① TB383

中国版本图书馆 CIP 数据核字（2022）第 147688 号

内 容 简 介

本书围绕 SiC 热解石墨烯及其金属改性的研究内容，重点介绍 SiC 热解与外延石墨烯的特征，石墨烯的大面积制备，金属原子对石墨烯的掺杂、插层等改性的机制。结合扫描隧道显微镜 / 谱（STM/STS）、反射式高能电子衍射（RHEED）、原子力显微镜（AFM）、扫描电子显微镜（SEM）、拉曼光谱（Raman）、光电子能谱（XPS）等技术手段对石墨烯与金属的复合体系进行系统的研究。同时进行总结并提出未来研究展望。本书论述严谨，条理清晰，内容丰富新颖，是一本值得学习研究的著作。

SiC 基石墨烯及其金属改性

出版发行	中国原子能出版社（北京市海淀区阜成路 43 号 100048）
责任编辑	张　琳
责任校对	冯莲凤
印　　刷	北京亚吉飞数码科技有限公司
经　　销	全国新华书店
开　　本	710 mm × 1000 mm　1/16
印　　张	18.25
字　　数	289 千字
版　　次	2024 年 3 月第 1 版　2024 年 3 月第 1 次印刷
书　　号	ISBN 978-7-5221-2063-8　定　　价　98.00 元

网　　址：http://www.aep.com.cn　**E-mail**:atomep123@126.com
发行电话：010-68452845　　　　版权所有　侵权必究

前言

本书围绕 SiC 热解石墨烯及其金属改性的研究内容,重点介绍 SiC 热解与外延石墨烯的特征,石墨烯的大面积制备,金属原子对石墨烯的掺杂、插层等改性的机制。结合扫描隧道显微镜/谱(STM/STS)、反射式高能电子衍射(RHEED)、原子力显微镜(AFM)、扫描电子显微镜(SEM)、拉曼光谱(Raman)、光电子能谱(XPS)等技术手段对石墨烯与金属的复合体系进行系统的介绍。全书共 13 章,主要分布如下:

第 1 章介绍石墨烯的研究背景,包括石墨烯的基本结构、特性及各种制备方法,对比分析石墨烯制备方法的优缺点,总结归纳关于 SiC 高温热解制备外延石墨烯的研究现状和存在问题,石墨烯与金属的作用及其结构调控的研究现状。

第 2 章介绍主要设备及相应的原理和操作方法。

第 3 ~ 5 章详细介绍外延石墨烯的制备与表征。包括生长机理及 SiC 的演化过程,揭示 SiC 缓冲层的精细原子结构及外延石墨烯的生长机理。阐明外延石墨烯与 SiC 衬底之间的结构关系,发现边界取向判定的简易方法。表征外延石墨烯的边界结构、边界电子态,分析电子干涉图案及其形成机理。探索大面积单层外延石墨烯的高质量制备,从热力学角度阐明气氛条件及快闪工艺对高质量外延石墨烯生长的关键作用。

第 6 ~ 9 章介绍金属原子生长与掺杂。比较 Bi、Ag 两种金属原子在石墨烯及 SiC 缓冲层表面的生长特征,从热、动力学角度澄清物理机制与金属生长特性。以 Ag 为例,根据 Raman 光谱特征峰强度、峰形劈裂程度和峰位等探究石墨烯层数对金属原子交互作用的影响。利用退火工艺实现金属原子替位掺杂,通过模拟计算分析掺杂机制,探明对石墨烯电子结构的影响,探讨石墨烯的金属化行为。研究金属原子的选择性生长与金属等离子体注入对外延石墨烯结构与性能的影响。

第 10 ~ 12 章以 Pb、In、Ag、Bi 几种金属为例,探究金属原子在 SiC 缓冲层 / 石墨烯衬底上的生长规律及影响因素,确定金属原子插层工艺,考察金属原子在石墨烯表面的自滑移与刻蚀现象。借助 STM 分析金属原子插层的宏观插层形貌及微观原子结构,通过第一性原理模拟验证插层金属原子排列结构。根据 Raman 光谱、XPS 等表征方式确认金属原子插入对石墨烯的离化作用。

第 13 章对全书进行总结,并提出未来研究展望。

本书的研究工作得到了国家自然科学基金(51601142),海南省自然科学基金(521RC555),海南医学院人才引进项目(XRC200016)的资助。向大力支持本书编写的西安交通大学马飞教授、马大衍研究员、西安邮电大学刘祥泰、张晓荷等专家表示衷心感谢。编者水平有限,书中难免有不足和疏漏之处,恳请读者提出宝贵意见。

作者　胡廷伟

2022 年 5 月

目录

1

石墨烯基本特征及研究现状

1.1　概述

集成电路（Integrated circuit，IC）是基于半导体工艺，将电学元器件布线互连所形成的微型电子器件。第一块集成电路发明于 20 世纪 50 年代，它的出现使人类社会进入一个全新的电子信息时代。1965 年，英特尔（Intel）创始人之一的 Gordon E. Moore 提出描述硅基集成电路发展趋势的经验规律——摩尔定律[1]。集成电路所用晶体管的数目每 18~24 个月翻一番，性能也提高一倍。根据预测，集成电路所用晶体管的密度、运算速度及存储容量等性能指标均每 18 个月增加一倍，且在过去的 50 年里得到了很好的验证[2,3]。晶体管快速发展的基本途径是通过等比例缩小晶体管特征尺寸的方式实现的，目前每个处理器芯片中晶体管的数目已达数十亿级别。晶体管以单晶硅为沟道材料，其提高性能的基本途径是等比例缩小特征尺寸，目前已经达到 14 nm 和 10 nm 的技术节点，预计在 2025 年将达到 7.4 nm 的技术节点[3,4]。在如此微小的尺寸下，强烈的电子散射作用将严重影响硅材料的电子学特性，使器件性能难以继续提高，且加工成本和制作难度大大增加。同时，采用紫外光刻蚀或电子束刻蚀无疑大幅增加了器件的加工成本和制作难度[5-7]。因此，学术界和工业界正在努力探索其他可以替代单晶硅的新材料以维持半导体工业的后摩尔时代[8]。

二维材料是由几纳米厚的原子组成的层状结晶材料，因其独特的物理特性以及在制备非传统异质结时的灵活性而被广泛关注[10]。石墨烯是在 2004 年第一种被认知的具有开创性的二维材料，首位发现者英国曼彻斯特大学物理学科学家安德烈·海姆和康斯坦丁·诺沃肖洛夫在 2010 年获得诺贝尔物理学奖[11]。安德烈·海姆教授在 2019 年中国科幻大会上还讲述了多种被实验和理论证实的二维材料，这些新型材料将推动未来科技的发展[12-14]。虽然二维材料拥有"简单"的结构，但却具有"复杂"的性能[15]。该类层状材料中的电子可以在二维平面中自由移动,但它们在第三方向上的运动受量子力学的限制[13]。如图 1-1 所示[9],二维材料展现出前所未有独特功能,革新了相关高性能电子器件的设计,使其广泛应用于航天技术、半导体器件、能源化工、生物医学等众多交叉学科领域[16-19]。

图 1-1　特殊的二维材料及其广泛应用[9]

　　二维材料石墨烯是由曼切斯特大学的安德烈·海姆(Andre Geim)和康斯坦丁·诺沃肖洛夫(Konstantin Novoselov)两位科学家发现的,共同获得 2010 年诺贝尔物理学奖[11,20]。石墨烯一经发现便在微电子器件领域里赋予了极大的应用前景,迎合科学家们的想法[11,21]。目前,石墨烯已经成为学术界研究的热点问题,吸引了越来越多科研工作者的关注。石墨烯是碳(Carbon,C)原子通过 sp² 杂化方式形成的二维(Two dimensional,2D)单层晶体材料[20,22],是继零维(0D)的富勒烯[23]和一维(1D)的碳纳米管[24]后的又一种碳纳米材料。石墨烯的厚度在数个 Å,在电学、热学、力学等方面具有优异性能,在诸多应用领域受到广泛关注[25-27]。尤其在集成电路领域,石墨烯被誉为"未来之材料",有望成为晶体管等电子器件的基础材料。如图 1-2 所示,2004年 Novoselov 等人报道了单层石墨烯的场效应特性,且成功研制出第一个石墨烯场效应晶体管(Graphene field effect transistor,GFET)

[11]。随后,关于 GFET 的研究持续升温,目前已制备出不同栅极结构的
石墨烯晶体管 [28],截止频率等性能指标不断提高 [29],有望应用于电子
器件。

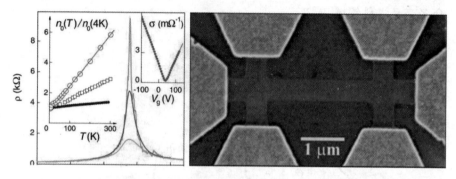

图 1-2   石墨烯场效应和场效应晶体管 [11],(a)场效应,(b)场效应晶体管

因此,石墨烯虽然具有独特的二维结构和优异的载流子迁移率,但
载流子浓度并不高,且本征态为带隙为零的半金属,使处于关闭状态的
石墨烯晶体管具有偏高的漏电流,影响其在大规模逻辑电路中的应用。
实现石墨烯的结构调控以优化其性能是重要的科学问题。基于石墨烯
的基础结构与性能,选择合适的制备方法,本书主要讨论了外延石墨烯
制备及其金属生长与插层的研究现状。

1.2   石墨烯的结构

1.2.1   晶体结构

单层石墨烯(SLG)实质上是石墨中的一个单原子层,是由碳原子
经 sp^2 杂化而成的六角蜂窝状晶格结构。双层或多层石墨烯是由两层
及两层以上的石墨烯单层堆垛而成。如图 1-3 所示,单层石墨烯被视为
其他维度碳材料的基本结构单元 [30],可以卷成富勒烯(0D),裹成碳纳
米管(1D),堆成石墨(3D)。尽管这三种碳材料已经研究了数十年,但
是对于石墨烯的研究更具有挑战性 [31]。

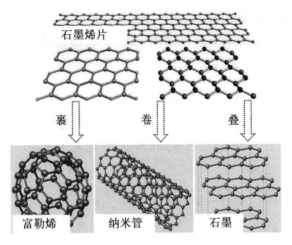

图 1-3　单层石墨烯被视为其他维度碳材料的基本结构单元[30]

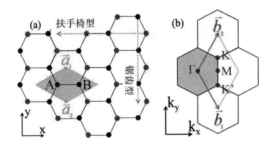

图 1-4　石墨烯的正倒空间结构[32]：（a）正空间的晶体结构；（b）倒空间结构

图 1-4（a）显示的是石墨烯平面蜂窝状晶体结构。其中,黑色和红色圆点分别代表两类不等同的碳原子,蓝色菱形表示石墨烯的原胞,包含了两个碳原子,即 A 和 B。$\vec{a}_1$ 和 $\vec{a}_2$ 为石墨烯的原胞基矢。碳原子分布的对称性和完整性对石墨烯的性能尤其是边界特性的影响很大[33-35]。石墨烯的晶格矢量可以表示为:

$$\vec{a}_1=\frac{a}{2}(3,\sqrt{3}),\quad \vec{a}_2=\frac{a}{2}(3,-\sqrt{3}),\tag{1-1}$$

式中, $a\approx1.42$ Å 是碳 - 碳键长,两个基矢的大小相等,即 $|\vec{a}_1|=|\vec{a}_2|\cong2.456$ Å[32,36]。平面内碳 - 碳键是 sp^2 杂化的 σ 键,属于较强的共价键,且形成了稳定的六角结构,从而使得石墨烯拥有许多优异的力学性能,如,高硬度、高强度、高稳定性等。而垂直于石墨烯平面的 π 电子可自由运动,赋予石墨烯优异的电学特性。石墨烯层间的堆垛也会引起 π 键的相互作用,进而影响到多层石墨烯的电学特性[37,38]。石墨烯的取向主

要有扶手椅和锯齿形两种,如图中虚线箭头所示。

图 1-4(b)显示的是石墨烯倒空间结构,即动量空间,其中 $\vec{b}_1$ 和 $\vec{b}_2$ 是两个基本矢量,可以表示为:

$$\vec{b}_1 = \frac{2\pi}{3a}(3,\sqrt{3}), \quad \vec{b}_2 = \frac{2\pi}{3a}(3,-\sqrt{3}), \tag{1-2}$$

其中, Γ, K, M 和 K' 是石墨烯布里渊区的高对称点。六角顶点位置上的两个高对称点 K 和 K' 对石墨烯的物理性能尤为重要。它们在倒空间的位置可以描述为:

$$\vec{k} = (\frac{2\pi}{3a}, \frac{2\pi}{3\sqrt{3}a}), \quad \vec{k}' = (\frac{2\pi}{3a}, -\frac{2\pi}{3\sqrt{3}a}), \tag{1-3}$$

1.2.2 电子结构

石墨烯优异性能源于其特殊的电子结构。如图 1-5(a)所示,为采用第一性原理计算的理想石墨烯片的能带结构[39],特殊性在于费米面上($E=0$)的 K 点。电子在 A、B 两类碳原子间的跳跃形成了 π 轨道在边界处的交叠[40],这种交叠恰好形成了狄拉克点[41],如图 1-5(b)所示。狄拉克点附近的能量分布是线性的,即 $E = \hbar k V_F$[42],其中, $V_F = c/300$(c 是光速),费米面上共包括了六个狄拉克点[32,43]。这种独特的线性关系意味着在费米面上电子的有效质量为 0,同时,费米面以下的电子和费米面以上的空穴只能用狄拉克方程而不是薛定谔方程来描述[44-46]。属于同一支分布曲线的电子和空穴可以用赝自旋 σ 来描述,它平行于电子动量,但与空穴动量相反。因为赝自旋是不遵循守恒定律,故石墨烯的这种手性特征意味着电子不会从 K 跳跃到 K',从而赋予了石墨烯和碳纳米管的电子弹道输运特性[47]。

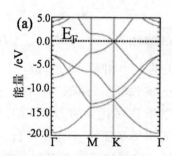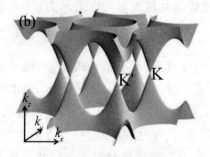

图 1-5　石墨烯的电子结构[32,39]:(a)能带结构;(b)狄拉克点附近的能带示意图

1.3　石墨烯的性能

石墨烯的性能优异使其在微电子器件和光电器件领域展现出了巨大的潜在应用价值,如,单电子晶体管 [48]、柔性显示器 [49,50]、太阳能电池 [51] 等等。研究发现,石墨烯拥有许多优异的物理性质,如,高电子迁移率、高热导率、高稳定性、高强度和高比表面积等等 [21,52],因此被认为是一种非常特别的新型材料 [48,53]。

1.3.1 力学性能

由于石墨烯具有六角对称的晶格结构,其弹性呈现出各向同性,本征方程为:

$$
\begin{bmatrix} \sigma_{11} \\ \sigma_{22} \\ \sigma_{33} \\ \sigma_{23} \\ \sigma_{13} \\ \sigma_{12} \end{bmatrix} = \begin{bmatrix} C_{11} & C_{12} & C_{13} & 0 & 0 & 0 \\ C_{12} & C_{11} & C_{13} & 0 & 0 & 0 \\ C_{13} & C_{12} & C_{33} & 0 & 0 & 0 \\ 0 & 0 & 0 & 2C_{44} & 0 & 0 \\ 0 & 0 & 0 & 0 & 2C_{44} & 0 \\ 0 & 0 & 0 & 0 & 0 & C_{11}-C_{22} \end{bmatrix} \begin{bmatrix} \varepsilon_{11} \\ \varepsilon_{22} \\ \varepsilon_{33} \\ \varepsilon_{23} \\ \varepsilon_{13} \\ \varepsilon_{12} \end{bmatrix} =
$$

$$
\begin{bmatrix} 1/E_{11} & -v_{12}/E_{11} & -v_{13}/E_{33} & 0 & 0 & 0 \\ -v_{12}/E_{11} & 1/E_{11} & -v_{13}/E_{33} & 0 & 0 & 0 \\ -v_{13}/E_{33} & -v_{13}/E_{33} & 1/E_{33} & 0 & 0 & 0 \\ 0 & 0 & 0 & 1/2G_{13} & 0 & 0 \\ 0 & 0 & 0 & 0 & 1/2G_{13} & 0 \\ 0 & 0 & 0 & 0 & 0 & 1/2G_{12} \end{bmatrix}^{-1} \begin{bmatrix} \varepsilon_{11} \\ \varepsilon_{22} \\ \varepsilon_{33} \\ \varepsilon_{23} \\ \varepsilon_{13} \\ \varepsilon_{12} \end{bmatrix}
$$

$$(1\text{-}4)$$

式中,1、2 为石墨烯的锯齿形和扶手椅两个特殊方向;3 为石墨烯的 z 轴方向;E_{11}、G_{12} 为平面内的杨氏模量和剪切模量;E_{33}、G_{13} 为离面的杨氏模量和剪切模量;v_{11}、v_{13} 为泊松比。

实验测得的力学参数为[54]：C_{12}180 GPa，C_{44}=4 GPa，C_{33}=36.5 GPa，C_{13}=15 GPa。考虑到极强的 σ 键,忽略相对较弱的 π 键,石墨烯平面内的弹性模量可以达到 1.0 TPa,接近钢的 100 倍[55]。而且石墨烯的弹性应变可以达到 20% 以上,远远高于块体石墨的 0.1%[56]。

1.3.2 电学特性

根据紧束缚近似的计算模型,碳原子周围的四个共价键中的电子可以认为是独立的,电子形成的周期性势场被看作微扰。在这种模型下,电子能级的贡献主要来自于费米能级周围的 P_z 电子。因而,电子紧束缚的哈密顿量可描述为：

$$H = -t \sum_{(i,j),\sigma} (a_{\sigma,i}^+ b_{\sigma,j} + H.c.) - t' \sum_{(i,j),\sigma} (a_{\sigma,i}^+ a_{\sigma,j} + b_{\sigma,i}^+ b_{\sigma,j} + H.c.) \quad （1\text{-}5）$$

式中：$a^+(a)/b^+(b)$ 为石墨烯晶体中相邻碳原子自旋为 σ 的电子的产生／湮灭算符；t（~2.8 eV）为近邻原子 P_z 轨道之间的能量跃迁值；t' 为次近邻原子 P_z 轨道之间的能量跃迁值。

采用第一性原理粗略估计得到,$0.02t \leq t' \leq 0.2t$,依赖于紧束缚参量[57]。求解此哈密顿量定义的薛定谔方程,可以得到如下能带关系[37,38]：

$$E_{\pm}(k) = \pm t \sqrt{3 + f(k)} - t' f(k) \quad （1\text{-}6）$$

式中,"+"为反键轨道（π*）；"-"为成键轨道（π）；k 为倒空间的波矢。

如果 t'=0,式（1-6）呈现对称关系,如果 $t' \neq 0$,电子 - 空穴的对称性遭到破坏,π* 和 π 轨道变成非对称性。假设 t'=0,$k=K+q$,$|q| << |K|$,狄拉克点附近的能带结构可表示为[37]：

$$E_{\pm}(q) \approx \pm v_F |q| + O[(q/K)^2] \quad （1\text{-}7）$$

式中,q 为狄拉克点附近电子态的相对动量；V_F=3ta/2 为电子的费米速度。

费米速度大小为 10^6 m·s^{-1}[37],不依赖于能量或动量,所以石墨烯中的电子称为狄拉克 - 费米子。电子能量和波矢的关系为 $E(q)=q^2/2m^*$,其中 m^* 是电子有效质量。因而,费米速度可以表示为 $V=k/m^*=\sqrt{2E/m^*}$。也就是说,费米速度有依赖能量的变化[21]。正因为如此,石墨烯展现出不同于常规材料的优异性能,且已被实验证实,其载流子浓度可达到 2×10^{11} cm^{-2},电子迁移率可达到 ~200 000 cm$^2 \cdot$ V$^{-1} \cdot$ s^{-1}[52,58]。

1.3.3 热学性能

材料的热导通常由傅里叶定律来描述,即:

$$q = -K\Delta T \tag{1-8}$$

式中,q 为热流量;K 为热导率;ΔT 为温差。

在固体材料中,热导率来自于声子(晶格振动)和电子的贡献,即 $K = K_p + K_e$。石墨烯这种新型二维材料有极强的 σ 键,故热导率主要来自于声子的贡献。通常情况下,石墨烯中有三种振动模式:平面内的线性振动模式(L),平面内的横向振动模式(T)以及呈二次分布的离面弯曲振动模式(Z)。石墨烯的特殊热学性质由离面弯曲的振动模式引起。相比于其他材料,石墨烯具有较高的声学传播速度和光子能量,且石墨烯碳原子的密度高达 ~3.82 × 10^{15} cm^{-2}[59],所以,石墨烯材料具有高效的热传输特性。

倘若只考虑声子的贡献,热导率可以表述为[60]:

$$K_p = \sum_j \int C_j(w) v_j^2(w) \tau_j(w) \mathrm{d}w \tag{1-9}$$

式中,j 为声学支(LA,TA 和 ZA);v 为声子的群速度,与固体材料中的声速相当;τ 为声子频率;C 为热容量。

声子的平均自由程和弛豫时间密切相关,可以描述为 $\lambda = \tau v$。因此,式(1-9)可以简化为:

$$K_p = (1/3) C_p \tau v \tag{1-10}$$

在石墨烯材料中,$L << \lambda$,所以弹道传输是声子的主要传输方式,故石墨烯的热导率可高达 3 000~6 000 W $\cdot$ m$^{-1} \cdot$ K^{-1}[61,62]。

1.3.4 石墨烯场效应晶体管

由于石墨烯具有独特的二维结构和优异的电学性能,科研工作者们期望其能取代已遇到瓶颈的单晶硅材料,续写摩尔定律,延续集成电路工艺的高速发展。Novoselov 等人发现了石墨烯的场效应特性[11]。如

图 1-6（a）所示,当对石墨烯场效应晶体管施加负栅压时,石墨烯的费米能级位于价带,以空穴为载流子进行导电,随栅压绝对值的减小,费米能级向狄拉克点移动,载流子浓度逐渐减小,电阻率逐渐增大;当栅压值为零时,晶体管的电阻率达到最大,约几千欧姆;当对晶体管施加正栅压时,石墨烯的费米能级移入导带,以电子为载流子进行导电,载流子浓度随栅压值的增大而增大,晶体管的电阻率逐渐降低至几百欧姆[63]。所以,石墨烯晶体管展现出双极性的导电性,可通过调控栅压改变石墨烯的载流子类型和浓度,进而使器件输出相应电流。图 1-6（b）为石墨烯场效应晶体管的实验测量结果,在栅压为零时其电导率达极小值,随栅压绝对值的增大电导率逐渐增大[64],与图 1-6（a）中的理论结果相吻合。

　　基于石墨烯的场效应特性,2004 年,第一个以石墨烯为沟道材料的背栅场效应晶体管研制成功[11]。但背栅结构的器件多存在较大的寄生电容,且不易在电路中集成。2007 年,Lemme 等人制备出第一个顶栅结构的石墨烯场效应晶体管[28]。此外,Bolotin 等人采用腐蚀液刻蚀部分 SiO_2 衬底,使沟道区的石墨烯悬浮,削弱基底对石墨烯载流子迁移率的影响[65]。2010 年,IBM 公司已经制备出 2 英寸晶圆级别的顶栅场效应晶体管,载流子密度为 3×10^{12} cm^{-2},霍尔迁移率达 1500 cm^{-2}·V^{-1}·s^{-1},截止频率高达 100 GHz[66],超过同样沟道长度的硅基场效应管的截止频率（40 GHz）,并于 2012 年将晶体管的截止频率提高至 300 GHz[29]K。2016 年,河北半导体研究所将石墨烯晶体管的截止频率刷新至 407 GHz[67]。

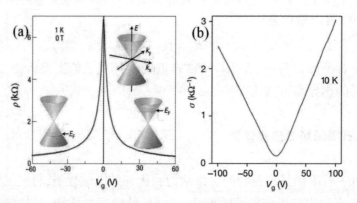

图 1-6　石墨烯的场效应特性:（a）理论值[63],（b）实验测试值[64]

1.3.5 其他性能

石墨烯还具有其他优异的化学、磁学、光学等特性。特殊结构掺杂或修饰可实现石墨烯的功能化[68-70]。例如,非均匀分布的应力条件可促使石墨烯产生高达 300 T 的赝磁场[71,72]。石墨烯透光率高、柔性大、电子传输特性优良[73],可应用于超级电容器[74],储氢材料[75]、场发射材料[76]、光伏电池[77,78]等领域。

1.4　石墨烯的制备方法

石墨烯自 2004 年被发现以来,由于其独特的物理性能和巨大的应用潜力而被广泛研究。石墨烯是由 sp² 杂化碳原子组成的单层六角晶体结构,制备方法很多。其中,微机械剥离法能产生高质量的石墨烯但产率极低;氧化还原法制备的石墨烯片面积较大,但包含了较多的缺陷;化学气相沉积法可以在金属基体上实现大面积石墨烯的制备,但石墨烯的质量不高,且需要转移到绝缘基体才能投入应用。而 SiC 高温热解法所用的 SiC 基体本身就是一种宽带隙半导体(近似为绝缘体),可直接实现高质量石墨烯的外延生长和器件制备,受到了广泛的关注和研究。石墨烯的制备方法多种多样,每种方法各有优缺点。如图 1-7 所示,石墨烯制备方法可概括为:微机械剥离法、化学气相沉积法(CVD)、氧化还原法、SiC 热解法等。

1.4.1 微机械剥离法

微机械剥离法是最早用于制备石墨烯的方法[11]。其基本过程如图 1-7(a)所示,即利用透明胶带(Scotch tape)对高定向热解石墨(HOPG)进行机械剥离。用一片干净的胶带紧贴新鲜石墨上并按压十几秒后,轻轻撕开,即可粘上一层较厚的石墨。再用一片干净的胶带紧贴已撕开的石墨,按紧两片胶带十几秒后撕开。再用新鲜的胶带重复此工作,直到第一次撕下的石墨变成深灰色。然而,把样品都放置到光学显微镜(50x)下进行观察检测。所用 Si 基体表面覆盖了一层约 300 nm 厚的 SiO$_2$ 层,在白光下用肉眼可以观察到单层石墨烯的存在[63]。微机械剥离法成本相对较低,但实验操作难度大、随机性大,需要实验操作人员的耐心和经验。特别是,其产量非常低,仅能满足于实验室研究的需要。但由此所得石墨烯质量很高,科学家们已在机械剥离法的石墨烯上探测到量子霍尔效应[52,79],也测量到了石墨烯的超高载流子迁移率特性。

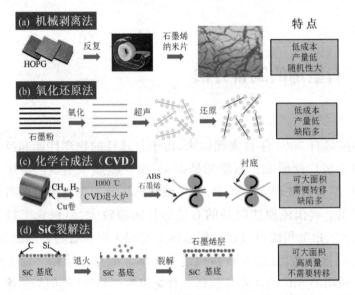

图 1-7   石墨烯的制备方法:(a)微机械剥离法;(b)氧化还原法;(c)CVD 法;
(d)SiC 热解法

1.4.2 氧化还原法

如图 1-7 (b)所示[80],氧化还原法实际上是一种溶液法。首先,用硝酸(HNO$_3$)或者硫酸(H$_2$SO$_4$)溶液氧化石墨,促使层间距变大,再通过超声方式分离氧化石墨,并通过离心制备少量的氧化石墨烯片层。将氧化石墨烯转移到目标基体上进行还原,由此可以得到单层或者多层的石墨烯[80,81]。相比于微机械剥离法,氧化还原法可以在溶液中实现面积较大的石墨烯的制备,方便在透明基体上制备石墨烯器件[81]。基于此方法还可以制备氧化石墨烯的悬浮体[82,83]，通过滴涂法[84,85]、快速冻结喷涂法[86]以及浸滞涂布法[87]，可以制备得到分离的多层石墨烯薄膜。氧化还原法制备的石墨烯比较适合制备有机光伏电池及晶体管。因为此类石墨烯是部分氧化的且可能残留有机官能团，所以对电学、光学和力学性能有一定的影响[88]。

1.4.3 化学气相沉积法

采用化学气相沉积法（CVD）在过渡金属表面制备石墨的研究开展已久。当石墨烯的概念提出后，研究者尝试利用CVD制备石墨烯，并将其转移到绝缘基体上[89-91]，如图1-7（c）所示。Cu[92,93]或者Ni[94,95]箔基体在甲烷气氛下被加热到~1000 ℃后再冷却到室温。通过此方法，可以实现多层甚至单层石墨烯的均匀生长。化学气相沉积的最大优点就是在相对较低的成本下可以实现大面积石墨烯的制备[92]，但不容易实现石墨烯的层数控制。而且石墨烯的质量依赖于金属基体，且需要转移工艺才能实现器件应用，增加了工艺的复杂程度和加工成本。

1.4.4 SiC 热解法

石墨烯也可以通过单晶SiC在真空条件下的高温裂解来制备，得到的石墨烯称之为外延石墨烯（EG），如图1-7（d）所示[42,96]。从原理上讲，在高温退火条件下Si—C键断裂，Si原子从SiC基体表面挥发，剩下的C原子在SiC表面形核并长大成石墨烯的六角晶体结构[32]。在超高真空条件下SiC的裂解是一个非平衡过程，外延石墨烯的表面会产生一些不连续的微孔洞[97,98]。但是，由于特殊的外延关系，所以此类石墨烯本身的晶体缺陷较少，且不需要转移即可实现器件应用[48,99]。为了提高外延石墨烯的生长质量，减少表面孔洞，Konstantin等人开发了一种在Ar气氛下的退火方式来制备外延石墨烯。在气氛的保护下，Si原子的挥发受到一定抑制，为C原子扩散提供了足够的时间。这种方法制备的外延石墨烯面积较大，形貌规则[100]。de Heer等人进一步优化此生长方法，并提出了约束性挥发的生长工艺（CCS），很大程度上抑制了表面孔洞的产生，提高了外延石墨烯宏观平整度和连续性[101]。本书将主要是采用 SiC 热解法来制备外延石墨烯并用原位表征手段分析其原子结构的演化过程,探讨石墨烯外延生长的机理及效应。但 SiC 高温热解法仍存在一些尚未解决的问题,例如,石墨烯形成之前的 SiC 衬底缓冲层的原子结构仍不明确,外延石墨烯的边界结构及电子态特征仍不清楚,大面积规则单层外延石墨烯的制备仍不可控,金属与外延石墨烯的关联作用及其插层原理缺乏深入了解,等等。

1.4.5 其他制备方法

石墨烯还有众多其他的制备方法,例如,可以通过金属诱导结晶的方法来制备石墨烯[102,103];还可以采用食物、昆虫、废物等作为碳源来制备石墨烯[104];在惰性气体下通过化合物之间的燃烧也可以制备石墨烯[105];具有纳米片层结构的氧化石墨可以通过激光笔直接"写"出石墨烯[106]。此外,石墨烯还可以通过 CVD 外延法和分子束外延法(固体碳源)来制备[107,108]。

1.5   外延石墨烯的研究现状

如上所述,微机械剥离法采用胶带反复撕拉石墨片使其逐渐减薄[109],以得到几层甚至单层的高质量石墨烯,但此方法难以精确控制石墨烯的尺寸和厚度,且制备周期长、效率和产量较低[20]。氧化还原法采用石墨片作为原料[110,111],通过氧化、超声分散再还原的步骤将其转化成石墨烯胶体,此方法操作简单且成本极低,但制备过程中石墨烯晶格易被破坏,产生较多缺陷而降低质量[80]。化学气相沉积法采用甲烷、乙烯等气体作为碳源,通过高温加热使其分解出 C 原子并沉积在 Cu、Ni 等金属基底表面[112,113]。此方法制备的石墨烯质量高,但需与金属基底分离并转移至半导体基底以制备器件,转移过程中石墨烯晶格不可避免地产生缺陷,影响其载流子迁移率等物理性能,在一定程度上限制其在场效应晶体管中的应用[94,95]。所以,选择合适的制备方法是将石墨烯应用于晶体管等电子器件的前提。

本书系统阐释 SiC 高温热解法制备外延石墨烯的生长机理及缓冲层原子结构的演化过程,提出了一种判断石墨烯边界取向的新方法,发现外延石墨烯以扶手椅边界为主,揭示了平行于扶手椅边界的 $\sqrt{3} \times \sqrt{3}$ 结构的电子干涉机制,结合快闪工艺和气氛限制生长方法制备了大面积高质量单层外延石墨烯,明确了金属原子与外延石墨烯和 SiC 基体之间的交互作用。这些结果为高质量石墨烯及相关器件的制备奠定了材料学基础,并提供了重要的数据支持。

选择合适的制备方法是将石墨烯应用于晶体管等电子器件的前提。其中,微机械剥离法采用胶带反复撕拉石墨片使其逐渐减薄[109],以得到几层甚至单层的高质量石墨烯,但此方法难以精确控制石墨烯的尺寸和厚度,且制备周期长、产量低,不能满足规模化工业生产的要求。氧化还原法采用石墨片作为原料[110,111],通过氧化、超声分散再还原的步骤将其转化成石墨烯胶体,此方法操作简单且成本极低,但制备过程中石墨烯晶格易被破坏,产生较多缺陷而降低品质。化学气相沉积法采用甲烷、乙烯等气体作为碳源,通过高温加热使其分解出 C 原子并沉积在 Cu、Ni 等金属基底表面[112,113]。此方法制备的石墨烯质量高,但需与金属基底分离并转移至半导体基底以制备器件,转移过程中石墨烯晶格不可避免地产生缺陷,影响其载流子迁移率等物理性能,在一定程度上限制其在场效应晶体管中的应用。

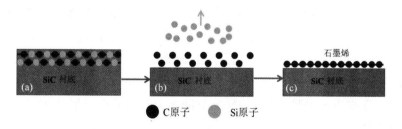

图 1-8　SiC 热解外延法制备石墨烯的流程图

对于工业应用而言,亟须一种高效制备大面积高质量石墨烯的方法。2004 年 de Heer 等人开发的 SiC 热解法恰好可以满足这一需求[42]。如图 1-8 所示,SiC(Silicon carbide)基体作为碳源,石墨烯外延生长在基体表面。SiC 晶体以 Si-C 双原子层作为基本构成单元,高温加热时其表层发生裂解,Si-C 键断裂。由于 Si 原子比 C 原子的饱和蒸气压值高,其先于 C 原子从表面脱附,同时残余富集的 C 原子在 SiC 表面形核并演化成石墨烯。SiC 热解外延石墨烯的结晶质量高,且 SiC 单晶本身是良好的宽禁带半导体材料,外延生长在其表面的石墨烯无需转移即可直接制备电子器件。Cheli 等人借助于理论模型,推算出基于 SiC 外延石墨烯的场效应晶体管的开关比可达 $10^{4[114]}$。IBM 公司以 SiC 外延石墨烯为沟道材料,制备出超高截止频率的顶栅场效应晶体管 [29] K。

SiC 表面以 Si 或 C 原子终止,分别简称为 Si 面和 C 面 SiC,绝大多数文献采用 Si 面 SiC,并详细探究了 SiC 裂解直至生成外延单层石墨烯的过程。Forbeaux 等人基于低能电子衍射(Low energy electron diffraction,LEED)发现,Si 面 SiC 裂解后其表面随温度升高历经 3×3 重构、$\sqrt{3} \times \sqrt{3} R30°$ 重构及 6×6 重构而形成单层石墨烯 [115]。本课题组借助于扫描隧道显微镜,获得了 SiC 表面各个重构结构的原子分辨图像,并发现了在保持长程有序的前提下历经短程有序—短程无序—短程有序的演化规律,阐明了 SiC 外延石墨烯的生长过程 [116]。但广义来看,少于十层的石墨结构均可看作石墨烯。单层石墨烯具有超高的载流子迁移率,但其带隙为零,场效应管不易进行开关。双层石墨烯也无带隙,但在垂直电场的作用下,其价带和导带发生分离,可打开约为 250 MeV 的带隙,有效提高开关比 [117]。Ouyang 等人分别以单层、五层及十层的石墨烯纳米条带作为沟道,得到的晶体管器件均具有较好的电学性能 [118]。故双层及多层石墨烯在电子器件中的应用前景较好,但相应的生长机制及原子结构表征却少有提及。此外,有文献报道 C 面 SiC 外延石墨烯的拉曼特征峰远强于 Si 面 SiC 外延石墨烯 [119],说明其受 SiC 基底的影响更小。很显然,Si 面和 C 面 SiC 外延石墨烯的结构演化行为存在本质区别,其对比研究有助于为石墨烯电子器件的选材提供重要支持。

这种方法制备的外延石墨烯主要优势有:1)缺陷少,质量高,在有石墨烯覆盖的区域几乎为单晶体结构,且有潜力实现大面积均匀外延石墨烯的制备;2)外延石墨烯的生长是在宽带隙 SiC 基体上直接实现的 [100,101],与 Si 基半导体工艺具有较好的兼容性 [96],不需要转移便可实现石墨烯器件的制备和应用,已经在电子器件领域展现出了巨大的应用潜力 [48],得到了广泛关注 [120-122];3)与其他方法制备的石墨烯不同,外延石墨烯本身表现为 n 型掺杂,有利于电子器件的直接应用;4)外延石墨烯的高电子迁移率以及其极为平整的表面可用于光电器件方面的研究和制备。

目前,外延石墨烯的生长机理比较清楚[98,123],所用到的基材是六角 SiC 晶体,其基本组成单元是 Si-C 双层结构。在高温真空退火条件下致使 SiC 晶体发生裂解,由于 Si-C 键的断裂,Si 原子挥发后余下的 C 原子在 SiC 表面重新形核,并形成石墨烯的六角晶体结构。理论上,根据化学计量比可知,大约 3 层 Si-C 双层的裂解可产生一层石墨烯,即 $(2/a_G^2)/(1/a_{SiC}^2)=3.139$[32]。然而,关于外延石墨烯的结构特征、质量控制及其与金属的交互作用仍存在着尚未解决的问题,主要体现在以下几个方面。

1.5.1 SiC 缓冲层的原子结构

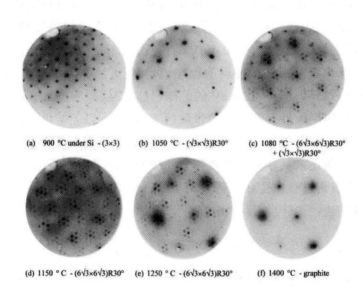

(a) 900 ℃ under Si - (3×3) (b) 1050 ℃ - (√3×√3)R30° (c) 1080 ℃ - (6√3×6√3)R30° + (√3×√3)R30°

(d) 1150 ℃ - (6√3×6√3)R30° (e) 1250 ℃ - (6√3×6√3)R30° (f) 1400 ℃ - graphite

图 1-9　130 eV 下 6H–SiC(0001)表面的 LEED 图案[124]:(a)(3 × 3),(b)($\sqrt{3}$ × $\sqrt{3}$)$R30°$,(c)($\sqrt{3}$ × $\sqrt{3}$)$R30°$ 和($6\sqrt{3}$ × $6\sqrt{3}$)$R30°$ 共存,(d)、(e)($6\sqrt{3}$ × $6\sqrt{3}$)$R30°$,(f)石墨的(1 × 1)

在发现和证实石墨烯之前,SiC 表面石墨化是一个被普遍观察到的现象[124,125]。如图 1-9 所示,由低能电子衍射(LEED)图案可以表征

SiC 表面随着退火温度升高的石墨化过程：（a）900 ℃退火条件下得到（3×3）重构，（b）1050 ℃时变为（$\sqrt{3} \times \sqrt{3}$）$R30°$ 重构，（c）和（d）1100 ℃左右时由（$\sqrt{3} \times \sqrt{3}$）$R30°$ 重构逐渐转化为（$6\sqrt{3} \times 6\sqrt{3}$）$R30°$ 重构（简称为 $6\sqrt{3}$），（e）1250 ℃时主要呈现为（$6\sqrt{3} \times 6\sqrt{3}$）$R30°$ 重构，（f）1400 ℃时 SiC 表面出现石墨的（1×1）结构。通过 STM 表征，发现 $6\sqrt{3} \times 6\sqrt{3}$ 重构表面主要呈现为（6×6）的结构周期，并且认为这种石墨化的表面是一种 C 原子富集的网状结构[125]。

当外延石墨烯被发现和证实之后[42]，这种 C 富集的网状表面才被认为是石墨烯形成之前的 SiC 衬底的缓冲层结构（buffer layer or interface），C 原子正是以（6×6）为模板，在此基础上形核长大成蜂窝状晶格[126,127]。LEED 表征发现，此缓冲层包含（$6\sqrt{3} \times 6\sqrt{3}$）$R30°$、（6×6）和（5×5）等多种周期结构信息，结合 STM 图像可以推断其原子结构[128]和重构结构的形成机理[121]。当石墨烯在缓冲层上形成后，通过偏压（高于或者低于费米能级 0.1 eV）的调控，透过石墨烯也可以观察到缓冲层的结构[129]。由于缓冲层的电荷向石墨烯层转移，所以外延石墨烯的费米能级处于 ~0.4 eV 的位置，高于狄拉克点，表现为 n 型掺杂[130]。也正是由于缓冲层的存在，和其他方法制备的石墨烯不同，单层外延石墨烯具有 ~0.26 eV 的能隙，且随着层数的增加其能隙逐渐变小，超过四层的外延石墨烯的带隙趋于零[131]。以上结果一定程度上说明，缓冲层的存在对外延石墨烯的生长及性能有着至关重要的作用和影响，但目前还未见在实验上观察到此缓冲层的具体原子结构，且对于其结构的演化过程也存在着较大的争议。所以有必要深入探索 SiC 缓冲层的精细原子结构及其演化过程，以此清晰地理解外延石墨烯的形成过程。

1.5.2 外延石墨烯的边界特性

由于优异的电子学特性，石墨烯自发现以来已经在微电子领域展现出了巨大的应用潜力[132,133]，且已有各种石墨烯电子器件的成功制备[11,48]。其中，由 IBM 公司基于外延石墨烯材料制备的场效应晶体管其截止频率可达到 300 GHz。但是，在实际应用中石墨烯的图案化也是相关电子器件制备的重要环节，而由此带来的边界效应不可避免，且特征尺寸越小,边界效应越显突出。

    针对石墨烯边界特性,从理论上 [134-137] 和实验上 [138-141] 已有大量的研究。与缺陷的影响相似 [142,143],石墨烯的边界对电子的散射也异常强烈。Yang 等人利用 STM 系统表征了外延石墨烯扶手椅边界附近的干涉图案,发现干涉产生的局域电子态主要集中在 C–C 键上,并且其周期大小和石墨烯的费米波长(λ_F =0.37 nm)相近 [33]。Tian 等人分析认为扶手椅边界上的 $\sqrt{3} \times \sqrt{3}$ 图案是由谷间干涉产生的;而对于锯齿形边界,发生的是谷内干涉,未见电子干涉图案 [144]。Park[145] 和 Xue[146] 等人还定量分析了扶手椅和锯齿型两种边界干涉条纹的振荡及衰减情况,发现与金属表面边界处的电子驻波非常相似 [147]。Tao 等人 [148] 通过扫描隧道谱(STS),即微分电导(dI/dV)的测试发现,边界处具有明显的弹性散射电子态,且在垂直于边界方向上表现为衰减趋势,而沿平行于边界方向呈周期约为 2 nm 的正弦振荡,此外,通过变化石墨烯纳米条带的宽度可调控其带隙大小。

    以上可以看出,不同石墨烯边界情况对其局域电子态及电学性能的影响显著,所以有必要深入研究石墨烯边界特性。对于外延石墨烯而言,其边界取向的判定仍存在一定困难,同时还不能很好理解平整边界上不同干涉图案的产生机制以及边界结构与状态的敏感性,这些也将是本书着重探究的关键科学问题。

1.5.3 外延石墨烯的大面积制备

    外延石墨烯生长所用到的基材是宽带隙的 SiC 半导体,不需要转移便可直接实现其器件的制备和应用,利用现有的 Si 基半导体工艺实现电子器件集成,具有良好的兼容性。但 SiC 的裂解是一个非平衡过程,会导致大量微孔洞的产生,致使外延石墨烯表面连续性较差,进而突出了石墨烯边界的影响 [98],所以非常有必要对外延石墨烯的现行制备工艺进行改进和优化。Emtsev 等人首先利用 Ar 气氛保护的方式对 SiC 进行退火处理获得了晶粒较大的外延石墨烯 [100],并测得其载流子迁移率可以达到 2000 cm² · V⁻¹ · s⁻¹。de Heer 等人将这种退火方式发展为约束控制升华法(Confinement Controlled Sublimation, CCS),如图 1-10 所示,在 SiC 基体上制备出了大面积外延石墨烯并成功地实现了图案化[101]。Wang 等人在超高真空条件下将传统的长时间退火变为快闪方式,缩短了退火时间,从而制备得到了形貌规则、均匀的双层外延石墨烯,他们还发现退火速率直接影响 SiC 的裂解,Si、C 原子的扩散以及石墨烯表面应力的释放,对石墨烯形貌及缺陷密度分布等有着决定性作用[149]。

从这个意义上说,SiC 高温裂解是大面积、高质量外延石墨烯制备的最有潜力的方法,但是目前的工艺技术仍难以很好地控制石墨烯的层数,单层石墨烯的可控制备仍比较困难。所以,进一步探索并优化外延石墨烯的制备工艺,获得大面积、规则的单层外延石墨烯对于高速电子器件制作显得尤为迫切。

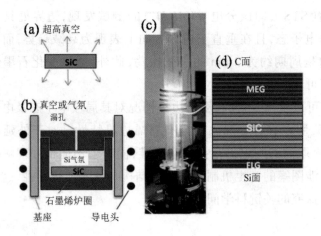

图 1-10   约束控制升华法(CCS)示意图[101]:(a)超高真空下的 SiC 裂解模式;
(b)CCS 生长模式;(c)感应炉;(d)CCS 法制备的连续外延石墨烯

1.6   外延石墨烯与金属的交互作用研究现状

在 SiC/ 石墨烯表面沉积金属原子,研究外延石墨烯的金属化行为及相互作用。结果表明,由于 SiC 衬底表面悬挂键的存在,其表面吸附能和扩散激活能均大于光滑的石墨烯表面,故金属原子(Pb、In、Ag)

在外延石墨烯和 SiC 衬底表面呈现选择性生长模式。金属原子容易在 SiC 缓冲层上形核、长大成密集的小岛，而石墨烯上的金属岛密度小、尺寸大。在真空退火条件下，Ag、In 颗粒容易沿着外延石墨烯表面滑动，导致沿扶手椅和锯齿形方向的平直沟道，类似于定向刻蚀。Ag 等离子体注入导致外延石墨烯转变成为类金刚石（DLC）结构。这些现象的发现增强了对外延石墨烯与金属间的相互作用的理解，有助于探索石墨烯的改性及应用。

1.6.1 金属原子沉积与掺杂

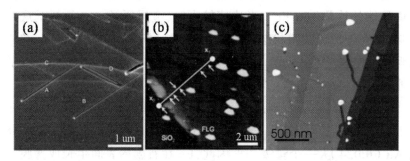

图 1-11　金属粒子在石墨烯表面的刻蚀：(a) Ni[150]；(b) Fe[151]；(c) Ag[152]

　　在实际应用中，石墨烯通常作为晶体管的沟道材料并通过金属电极与外电路进行连接[48]。因此，石墨烯的金属化及相互作用也是有待研究的重要科学问题。Chan 等人利用第一性原理密度泛函理论计算分析了数十种金属原子在石墨烯表面的吸附行为特征[153]。Liu 等人从实验角度系统研究了金属原子在石墨烯表面的吸附情况及形貌特征[154]。Zhou 等人发现了石墨烯膜上金原子岛形貌的层厚效应，并提出基于此效应判断石墨烯层数的依据[155]。金属原子吸附在石墨烯表面还可以起到掺杂或注入的作用，调控石墨烯费米能级和狄拉克点的相对位置，达到改性的效果[130]。当在 H_2 或 O_2 气氛下退火时，Ni[150,156]、Fe[151]、Ag[152] 等金属颗粒在石墨烯表面表现出一定的刻蚀现象，如图 1-11 所示。这种气氛下的刻蚀行为实为金属颗粒催化下的化学反应，其刻蚀取向的可控性较差。不仅仅如此，在适当退火温度条件下，石墨烯表面的金属原子还可以插入石墨烯层之下，这种插层作用可以使外延石墨烯"自由化"[157,158]，可以用此方法剥离外延石墨烯，称之为金属剥离法。由上可以看出，金属与石墨烯的交互作用非常复杂，而石墨烯的金属化仍存在很大挑战。

作为场效应晶体管的沟道材料，SiC 外延石墨烯需通过金属电极与外电路连接[4]。研究人员已在该方面开展了大量的理论和实验研究工作，探讨金属材料在石墨烯表面的生长行为[159-162]。Liu 等人计算了数十种金属在石墨烯表面的吸附能（Ea），发现其数值在 0.51~43.31 kcal·mol^{-1} 之间，变化范围很大，说明在石墨烯表面不同金属的稳定性存在较大差异[154]。石墨烯表面金属原子的扩散势垒（ΔE）差异也很大，意味着不同的迁移能力。在石墨烯表面不同金属的吸附能与内聚能的比值（Ea/Ec），当比值较大时，金属原子与石墨烯基底结合较强，倾向于形成薄膜状结构；反之，金属原子之间的结合较强，趋于形成颗粒状结构[154]。Amft 等人计算发现，石墨烯表面 Au 原子团簇的吸附能和扩散势垒与包含的原子数相关[163]。

实验表征结果更直观反映了在石墨烯表面金属的生长特性，一定程度上验证了理论预测结果。例如，由于石墨烯表面 Eu 的 Ea/Ec（0.486）比 Au（0.024）大一个量级[154]，因此，Eu 在石墨烯表面生长成薄膜[164]，而 Au 为离散的颗粒[165]。但理论计算的前提条件为热力学平衡态，且难以完全描述金属生长的诸多影响因素。例如，Chen 等人在较低沉积速率（0.0013 ML·min^{-1}）下在石墨烯表面生长 Bi 时形成颗粒状结构[166]，而 Huang 等人在较高速率（0.05 ML·min^{-1}）下生长 Bi 时却形成各向异性的矩形岛状结构[167]。此外，石墨烯所附着的基底对其表面金属的生长也存在限制作用。Diaye 等人发现，采用化学气相沉积法在 Ir（111）表面生长的石墨烯出现莫尔条纹图案，而在其表面沉积的 Ir 原子团簇依据莫尔条纹的位置呈规则排布[168]。在高温下 SiC 基底裂解成周期结构的 SiC 缓冲层，在其表面石墨烯形核生长。SiC 缓冲层诱导外延石墨烯表面形成规则起伏，凸起和凹陷位置存在原子吸附能量差导致 Cs 原子的图案化排布[169]。课题组初期研究结果表明，外延石墨烯生长初期与 SiC 缓冲层共存于表面，并形成扶手椅型的边界结构[170]。石墨烯表面不存在悬挂键，而 SiC 缓冲层表面的 Si 原子团簇有悬挂键，必然影响毗邻的石墨烯表面金属的生长特征。但当前很少有研究工作考察 SiC 缓冲层及石墨烯边界对金属生长行为的影响,如何考虑并揭示在 SiC 外延石墨烯表面金属的生长行为及其制约因素是优化石墨烯器件设计亟待解决的问题。

1.6.2 金属原子的插层与作用

通常来说十层以下的石墨结构都可以被称为石墨烯,石墨烯的半金属导电性质大大限制了实际应用。有人提出通过改变单层石墨烯中空穴的周期和大小,将其从非金属材料转变为带隙可调的半导体材料[60-62]。也有人提出垂直电场可以使双层石墨烯价带导带分离,打开带隙[63]。这些研究表明单层或双层石墨烯甚至多层石墨烯都有潜在应用价值,近自由态石墨烯的制备非常迫切。对于 SiC 外延石墨烯来说如何调控其表面石墨烯层的电学性能就显得尤为重要。但这种制备方法存在其不可避免的缺点,例如外延石墨烯厚度不均匀,SiC 基底在一定程度上会影响石墨烯本身的优异性能等。近年来,诸多研究表明"插层"这种方法有望解决上述问题。自 150 多年发现以来,通过插层技术制备的材料已经在催化、储能、超导、润滑等各领域得到了广泛的应用[64,65]。

本征石墨烯具有优异的载流子迁移率,但其载流子浓度不高,且带隙为零,场效应晶体管处于关闭状态时的漏电流高,有必要对其结构进行调控。诸多研究表明金属原子的插层或掺杂结构有望调控石墨烯的电子结构。此外,诸多研究表明金属原子的插层或掺杂结构有望调控石墨烯的电子结构。Sandin 等人模拟发现,石墨烯层间及 SiC 缓冲层与石墨烯之间进行 Na 原子插层对石墨烯电子结构的调节作用完全不同[171]。Varykhalov 等人分别将 Cu、Ag 和 Au 插入至石墨烯和 Ni(111)衬底之间,得到的 ARPES 图像表明 Cu 和 Ag 对石墨烯有电子注入效应,而 Au 有空穴注入效应,且 Cu 和 Ag 插层在石墨烯中诱导出 180 MeV 和 320 MeV 的带隙[172]。Papagno 等人将单层 Ag 原子插入至石墨烯与 Re (0001)之间,石墨烯的带隙值约为 450 MeV[173]。

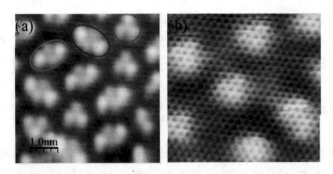

图 1-12　外延石墨烯层插入 Co 和 Au 的原子分辨像：(a) Co[174]，(b) Au[175]

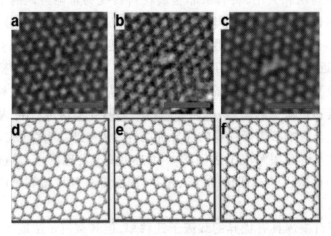

图 1-13　石墨烯中单、双和三原子空位缺陷的形貌像和结构模型图 [176]

　　金属原子插层与石墨烯 C 原子之间以范德华力结合，高温环境下其稳定性仍较弱。Virojanadara 等人发现，Li 原子插层对石墨烯有电子注入效应，但在 500 ℃退火导致 Li 原子挥发而石墨烯恢复至本征态 [177]。Emtsev 等人在石墨烯中插入 Ge 原子层，在不同退火温度下形成两种相结构，分别对石墨烯存在电子和空穴注入效应 [178]。此外，金属插层结构往往具有各异性，对石墨烯晶格影响较大。如图 1-12(a)和(b)所示，外延石墨烯表层下方分别插入 Co[174] 和 Au[175] 原子层后呈不同的原子分辨像。Chuang 等人发现，石墨烯层中插入 Au 原子后产生应力，影响石墨烯的电子结构 [179]。Krasheninnikov 等人基于模拟计算发现，Sc、V、Cr、Mn、Zn、Au 等金属原子替位掺杂至石墨烯的形成能均非常高，说明稳定性高，且石墨烯晶格的畸变程度较小 [180]。Mao 和 Hu 等人发现，Mn 和 Bi 原子替位掺杂导致石墨烯的电子注入效应[181,182]。但如何打开强的 C–C 键实现金属原子替位掺杂在实验上具有挑战性。传统的离子注入法易在石墨烯中生成大量缺陷，甚至使石墨烯演化成类金刚石结构，且难以实现原子级的替位掺杂[183,184]。以高能粒子轰击石墨烯产生空位点缺陷，再通过金属沉积以实现原子替位掺杂，但仍包含单、双和三原子缺失等类型，如图 1-13 所示[176]。亟待探索操作简易、可控性强的进行石墨烯替位掺杂的方法。

由此可看出，本征石墨烯具有优异的载流子迁移率，但其载流子浓度不高，且带隙为零，场效应晶体管处于关闭状态时的漏电流高，有必要对其结构进行调控。为此，金属原子在外延石墨烯与缓冲层共存表面上的选择性吸附行为，探索金属在外延石墨烯表面的滑移及插层现象，研究金属等离子体注入对石墨烯结构的影响，以此增强对石墨烯与金属间交互作用的了解，为后续外延石墨烯金属化和改性提供重要参考。许多 SiC 外延石墨烯上插入金属原子的实验表明，可以通过插入不同的金属原子得到 p 型、n 型以及电荷中性的石墨烯，如表 1-1 所示。插层元素包含各种类型金属，原子半径、常见化合物价态、电负性、熔点等性质差别很大，说明外延生长石墨烯金属插层是一种普适性的行为[66]。

表 1–1　SiC 外延石墨烯插层温度与石墨烯载流子类型

插层原子	插层温度 /℃	载流子	插层原子	插层温度 /℃	载流子
Li[67,68]	290/350/360	n	Ga[69,70]	550/675	/
Na[71,72]	180	n	Ge[73,74]	720	p/n
Ca[75,76]	350	/	Pd[77]	>700	中性
Mn[78,79]	600	n	Sn[80,81]	850	/
Fe[82,83]	600	n	Yb[84,85]	500	n
Co[86-89]	650~800	/	Pt[89]	900	n
Cu[90,91]	600/700	n	Au[92-93]	800~1000	p/n

不同金属原子插入，构建出的插层结构形成不同的石墨烯 / 金属插层异质结，为研发全新的石墨烯功能器件提供全新的思路。其中，已经证实金属 Ge、Au 插层可以通过控制插入原子的厚度同时完成空穴注入与电子注入，从而得到不同电学性能的石墨烯。一般来说，SiC 外延石墨烯插层都是通过电子束蒸发、溅射或分子束外延等技术将金属

原子沉积在衬底表面然后进行退火从而得到插层,例如金属 Co、Pt、Fe、Au 等。这种插层的方式非常适合 LEED、LEEM、ARPES 等原位表征技术进行结构的表征。很多情况下直接插层比较困难时也可以借助前驱体(例如 H_2、O_2 等)来实现金属原子的插层,例如金属 Ga、Ca 等。

1.6.3 金属原子对石墨烯电子结构的影响

根据所施加栅压的正负性,晶体管中的石墨烯沟道可以是电子导电机制,也可以是空穴导电机制[63]。倘若石墨烯与金属接触电极之间发生电子或空穴注入,将改变石墨烯原有的载流子浓度甚至载流子类型,导致器件输出信号的失真甚至失效,故亟待澄清石墨烯与金属接触电极的交互作用。在理论模拟方面,Chan 等人计算发现,不同吸附金属对石墨烯进行电子或空穴注入,且电荷转移量差别很大[153]。Liu 等人进一步研究发现,吸附的碱金属原子仅有部分 s 轨道电子注入石墨烯,如 Na 的电荷转移量为 0.52 e;吸附的ⅢA 族金属原子有部分 p 轨道电子与石墨烯的 C 原子形成弱的共价结合,对其能带结构影响也较小;然而,吸附的过渡族金属原子与 C 原子的电子轨道发生强烈杂化,对石墨烯电子结构影响较大,如 Fe 原子的电荷转移量高达 1.12 e[185]。

实验研究发现,石墨烯表面沉积 Au 或 Ag 颗粒后,其拉曼光谱中的 2D 峰位分别向高波数或低波数方向移动,说明 Au 和 Ag 原子对石墨烯分别存在空穴或电子注入效应[186],与模拟结果相吻合[154]。Gierz 等人基于角分辨光电子能谱(ARPES)表征发现,Bi 原子沉积导致 SiC 外延石墨烯的狄拉克点向费米能级方向移动,且移动程度随原子密度的增加而增大[187],意味着 Bi 原子对石墨烯空穴注入的程度随之增强。Huang 等人借助于同步加速光电子谱(Synchrotron-based photoemission spectroscopy)却发现,SiC 外延石墨烯表面沉积 Bi 原子后其电子结构变化不明显[167]。其研究结果存在明显相悖之处。从生长机制上分析,随温度的升高,SiC 外延石墨烯逐渐增厚,石墨烯层以 AB 模式进行堆垛,层间以弱的范德华力结合,单层、双层和三层石墨烯具有不同的氧化速率及与有机盐的反应度[188,189]。Gierz 和 Huang 等人研究了 Bi 含量对石墨烯电子结构的影响[167,187],但却未对石墨烯的层数做精细检测,不能保证其一致性。但究竟石墨烯层数的变化是否可改变金属对石墨烯电子结构的影响仍有待从石墨烯与金属的界面交互作用角度进行深入研究。

2

主要设备原理及方法

2.1 概述

石墨烯的制备方法有多种,其中热解 SiC 基体所获得的外延石墨烯更适于用作场效应晶体管的沟道材料。加热方式主要包括直接加热和间接加热如辐射、对流或传导等,由于 SiC 为大电阻的半导体,本书通过加载直流电的方式对其进行直接加热,操作便捷且通过改变电流大小可精确调控样品的温度。

在石墨烯表面沉积金属是探究石墨烯与金属电极界面作用的基础。化学合成法通过还原 $HAuCl_4$、$AgNO_3$、K_2PtCl_4 等金属盐[190,191],使金属在石墨烯表面形核生长,仅需简易设备且原材料成本较低。但化学法的可控性差,制备出的金属纳米颗粒往往呈不均匀分布,粗糙度大且杂质较多[190,192]。磁控溅射法以电磁场控制靶材粒子的溅射方向,获得均匀且粗糙度较小的金属薄膜[193]。Zhao 等人分别采用 1 nm·s^{-1}、0.67 nm·s^{-1} 和 0.33 nm·s^{-1} 的溅射速率,在石墨烯表面 Ag 膜的粗糙度分别为 7.14 nm、3.47 nm 和 1.98 nm[194]。但磁控溅射法一般难以得到厚度在纳米级别以下的金属颗粒或薄膜,所以 Zhao 等人采用热蒸镀法制备出粗糙度为 0.83 nm 的 Ag 膜[194]。本书所采用的分子束外延法(Molecular beam epitaxy, MBE)是一种极为精细的热蒸镀方法,生长速率低且稳定,可实现原子厚度的逐层生长,得到组分、结构均匀的薄膜或颗粒,目前已广泛用于石墨烯表面的金属生长[160,166,169,175,195,196]。本书采用的分子束外延系统的样品台搭载有直流加热装置,使 SiC 热解和金属生长在同一腔室内进行,避免了样品转移所可能导致的污染。

由于外延石墨烯很难从 SiC 基体剥离,透射电子显微镜(Transmission electron microscope, TEM)无法穿透 SiC 基体以获得石墨烯及其金属的表面形貌。扫描电子显微镜(Scanning electron microscope, SEM)虽观测到表面形貌,但不能得到样品在纵向的定量信息。图 2-1 为 SiC 外延石墨烯的原子力显微镜(Atomic force microscope, AFM)表面形貌像,轮廓线显示台阶宽度分别为(a)185 nm 和(b)726 nm,台阶高度分别为(a)0.8 nm 和(b)1.4 nm[197]。不足的是,AFM 的测试分辨率仍较低,无法得到石墨烯的原子分辨像。由于外延石墨烯及其表面金属均具有较高的电导率,本书采用横向和纵向分辨率分别达到 0.1 nm 和 0.01 nm 的扫描隧道显微镜(Scanning tunneling microscope, STM)以观测样品表面形貌,得到原子尺度的物质表面结构和电子态信息。MBE 和 STM 均需超高真空(Ultrahigh vacuum, UHV)环境以避免大气对精细样品的污染,故本书采用 MBE 和 STM 联合系统,对制备的样品进行原位观测。

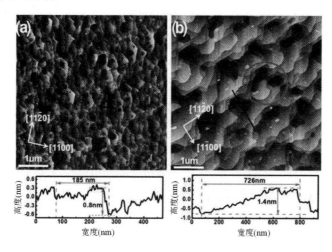

图 2-1　不同台阶宽度的 SiC 外延石墨烯的 AFM 表面形貌像及其轮廓线 [197]

　　STM 的单次最大测量范围在几个微米,所以本书辅以反射式高能电子衍射(Reflection high-energy electron diffraction, RHEED)和拉曼光谱(Raman spectrum)以获取样品在宏观尺度的表面结构信息。RHEED 集成在 MBE 腔体中,可在样品制备过程中对其进行原位监测。拉曼光谱是检测分子振动的一种重要技术手段,具有无损、快速、精准的特点,从石墨烯的拉曼光谱中可获取丰富的结构信息如层数、缺陷含量等。此外,石墨烯表面沉积 Ag 颗粒时其拉曼信号得到显著增强,称为表面增强拉曼散射(Surface enhanced Raman scattering, SERS)效应[186]。现有的实验测试方法很难合理阐释所有相关问题。采用第一性原理(First-principle)模拟计算的方法将材料的组成、结构及性能等通过计算机进行"虚拟实验",探究内在的物理机制,对实验结果进行辅

助证明。外延石墨烯及其金属插层的研究工作主要在日本 UNISOKU
公司生产的超高真空（UHV）分子束外延（MBE）和扫描隧道显微镜
（STM）联合系统（USM-1400）上实现。该系统主要由进样腔（Load-lock
chamber）、分子束外延腔（MBE chamber）和扫描隧道显微镜腔（STM
chamber）组成，各腔室均保持超高真空环境，由闸板阀（Gate valve）间
隔开。闸板阀打开时，可通过磁力杆将样品在腔室间进行传送。样品基
材从进样腔传入联合系统，在分子束外延腔中进行加热和沉积金属等处
理工艺，并采用反射式高能电子衍射仪原位监控其表面结构，在扫描隧
道显微镜腔中对样品的微观结构进行精细表征。

　　本章将主要介绍该系统的各组成部分及其工作原理，包括超高真空
技术、分子束外延技术、扫描隧道显微镜技术、反射式高能电子衍射技
术和拉曼光谱系统的基本原理及构成。概述了在 SiC 外延石墨烯表面
沉积金属纳米结构的操作工艺；在石墨烯及其表面金属的检测表征方
面，在第一性原理模拟方面，重点说明了计算时的参数选择。

2.2　超高真空（UHV）设备及原理

　　样品表面吸附气体分子将降低分子束外延的生长质量和扫描隧道
显微镜的表征效果，如图 2-2 所示，本书采用一套真空泵组以使联合系
统达到 $10^{-8} \sim 10^{-9}$ Pa 的超高真空环境。机械泵（Mechanical pump）和涡
轮分子泵（Molecular pump）位于前级，分子泵与进样腔之间由气阀隔
开。机械泵分为油封式和干式，本系统采用更为安全的干泵以避免油蒸
汽返流而污染真空系统。涡轮分子泵工作的初始真空为 10 Pa，需机械
泵作前级泵，极限真空可达 10^{-8} Pa。本系统中涡轮分子泵正常工作时
的转子频率为 963 Hz，功率为 7 W，配备风冷装置使其不致过热。分子
束外延腔和扫描隧道显微镜腔中均配置有溅射离子泵（Ion pump）和钛
升华泵（Titanium pump）。溅射离子泵为气体反应泵，工作时不产生震
动和噪音，用于维持超高真空。钛升华泵起辅助作用，当真空较差时可
间歇性使用以除去一些难以抽掉的气体，每次工作时间为 1 min。

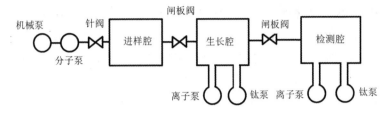

图 2-2 超高真空系统的结构示意图

表 2-1 不同真空单位的转换[198]

	帕	大气压	毫巴	托
帕	1	9.87×10^{-6}	0.01	7.5×10^{-3}
大气压	101 325	1	1013.25	760
毫巴	100	9.87×10^{-4}	1	0.75
托	133.32	1.32×10^{-3}	1.33	1

表 2-2 真空的分类

真空类型	真空范围
粗真空	$1 \sim 10^{-3}$ Torr
中真空	$10^{-3} \sim 10^{-5}$ Torr
高真空（HV）	$10^{-6} \sim 10^{-8}$ Torr
超高真空（UHV）	$< 10^{-9}$ Torr

　　正常工作时系统维持在超高真空状态,仅传进新样品和传出废样品时,进样腔短时间处于大气环境,开启机械泵和分子泵可使其恢复至超高真空状态。但当更换或维修系统中组件时,腔体完全暴露在大气环境下,腔壁上吸附大量的 H_2O、N_2、O_2 等气体分子。维修结束后,系统需恢复至超高真空状态以进行正常工作,操作步骤简述如下:首先,打开各腔室之间的闸板阀及进样腔与分子泵之间的气阀,启动机械泵和分子泵将系统抽至高真空状态;在腔体外表面缠绕电阻丝和加热带,对系统进行 150 ℃的均匀加热,使腔壁上的气体分子脱附并被分子泵抽走;烘烤一周后停止加热,冷却过程中对离子泵、钛泵及真空规等组件进行除气;最后,关闭闸板阀和气阀,开启离子泵和钛升华泵使系统逐渐恢复至超高真空状态。

　　真空技术的发展已有 25 年左右,当前可以获得极高的真空度。真空的国际单位制是帕斯卡（1 Pa=1 N·m^{-2}），各个真空单位间的转换关系如表 2-1 所示。采用 Torr 来描述本实验所采用真空系统的各级真空度。表 2-2 所示为真空的主要分类，超高真空一般认为是低于 10^{-9} Torr 的真空，它对于表面科学的研究和发展非常重要。在超高真空条件下，只有极少的气体分子吸附在样品表面，所以，可以获得近乎一尘不染的样品表面。假设每个撞击到样品表面的分子都吸附在样品表面上，清洁的样品即使是暴露在 10^{-8} Torr 的真空条件下，也仅仅只需 1 秒时间，样品表面就会覆盖上一层气体分子。所以，干净的样品表面对真空度是非常敏感的[199]。

为了获得超高真空，除了特殊设备以外，还需要一些特殊的操作程序。首先，利用机械泵将所有腔室抽至低于 10^{-3} Torr，然后开启涡轮分子泵继续将腔室抽至 10^{-7} Torr 或者更低。用电阻丝和加热带对整个真空系统加热并维持在 ~150 ℃下进行烘烤。烘烤操作是为了除去腔室内壁及组件上的吸附物，包括水蒸气、氢气、氮气等吸附气体。这些吸附在腔壁及部分器件上的气体分子在加热条件下脱附被真空泵排除。如果不进行烘烤操作，很难获得超高真空。经过一周左右的抽气和烘烤，停止加热并冷却腔室。在冷却过程中对真空规、离子泵、钛泵等进行除气处理。当腔室温度冷却至室温后，整个系统都能达到超高真空。然后，启动离子泵及钛泵维持超高真空环境。

图 2-3 显示的是超高真空系统所需要的组件及原理示意图，包括图 2-3（a）所示的机械泵，图 2-3（b）所示的涡轮分子泵，图 2-3（c）所示的离子泵及钛升华泵以及图 2-3（d）所示的真空规。机械泵和涡轮分子泵属于吸附泵，离子泵和太升华泵属于反应泵。机械泵分为油泵和干泵两种，可单独使用也可以作为前级泵使用。当机械泵工作时，气体被吸入并压缩，然后，通过偏心圆柱转子将气体排除。涡轮分子泵一般是在真空低于 10^{-3} Torr 的条件下工作，且通常以机械泵作为前级泵。涡轮分子泵利用高速（>50 000 rmp）旋转叶片直接将气体分子排除，如 N$_2$。溅射离子泵工作时不会产生震动和噪音，寿命较长，操作较简单，所以，在真空低于 10^{-9} Torr 的情况下常被用来维持超高真空。

钛升华泵通常是和离子泵一起工作。当直流电压（3~7 kV）加载到阴极和阳极之间时，会产生潘宁放电，发射电子会在磁场作用下通过螺旋运动与气体分子碰撞并使之离子化，离子化的气体分子在电场作用下加速运动,并由钛阴极吸收。钛丝间加载的高电流(~45 A)促使钛在短时间内快速挥发,在钛阴极上产生一层新的钛膜继续吸附气体分子。此真空系统所用的真空规为热阴极离子真空规,可以在真空低于 10^{-3} Torr 的情况下工作。其原理为:在较高的正电压下细丝中的热电子被激发,热电子运动导致气体分子离化,通过检测离子束流的大小来判断真空大小。其他真空配件主要有真空闸板阀,观察窗用的法兰,铜密封圈及电极,如图 2-3(e)所示。

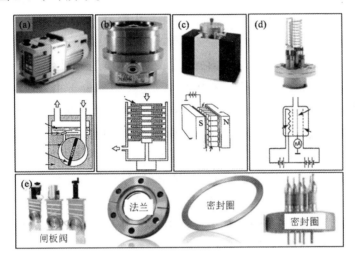

图 2-3　真空泵及其组件示意图[198]

2.3　分子束外延(MBE)

分子束外延是 20 世纪 70 年代由 J. R. Arthur 和 Alfred Y. Cho 等人发明[200-202],用于在超高真空条件下实现薄膜晶体外延生长的技术。在超高真空条件下,固体源材料中的原子或分子在特定的生长源中受热挥发并沉积到固体基体上,通过表面吸附、转移、形核及反应实现材料的生长。相比于其他生长方法,分子束外延技术具有如下优点:(1)材料的生长在超高真空条件下进行,所制备薄膜材料质量较高,杂质较少；（2）所用的生长源炉为克努森源材料炉（K-cell），其生长速率低，可实现对材料层厚的原子尺度控制；（3）可以分别控制源材料和基体的温度，材料生长温度较低，在生长过程可以减少大多数缺陷，避免材料和基体的化学反应，生成的薄膜材料均匀且不同材料间的界限分明；（4）通过高能电子衍射仪可以实时监控薄膜材料的生长情况；（5）分子束外延过程是一个非平衡动力学过程，基于此可制备热平衡条件下难以生长的材料。正是因为这些优点，分子束外延技术得到了广泛的研究和应用，已经成为单晶薄膜材料制备的重要手段之一。

本书采用分子束外延技术在石墨烯表面沉积金属，通过加热蒸发源使原子蒸发并喷射至样品表面，经过表面吸附、迁移、形核或与表面反应以实现材料的外延生长。图 2-4（a）是典型的分子束外延生长腔室示意图，包括源材料炉，反射式高能电子衍射仪以及观察窗。样品台可进行三维平动和 360° 转动，配备有直流加热装置，可使大电阻材料如SiC 达到 1800 ℃的高温。本系统的蒸发源炉为努森扩散炉（Knudsen diffusion cell, K-cell），以电阻丝加热坩埚，配有热偶和温控仪以控制金属源的蒸发温度，从而精确调节其束流大小，还通过开关炉前挡板以控制束流的沉积时间。此外，采用循环水系统用于冷却蒸发源炉。

克努森源材料炉是最常用的蒸发源，如图 2-4（b）所示，K-cell 包含了如下几个部分：（1）PBN 或者 Al_2O_3 坩埚，在 1500 ℃的高温下也不会裂解；（2）加热坩埚用的电阻丝，通常是 W 或 Ta 丝；（3）Ta 片屏蔽罩，用以减少由热辐射带来的能量损失，保证束源温度的均匀性；（4）热电偶温度计，用以源温度的原位监控，保证蒸发温度的稳定性；（5）安装炉源用的法兰。此外，还可以利用遮板精确控制蒸发时间，利用循环水及时冷却坩埚及其周围温度。这种类型的蒸发炉在纳米薄膜、纳米结构的制备方面得到了广泛应用，可以实现多种高饱和气压或者低熔点金属的生长，如 Ag、Pb、In、Ge 和 Bi 等。图 2-4（c）是另一种用来生长 Si 材料的源材料蒸发炉，即电子束源材料炉（E-beam）。此类蒸发炉不同于克努森炉，是依靠电子束的轰击实现源材料的加热和蒸发，包含的主要部件有：（1）安装 Si 棒的细槽；（2）电阻丝；（3）样品推进装置；（4）遮板及控制器；（5）法兰。图 2-4（d）和图 2-4（e）分别是克努森源和电子束源的控制装置，通过束源温度的调控实现材料生长速率的精确控制。图 2-4（f）是实验所用的红外温度测量仪。

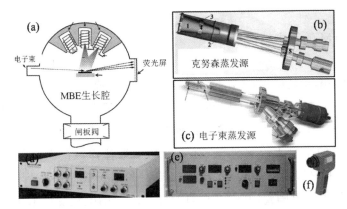

图 2-4 分子束外延系统：（a）分子束外延腔室；（b）克努森蒸发源；（c）电子束蒸发源；（d）克努森蒸发源控制器；（e）电子束蒸发源控制器；（f）红外温度探测仪 [203]

2.4 扫描隧道显微镜（STM）

1982 年 IBM 公司的 G. Binnig 和 H. Rohrer 两位科学家发明了世界上第一台扫描隧道显微镜，并在 1986 年获得诺贝尔物理学奖 [204-206]。相比于其他表面检测表征手段，扫描隧道显微镜具有更高的空间分辨率，其横向分辨率和纵向分辨率分别可以达到 0.1 nm 和 0.01 nm。因而，可以直接检测到样品表面的原子结构和电子态特征，很好地促进了表面科学及纳米技术的发展 [207,208]。

在后来的发展中，基于扫描隧道显微镜原理，科学家们发明了一系列表面分析手段，包括用于探测绝缘体表面形貌的原子力显微镜（AFM），用于研究磁性材料畴分布的磁力显微镜（MFM）以及近场扫描光学显微镜（SNFOM）等。目前，扫描隧道显微镜已经成为极具吸引力的表面分析工具，广泛应用于表面物理、表面化学、生物科学及精密加工等领域 [209,210]。

2.4.1 STM 的基本结构

　　扫描隧道显微镜的基本结构由四部分组成：防振系统、粗调定位器、压电扫描器以及电子控制系统[211]。其中前两部分属于机械系统，后两部分属于电学系统。整个扫描隧道显微镜系统放置在配有气动式振动隔离的平台上。另外，还有一个基于悬挂弹簧或涡流阻尼的防振平台，用来放置粗调定位器、压电扫描器和电子控制系统[212]。粗调定位器是利用压电陶瓷(Pb (Zr, Ti)O$_3$, PZT)的电致变形来实现扫描隧道针尖的进退操作。压电扫描器用于实现针尖的三维移动，是扫描隧道显微镜的核心组件，压电陶瓷的形变依赖于所施电压的大小，常用扫描器是单压电管[211]。在扫描仪上装有四个电极，可以控制针尖在平面上($\pm X$ 和 $\pm Y$)的移动。垂直于平面方向的控制是靠附着在扫描管内、外壁上的 Z 电极来实现的。采用恒流模式时，比较设置电流与流过放大器的隧道电流，如果隧道电流大于参考电流，通过反馈回路，Z 方向的压电陶瓷会使针尖远离样品表面；相反，如果隧道电流小于参考电流，Z 方向的压电陶瓷会使针尖靠近样品表面，以保证恒定隧道电流。另外，数据收集和存储，形貌像的优化都是通过电脑来控制的。在本实验中使用 WSxM 5.0 软件优化图像[213]。

2.4.2 STM 的基本工作原理

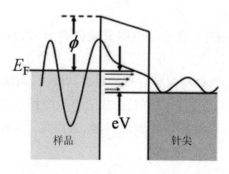

图 2–5　STM 针尖与样品表面的隧穿效应示意图[211]

　　如图 2-5 所示，扫描隧道显微镜的基本原理是基于量子力学中的隧穿效应。针尖和样品表面可以看成两个电极,它们之间的真空可以看成势垒。当它们之间的距离非常接近(几个 Å)时,在偏压(V)作用下电子将从样品隧穿至针尖,产生隧道电流。理论上,隧穿电流是电子波函数的交叠,可表示为[214]:

$$I \propto V_b \exp(-A\phi^{1/2} S) \qquad (2\text{-}1)$$

式中,I 为隧道电流;V_b 为偏压;A 为常数,在真空条件下一般等于 1;ϕ 为平均功函数;S 为针尖和样品表面的距离。

由公式(2-1)可见,隧道电流(I)与距离(S)呈指数关系,距离增加 / 减小 0.1 nm,隧道电流会变化一个数量级。所以,隧道电流对距离非常敏感,可以直接检测到样品表面的形貌起伏,且纵向分辨率可以达到 0.01 nm。

J. Tersoff 和 D. R. Hamann 提出了针尖 S- 波模型以解释针尖的横向分辨率[208,210]。如图 2-6 所示,针尖顶端可以简化为曲率半径为 R 的模型,其波函数可以近似为薛定谔方程的解,且只考虑 S- 波的解。因此,横向分辨率可以表示为:

$$\Delta \approx [2k^{-1}(R+d)]^{1/2} \qquad (2\text{-}2)$$

对于大多数金属表面,$2k^{-1} \approx 1.6$ Å,$R+d \approx 15$ Å,因而 $\Delta \approx 5$Å。尽管可以用 S- 波模型解释 Au(110)表面的(2×1)重构像,但很难解释金属表面的原子分辨像。考虑到针尖的电子态以及针尖与样品表面的相互作用,科学家提出了更精确的横向原子分辨率模型[215]。

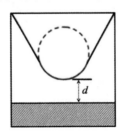

图 2-6 STM 针尖的 S- 波模型[211]

根据 Bardeen 扰动,隧道电流可以表示为:

$$I(V) = \frac{8\pi^2 e}{h} \int_{-\infty}^{+\infty} [f(E-eV) - f(E)]\rho_s(E-eV)\rho_t(E)|M|^2 \, dE \qquad (2\text{-}3)$$

式中，ρ_s 为样品表面的局域电子态；ρ_t 为尖表面的局域电子态；$f(E)$ 为费米分布函数；M 为依赖于样品表面和针尖波函数交叠的隧穿矩阵元。

对于金属针尖，ρ_t 和 M 可以看成是费米能级上的常数，所以公式（2-1）可以被简化为：

$$I = \int_0^{eV} \rho_s (E_F - eV + \varepsilon) \mathrm{d}\varepsilon \qquad (2\text{-}4)$$

对式（2-4）中的偏压求积分，可以得到微分隧穿电流（$\mathrm{d}I/\mathrm{d}V$）和态密度（ρ_s）之间的线性关系[216]，即：

$$\frac{\mathrm{d}I}{\mathrm{d}V} \propto \rho_s (E_F - eV) \qquad (2\text{-}5)$$

因而，可以通过微分电导的测试获得样品表面的态密度。这也是扫描隧道谱（STS）的基本原理，能很好地表征材料的电学性能[147,217]。

2.4.3 STM 的基本工作模式

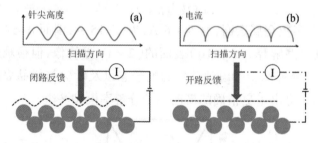

图 2-7　STM 的两种扫描模式：（a）横流模式；（b）恒高模式

如上所述，扫描隧道显微镜依靠的是反馈回路对隧道电流的控制来实现的。其工作模式主要有横流模式和恒高模式两种[218]，如图 2-7 所示。

当采用恒流模式时（图 2-7（a）），闭合反馈回路，保持隧穿电流值恒定不变，通过压电陶瓷扫描仪来控制针尖在 xy 平面的扫描，利用针尖在 z 方向的高度变化来记录样品表面形貌及原子分辨像。横流模式相对比较安全，是本实验采用的主要工作模式。

当采用恒高模式时（图 2-7（b）），断开反馈回路，保持针尖和样品表面的距离不变。隧穿电流会根据原子或者分子的高度起伏而变化，被电脑记录转换成形貌像，也能观察到样品表面的形貌。这种模式的扫描速度较快,但对样品表面要求较高,需要特别平整的样品表面。如果样品表面的起伏超过 1 nm,针尖很容易被破坏。

2.4.4 STM 针尖的制备和处理

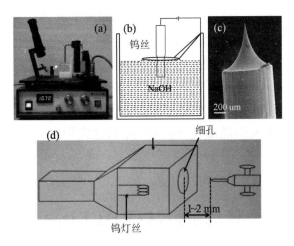

图 2-8　STM 针尖的制备及处理:(a)针尖制备的装置实物图;(b)溶液腐蚀示意图;(c)W 针尖的 SEM 照片;(d)针尖清洗装置的示意图

　　扫描隧道显微镜的针尖对样品表面形貌的获得非常重要,主要有铂铱针尖(Pt/Ir)、钨针尖(W)、金针尖(Au)和银针尖(Ag)。Pt/Ir 针尖是用机械修剪法制备,W、Au 和 Ag 针尖是用化学腐蚀法制备。Au 和 Ag针尖较软,常用于特殊测试,比如,针尖增强拉曼光谱(TERS)。对于样品表面表征分析,通常采用较硬的 Pt/Ir 和 W 针尖。因为 W 针尖容易制备,相对便宜,本实验主要采用 W 针尖。

　　图 2-8(a)所示为实验中制备 W 针尖的电化学腐蚀装置。所用 W丝直径为 1 mm,采用浓度为 2.0~3.5 mol·L^{-1} 的 NaOH 溶液进行腐蚀。腐蚀发生的位置是空气和溶液的交界面处,如图 2-8(b)所示。在腐蚀过程中,当 W 丝变得足够细小时,浸泡在腐蚀液内的 W 丝因自身重力而被拉断,剩余在腐蚀液上方的 W 丝即可作为扫描隧道针尖使用。在针尖制作过程中尽量保证针尖尖端足够细小,理想的尖端只有一个原子,如图 2-8(c)中的扫描电子显微镜像(SEM)所示。

制备好的 W 针尖还需要进一步清洁处理,去除其表面残留的溶质吸附物和表面氧化层。首先,在样品加载腔室内对 W 针尖加热烘烤至少 8 h,去除表面的吸附物。然后,通过电子束加热装置去除针尖表面的氧化物,其示意图如图 2-8（d）所示。该装置的基本工作方法和原理如下：（1）将针尖靠近圆孔位置,约 1~2 mm；（2）针尖接地,在加热丝上加约 800 V 的电压,使得针尖和加热丝之间产生电场；（3）缓慢增加加热丝的电流,促使电子从加热丝中发射出来,通过电场的作用到达针尖表面,对针尖表面进行轰击,达到加热清洗的效果,加热丝的发射电流值约为 3 mA；（4）当针尖变红时,维持 3~5 min。将处理好的针尖传入扫描隧道显微镜腔室。新针尖尖端较钝,且电子态不稳定,在 Si（111）-7×7 样品表面反复扫描可获得状态稳定的针尖[212]。

2.5　反射式高能电子衍射（RHEED）

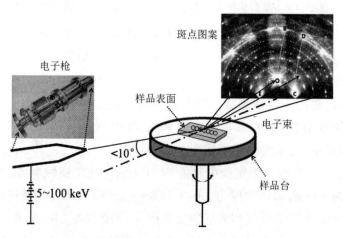

图 2-9　反射式高能电子衍射仪示意图[219]

本书采用反射式高能电子衍射以原位检测样品生长时的表面重构[220]。电子枪中发射出来的高能电子（15 KeV）以小于 5° 的角度掠射到样品表面,反射后的电子在观察窗上形成衍射图案,图像经 CCD

（Charge coupled device）收集并传输到电脑端。电子束的渗透深度仅为若干原子层，所以 RHEED 主要反映样品表面的信息。另外，样品台可进行 360° 全角度转动，使 RHEED 可测量样品在不同方位的表面结构信息。

反射式高能电子衍射在样品表面重构和表面纳米结构分析中有着重要的作用。图 2-9 是基本的电子衍射原理：电子发射枪发射出能量为 5~100 keV 的电子（本实验中主要用的电子发射能量为 15 kV），以小于 10° 的角度掠射到样品表面，由样品表面周期性排列的原子衍射而出。电子的穿透深度约为数个原子层，可以很好地探测样品的表面结构。样品台配有旋转装置，可以测量样品表面不同方位的结构信息。电子衍射图案由 CCD 收集并显示在电脑上。

理论上，电子衍射图案代表的是样品表层原子的倒空间信息。二维表面在倒空间呈现为倒易棒[221]，与 Ewald 球相交截面的投影即为荧光屏上的衍射图案。衍射图案一般是同心圆环，属于同一劳厄带的衍射斑点在同一圆环上。正空间较大的结构周期和倒空间较小的结构周期相对应[222]。图 2-9 中显示的衍射图案是 Si（111）-7×7 沿 [112] 方向的结构周期[219]。根据衍射斑点的亮度、尖锐度及形状可以推测样品表面的平整度和均匀度。如果样品表面不平整，如有小丘结构或岛状结构，高能电子会穿过这些结构，获得这些结构的三维衍射信息，与透射电子显微镜（TEM）类似。

2.6 拉曼光谱测试系统

本书所用扫描隧道显微镜的单次最大测量范围约 2.5 μm，所以辅以拉曼光谱以获取在较宏观尺度样品的表面结构信息，所用设备为日本 TII 公司生产的激光共聚焦拉曼光谱系统，型号为 Nanofinder FLEXG。

2.6.1 基本原理

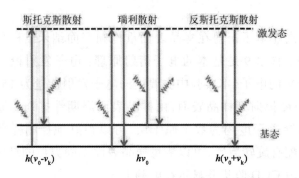

图 2-10　瑞利与拉曼散射能级跃迁示意图

本书采用激光作为光源,入射到样品表面后,产生的绝大部分散射光与入射光频率一致,为瑞利散射(Rayleigh Scattering),而极少部分散射光的频率不同于入射光频率,为拉曼散射(Raman Scattering)。图 2-10 为瑞利与拉曼散射的能级跃迁示意图,h 代表普朗克常数,v 为光频率,hv_0 为入射光子能量,hv_k 为分子振动基态与激发态之间的能量差。瑞利散射时,分子振动从基态跃迁至虚态并回到基态或从激发态跃迁并回到激发态,散射光与入射光的能量相同。拉曼散射时,分子振动从基态跃迁却回到激发态(斯托克斯散射,光子能量降低为($hv_0 - hv_k$)),或从激发态跃迁却回落到基态(反斯托克斯散射,光子能量增加为($hv_0 + hv_k$))。

由于在光谱中对称分布的斯托克斯散射比反斯托克斯散射强得多,本书采用斯托克斯散射反映拉曼散射。将光谱横坐标的单位从能量差值换算成波数值(cm^{-1}),并将激发线 v_0 的位置归零,即得到本书所展示的拉曼光谱。物质的不同分子振动模式分别有固定的 hv_k 值,反映为不同的拉曼峰位,代表物质的本征信息而与入射光的波长无关。此外,当所测试样品的分子振动受应变、电荷转移等作用而发生变化时,其对应拉曼峰的峰位、峰形等也相应变化。需要注意的是,纯金属内不存在分子键,故不能产生拉曼峰。但在特定波长的入射光作用下,沉积金属 Ag 的样品表面将产生较强的电磁场,使样品的拉曼信号大大增强,称为表面增强拉曼散射(SERS)效应。

2.6.2 基本组成结构

本书采用的激光共聚焦拉曼光谱系统包括四个部分,激光器、共聚焦显微拉曼光学单元、成像光谱仪和计算机。本系统配置有氦氖气体激光器,激光波长为 633 nm,可使沉积 Ag 的表面产生明显的 SERS 效应。共聚焦显微拉曼光学单元包含两套光路,分别对应光学显微镜系统和拉曼光路系统,通过拉杆进行切换。光学显微镜系统采用 LED 照明灯作为光源,配备 CCD 以采集样品表面的光学图像。显微镜物镜头的放大倍数为 100×,数值孔径值 NA(Numerical aperture)为 0.95,图像分辨率达 1 mm。拉曼光路系统中,激光进入光学单元后通过物镜头入射到样品表面,产生的拉曼散射光返回到光学单元,经诸多光学器件的处理后传输至成像光谱仪。

成像光谱仪进一步处理光信号并将其转换成电信号,再传输到计算机终端。本系统所用光谱仪的型号为 MS520,焦长为 520 mm,配置有 3 块光栅,通过软件进行切换。计算机中配置有专用软件 Nanofinder,通过调节参数可呈现出样品的光镜形貌像、拉曼测试曲线、二维和三维的拉曼 mapping 图像等。本书辅以大气环境下的拉曼光谱系统探测外延石墨烯及其沉积 Ag 后的表面信息,具体的实验操作方法如下:

(1)启动系统。顺序开启激光器、成像光谱仪、计算机及 Nanofinder 软件,激光器需半小时以上的预热才能发出稳定、高强度的激光,约为数个 mW。

(2)光学显微图像测试。通过样品台配备的准焦螺旋调整物镜头与样品表面之间的距离,以清晰显示样品的光学图像为准。手动旋钮使样品台在 X 和 Y 方向移动,找到样品表面所需测试拉曼光谱的粗略位置。打开 Nanofinder 软件的电子控制面板,利用样品台下配置的压电陶瓷平台,完成测试位置的精确定位。

(3)拉曼光谱测试。首先,通过拉杆将光学单元从光学显微镜系统切换至拉曼光路系统。然后,根据测试样品所需的波数范围从本系统配置的 3 块光栅中进行选择。3 块光栅所能测量的最大波数范围和相应的光谱分辨率分别为 4000 cm^{-1} 和 4 cm^{-1}、1800 cm^{-1} 和 2 cm^{-1} 及 600 cm^{-1} 和 0.4 cm^{-1},光谱分辨率随波数范围增大而降低。接下来,设定初始积分时间为 1 s,根据获得的拉曼信号的强弱程度调节积分时间,时间越长拉曼强度值越大。拉曼测量结果保存为 txt 文件,通过 Origin 软件进行作图及拟合等处理。

（4）关闭系统。顺序关闭 Nanofinder 软件、计算机、成像光谱仪及激光器。

2.7　第一性原理计算

本书采用第一性原理的计算方法对实验结果进行辅助证明,探究难以用实验测试方法阐释的相关问题,澄清内在的物理机制。第一性原理计算是将材料的组成、结构及性能等通过计算机进行"虚拟实验",仅用 5 个物理基本常量(光速 c、电子电量 e、电子质量 m_e、普朗克常数 h 和玻尔兹曼常数 k_B)求解薛定谔方程,深入原子内部考虑原子核间、原子核与电子之间及电子间的相互作用。

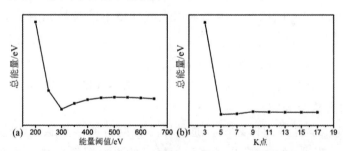

图 2-11　不同截断能和 K 点网格点数目下体系能量的变化:(a)截断能,(b)K
点网格点

本书依托浪潮天梭系列高性能计算机以进行第一性原理计算,服务器有 32 个计算节点,每个节点包含 2 个 CPU、8 个核及 24 G 内存,各个节点可独立运算或并行计算。所用操作软件为美国 Materials Design 公司研发的 MedeA 软件,包括基于 Web 界面的跟踪、管理和控制用户任务等功能,可完成模型创建、计算模拟、性能预测和结果分析等一系列过程。MedeA 软件计算引擎为 VASP（Vienna ab-initio simulation package），用于周期性体系的计算，提供了超软赝势和投影缀加波等。

计算选用描述基态的 Perdew-Burke-Ernzerhof（PBE）函数[223]，采用投影缀加波 PAW 的方法分析电子和离子间的相互作用，采用以 Gamma 点为中心的 Monkhorst-Pack 方法产生 K 点，选用共轭梯度算法进行结构弛豫[224]。体系平面波的截断能和在布里渊区积分选取的 K 点抽样网格点的数目是计算时的重要参数。如图 2-11（a）和（b）所示，当截断能为 400 eV，网格点选为 5×5×1 时，体系能量已趋于稳定，表明计算已较为精确。随截断能的增大和网格点的增多计算精度提高，但计算量亦大幅提高，故本书计算选取的截断能为 450 eV，网格点为 7×7×1。垂直于二维平面的方向添加 15 Å 的真空层，以足够避免相邻原子层之间的相互作用，真空层过大计算量将大幅提高。

2.8 实验方法介绍

本书的研究工作主要在超高真空联合系统中进行，如图 2-12 所示。该设备包含了样品进样腔室（Load Lock Chamber）、样品制备腔室（MBE or Preparation Chamber）和样品原位表征检测腔室（STM or Investigation Chamber），各个腔室之间由闸板阀（Gate Valve）间隔开来。超高真空主要是通过真空泵获得，包括机械泵（干泵）、涡轮分子泵和溅射离子泵，并利用溅射离子泵和钛泵维持超高真空环境。分子束外延腔室的本底真空低于 2.0×10^{-10} Torr，扫描隧道显微镜腔室的真空维持在 $\sim 7.5 \times 10^{-11}$ Torr，利用液氮（LN）使整个扫描隧道显微镜系统处于低温环境下（~77.2 K）。

实验过程中，样品通过进样腔室实现加载，利用磁力杆实现样品在各个腔室之间的传送。在分子束外延腔室中，通过 SiC 基材的高温退火实现外延石墨烯的制备，并通过克努森源实现金属的生长，利用反射式高能电子衍射仪原位监控样品表面结构。在扫描隧道显微镜腔室中，通过偏压的加载，采用横流模式对样品表面的结构和电子态进行原位表征分析。

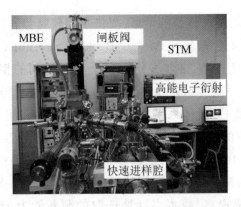

图 2-12　超高真空联合系统

（1）样品的装配。基材为 Tanke Blue 半导体公司生产的 6H-SiC 单晶片，根据终端面原子的不同分为 Si 面和 C 面，均为 3 mm × 15 mm 的矩形片。装样前，用酒精对镊子、小螺丝刀、样品托架等工具进行严格清洗，以保证高清洁度。装样时，用镊子将样品装配到样品托的固定位置，用弹片夹住再用钼螺丝固定。装样后，用万用表分别测量样品两条对角线顶点间的电阻，若两电阻相同，说明样品装配合格，若两电阻差别较大，需调整样品在样品托上的位置，并检查样品是否存在裂纹等损坏情况。将装配合格的样品放置到快速进样腔的传送杆上，封闭腔体的盖子。

（2）样品的传送和预处理。打开分子泵与进样腔之间的气阀，逐步开启机械泵和涡轮分子泵及其风冷装置，对进样腔进行持续 8 h 以上的抽气，使其真空度达到 $10^{-6} \sim 10^{-7}$ Pa。接下来，打开进样腔与分子束外延腔之间的闸板阀，将样品传送至分子束外延腔的样品台上。按顺序关闭闸板阀、气阀及分子泵和机械泵后，对样品进行 500 ℃的除气处理以去除表面吸附的杂质。加热初始，分子束外延腔的真空迅速从 10^{-8} Pa 变差至 10^{-6} Pa，但在离子泵吸附作用下将逐渐变好，真空恢复到 10^{-8} Pa 时可停止加热，除气总时长为 8~12 h。

（3）外延石墨烯的制备。由于 SiC 为大电阻的半导体材料，采用加载直流电的方式对其进行加热，使 SiC 裂解以生成外延石墨烯。首先，以 900 ℃的温度对 SiC 进行 10 min 加热处理，去除表面氧化物以获得清洁的样品表面。当对样品施加更大的电流时，加热温度继续升高，SiC 逐步裂解，在 1250 ℃时表面生成外延石墨烯。可通过调节加载电流的大小和时间以改变样品的加热温度(1250~1600 ℃)和时间(3~30 min),进而调控在表面外延石墨烯的覆盖度和层数。SiC 裂解时 Si 原子挥发,使分子束外延腔的真空变差,为避免污染腔体,真空度至 10^{-5} Pa 时应停止加热,待恢复至 10^{-8} Pa 后继续加热,直至完成预设的加热过程。加热过程中采用手持式红外测温仪监控 SiC 样品的温度,红外系数设定为 0.83。

(4)通过分子束外延法将金属沉积至外延石墨烯表面。首先,打开循环水系统,开启束源炉的控制面板,逐步增大电阻丝的电流以升高束源的蒸发温度。升温过程以 30 min 为宜,升温过快易损伤束源炉配件。在超高真空环境下不同金属的饱和蒸气压值不同,束源温度由热偶测量,且显示在控制面板上,达到预设的蒸发温度后,即可打开炉前的挡板,金属束流将喷射到样品表面。打开挡板的同时开始计时,调节金属源的沉积时间和蒸发温度均可调控石墨烯表面金属的沉积形貌。金属沉积结束后,关闭挡板并逐渐降低电阻丝的电流,束源温度降到室温后方可关闭循环水系统。

(5)反射式高能电子衍射测试。RHEED 测试时的样品位置与分子束外延生长时的样品位置相同,所以可原位检测制备过程中样品的表面形貌。RHEED 的工作电压高达 15 kV,在测试前应逐步增加电压值,以 15 min 为宜,加压过快易损伤 RHEED 配件。测试过程中,RHEED 发射出的高能电子掠射到样品表面,反射后的电子在观察窗形成衍射图案,经 CCD 收集并传输到电脑端。测试结束后,电压也应逐步降低,以避免损伤装置。

(6)扫描隧道显微镜腔内样品台的低温冷却。常温下的 STM 测试将产生明显的温飘现象,使探针位置偏离数个纳米,严重影响到 STM 图像的精确性。所以,本书采用液氮(LN$_2$)冷却系统将样品和探针所在样品台的温度保持在 77 K,低温下的 STM 测试更为稳定,温飘的影响可忽略不计。液氮冷却系统包括内腔和外腔,容积均约 8 L,正常工作时均充满液氮,内腔顶部借助于铜瓣与 STM 腔内的样品台相连。外腔和内腔液氮的挥发时间分别约 1 d 和 15 d,挥发后应重新补充满,否则样品台温度迅速上升,影响 STM 测试结果。

表 2-3　STM 测试时的参数设置

区域类别	隧穿电流 I	扫描偏压 V_b	扫描速度
平滑或纳米级小尺寸区域	100 pA	$\pm 10\ mV \sim \pm 1\ V$	$0.6 \sim 0.8\ s \cdot line^{-1}$
粗糙或微米级大尺寸区域	10 pA	$\pm 1\ V \sim \pm 5\ V$	$0.8 \sim 1.5\ s \cdot line^{-1}$

（7）扫描隧道显微镜测试。从 MBE 腔传送至 STM 腔的样品需放置 2 h 以达 77 K 后，方可进行 STM 测试。STM 探针与样品表面的初始间距约 1 cm，先手动进针使其缩短至约 1 mm，接下来采用 Nanonis 系统的自动进针使其缩短至数个 nm，然后下落针尖以达预设的隧穿电流值。STM 扫描测试时，本书根据测试区域的尺寸大小和粗糙度情况以调节隧穿电流、扫描偏压及扫描速度等参数值。如表 2-3 所示，针对纳米级小尺寸区域或较光滑区域如外延石墨烯表面，采用较大的隧穿电流、较小的偏压和较快的扫描速度，以达到更好的测试效果，易获得微结构的原子分辨图像。针对微米级大尺寸区域或较粗糙区域如金属沉积后的石墨烯表面，采用较小的隧穿电流值、较大的偏压和较慢的扫描速度，提高测试的安全性，避免损伤探针或破坏样品。STM 测试过程中，避免任何外界振动及电信号对联合系统的干扰，否则将影响 STM 图像的清晰度和稳定性。STM 测试结束后，先将探针和样品表面的间距恢复至初始状态，方可进行传样、样品生长等操作，否则将损伤探针。本系统配置有 WxSM 软件以处理 STM 图像，可获得样品表面的轮廓线、三维图像、快速傅里叶变换（Fast fourier transform，FFT）图像等信息。STM 图像中易出现莫尔条纹图案，为两个周期性结构图案重叠后的干涉结果，可通过轮廓线测量或 FFT 图像计算莫尔条纹的周期尺寸。

详细步骤如下：

（a）首先使用单晶 Si（111）基体，通过快速升温退火的"闪硅"工艺得到 Si（111）-7×7 重构表面，并利用 RHEED 检测其质量，然后传入 STM 腔进行形貌表征，并以此用作为针尖的处理和状态的判断依据。

（b）调整好针尖状态之后，进行外延石墨烯的制备，使用的基材是单晶 6H-SiC（0001）基体。在分子束外延腔室中，通过对 SiC 基材的逐步升温退火，分别得到 900 ℃下的 3×3，1100 ℃下的 $(\sqrt{3} \times \sqrt{3})R30°$ 以及 1200 ℃下的 $(6\sqrt{3} \times \sqrt{3})R30°$ 的重构表面，并最终在 1250 ℃及以上的退火温度下得到外延石墨烯。

（c）大面单层外延石墨烯采用的是气氛下快速升温退火的"快闪"方式进行。得到 SiC（3×3）的表面重构之后，在 MBE 腔室中，通过克努森源的加热对 SiC 基体周围金属束流，形成 SiC 裂解所需的金属气氛，然后在 1400~1500 ℃的温度下进行快闪，进而实现单层外延石墨烯的大面积制备。

（d）将制备出的外延石墨烯作为衬底，并用分子束外延技术沉积不同的金属原子，Pb、Ag 及 In 源的生长温度分别控制在 500 ℃、700 ℃及 400 ℃左右，生长时间约为 1~3 min，生长过程中外延石墨烯基体均处于低温状态，停止生长后衬底恢复至室温并维持大约 30 min。

（e）外延石墨烯以及金属生长情况均可用高能电子衍射技术进行实时监测，通过衍射斑点判断其质量，然后采用原位扫描隧道显微镜/谱技术（STM/STS）对样品进行表面结构表征和表面电子态特征分析等，进而研究其生长机理和性能特征。

3

外延石墨烯的制备与表征

在高温真空退火过程中,单晶 SiC 表面的 Si–C 键断裂后 Si 原子率先挥发,余下的 C 原子在其表面重新排列形成六角石墨烯晶体结构。在这种特殊的外延生长过程中,石墨烯源于 SiC 表面的重构演变,而 SiC 衬底表面缓冲层结构的形成是实现石墨烯生长的第一步 [98,128],也是关键的一步,它决定着外延石墨烯的电子迁移率、热导率等性能 [121,131,225,226]。通常情况下 SiC 缓冲层结构在 STM 中表现为 6×6 的结构周期,大多呈现为六角网状结构。以往的研究认为 6×6 重构是石墨烯和 SiC 之间的晶格失配所产生的一种莫尔条纹 [126,129,227],并未在实验上观察到此缓冲层的具体原子结构,且对于其演化过程也存在着较大的争议。因此,非常有必要深入探索 6×6 重构的精细原子结构并掌握外延石墨烯的生长机理。本章将从 SiC 的多种晶型以及在不同温度条件下 SiC 表面的重构演化入手,采用 STM 揭示 SiC 缓冲层的精细原子结构及其演化过程,阐释外延石墨烯的详细生长过程,表征外延石墨烯的基本形貌及谱学特征。

3.1 SiC 多晶型介绍

SiC 是由同属 IV 族的 Si 和 C 元素组成的二元固态化合物,为金刚石型的原子晶体。SiC 具有多种同素异构体。由于 SiC 热解制备外延石墨烯的广泛研究,因此 SiC 晶体再次受到了科学家的关注 [42,228]。SiC 本身是一种重要的宽带隙半导体,工业上应用比较广泛,在高功率、高频率和高温器件等方面有着重要的应用 [229-231]。SiC 晶体有 170 多种类型 [232],常用由 Ramdell 提出的基于六角对称的数字 - 字母标记其晶型 [233]。其中数字用于标记 c 轴的 Si–C 双层结构的层数,而字母用于标记布拉菲晶格的类型(H、C 和 R)。最常见的晶型有 2H-、3C-、4H- 和 6H-SiC[234]。其中数字指晶胞中 Si–C 双原子结构的数目,而字母代表晶体类型:纤维锌矿结构(H)、菱面体结构(R)和闪锌矿结构(C)。如图 3-1 所示,这些结构是组成其他复杂晶型的基本单元。

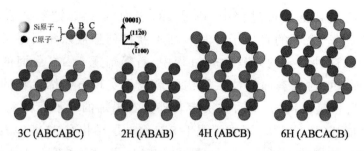

图 3-1　2H-、3C-、4H- 和 6H-SiC 沿（1120）面堆垛的示意图[235,236]

　　A、B 和 C 表示不同的 Si-C 双层。2H-SiC 为 AB 堆垛的六角纤锌矿结构，3C-SiC 是 ABC 堆垛的立方闪锌矿结构。立方和非立方 SiC 晶体分别称之为 β-SiC 和 α-SiC。在立方晶体结构中，用密勒指数 hkl 描述其晶面及取向。它们分别是晶面与 x、y 及 z 轴截面倒数的整数比。在六角晶体结构中，a_1、a_2、a_3 和 c 为四个轴向。其中，a_1、a_2 和 a_3 在同一平面内，相互成 120°，即 $a_1+a_2=a_3$，c 轴垂直于此平面。

表 3-1　室温下 3C-、4H-、6H-SiC 和 Si 及 GaAs 的性能比较[99,230,237,238]

	Si	GaAs	3C-SiC	4H-SiC	6H-SiC
晶格常数 /Å	5.43	5.65	4.36	3.07	3.08
带隙 E_g /eV	1.1	1.42	2.3	3.2	3.0
本征载流子浓度 n_i /cm^{-3}	10^{10}	1.8×10^6	10	10^{-7}	10^{-5}
电子迁移率 μ_n /cm$^2\cdot$V$^{-1}\cdot$S^{-1}	1200	6500	750	∥c-axis: 800 ⊥c-axis: 800	∥c-axis: 60 ⊥c-axis: 400
空穴迁移率 μ_h /cm$^2\cdot$V$^{-1}\cdot$S^{-1}	420	320	40	115	90
热导率 /W$\cdot$cm$^{-1}\cdot$K^{-1}	1.5	0.46	4.9	3.7	4.9
相对介电常数 ε_r	11.9	13.1	9.7	9.7	9.7
击穿电场 E_c /MV$\cdot$cm^{-1}	0.6	0.6	2.2	∥c-axis: 3.0	∥c-axis: 3.2
饱和电子速度 V_{sat} / 10^7 cm$\cdot$s^{-1}	1.0	1.2	2.5	2	2

　　相对于 Si、GaAs 等其他半导体材料，SiC 表现出很多优异性能，如，宽带隙、高热导率、高电场击穿强度和高饱和漂移速度，等等[99,237,238]，如表 3-1 所示。不同的 SiC 堆垛对其性能影响很大，4H- 和 6H-SiC 的性能呈各向异性，而 3C-SiC 呈各向同性。4H- 和 6H- SiC 两种晶型常用于外延石墨烯的生长[123,239,240]。其基本结构参数如表 3-2 所示[32]，Si-C 键长为 1.89 Å，Si-Si 键长为 3.08 Å。Si-C 双层结构沿 c 轴的周

期为 2.52 Å，即 nH-SiC 的晶胞包含了 n 层 Si-C 双层。

表 3-2　4H– 和 6H–SiC 的晶体结构参数 [32]

SiC 类型	a_{SiC} /Å	c_{SiC} /Å
4H-SiC	3.080 5	10.084 8
6H-SiC	3.081 3	15.119 8

SiC（0001）和 SiC（000$\bar{1}$）分别以 Si 悬挂键和 C 悬挂键终止，也称为 Si 面和 C 面 [32]。这两种晶面类型的 SiC 都可以用来生长外延石墨烯，原理基本相同 [241]。本书的实验工作主要采用 6H-SiC（0001）基体来制备外延石墨烯并进行系统的结构表征分析和金属化研究。6H-SiC 原子结构模型包含六层 Si-C 双原子结构，在上三层和下三层的交联处转折。6H-SiC 双原子结构的层间距为 2.52 Å，故 6H-SiC 沿纵向的周期为 2.52 Å×6 ≈ 1.51 nm。6H-SiC 原胞晶格常数为 3.08 Å，Si-C 键的长度为 1.89 Å[242]。

3.2　SiC 表面重构

在发现外延石墨烯之前 [42]，SiC 表面石墨化研究工作的开展已有数十年 [243-246]。结果一致表明，随着温度的升高，SiC 表面依次出现三种重构：3×3,（$\sqrt{3} \times \sqrt{3}$）$R30°$ 和（$6\sqrt{3} \times \sqrt{3}$）$R30°$。图 3-2（a）~（c）为三种重构表面形貌的 STM 图像，插图为相应的反射式高能电子衍射图案。图 3-2（d）~（f）为三种重构的 STM 原子分辨像，绿色菱形为相应重构的原胞，与电子衍射图案中的绿色平行四边形相对应。

如图 3-2（a）和（d）所示的 3×3 重构是在 Si 束流下形成的第一种重构 [244,247]，是去除 SiC 表面吸附物和氧化物之后的产物。首先，在 ~550 ℃ 条件下对 SiC 加热 8 h 以上去除表面吸附物。然后，在 1 ML·min^{-1} 的 Si 束流下将 SiC 加热至 ~950 ℃并维持十几分钟，去除 SiC 表面氧化物，即可获得 3×3 重构，其原胞大小为 0.917 nm，大约为 SiC 晶体原胞大小的 3 倍。在退火过程中，使用 Si 束流的目的是为了保证 SiC 在裂解时原子配比的平衡 [245,248,249]。

图 3-2　SiC 表面重构:(a)、(d)3×3;(b)、(e)($\sqrt{3}$ × $\sqrt{3}$)$R30°$;(c)、(f)
($6\sqrt{3}$ × $\sqrt{3}$)$R30°$;STM 工作条件:(a)~ (c):I=100 pA, V_s=-5.0 V;
(d)~ (f):I=185 pA, V_s=-3.5 V

退火温度也是至关重要的参量。如果退火温度低于 850 ℃, SiC
表面会形成多晶硅;如果温度高于 1050 ℃,3×3 重构将会消失。但
Si 束流下的退火温度比直接加热 SiC 的温度要低。在 Ga 束流下,经
过 ~800 ℃ ~~1000 ℃的退火也会在 SiC 表面形成 3×3 重构 [250]。($\sqrt{3}$
× $\sqrt{3}$)$R30°$重构(简称$\sqrt{3}$)是在无 Si 束流下经过 ~1100 ℃退火形成的,
与 3×3 重构类似,是 Si 在 SiC 表面的重组结构 [251],如图 3-2(b)和(e)
所示。$\sqrt{3}$重构是 SiC 表面最常见的重构结构 [252,253],其原胞大小是 SiC
晶胞大小的$\sqrt{3}$倍,但两者之间存在 30° 的旋转角。

当退火温度高于 1200 ℃ 时,SiC 表面开始裂解,即
$SiC \xrightarrow{1200\ ℃\ (UHV)} Si+C$。Si 原子挥发后剩下的 C 原子自组装成($6\sqrt{3}$
× $\sqrt{3}$)$R30°$的周期性表面(简称 $6\sqrt{3}$ 或 6×6)。如图 3-2(c)和(f)
所示,其原胞大小为 SiC 晶胞大小的 $6\sqrt{3}$ 倍,两者之间存在 30° 的旋
转角,在 STM 图像中通常呈 6×6 周期结构。通过角分辨光电子谱
(ARPES)可以判定这是一种 C 富集的表面,但仍未见石墨烯结构 [254],
是石墨烯形成之前的 SiC 衬底缓冲层的结构 [128,255-257],但其原子结构未
见报道 [258,259]。本实验利用扫描隧道显微镜表征分析了 6×6 重构的精
细原子结构及演化过程。

通过 STM 和 RHEED 可原位探究热解过程中 SiC 基体表面的重构结构，SiC 表面主要有三种重构结构，即 3×3、$(\sqrt{3} \times \sqrt{3})R30°$ 和 6×6。其中，6×6 结构是外延石墨烯形成之前 SiC 衬底缓冲层的结构，由 $(\sqrt{3} \times \sqrt{3})R30°$ 重构演化而来并在不同的偏压下呈现出不同的形貌。从动力学过程来看，随着温度的升高，SiC 表面的 Si 原子开始升华，缓冲层在保持长程有序的条件下，其短程原子结构历经了"有序 - 无序 - 有序"的转变过程，以有序排列的三角形团簇为模板，裂解的碳原子形核、长大成石墨烯。通过 STM 原子分辨像以及 STS 可以证实外延石墨烯沿 SiC 台阶具有较好的连续性，且因石墨烯的生成，SiC 表面由半导体特性转变为金属性。

3.3 SiC 缓冲层的原子结构

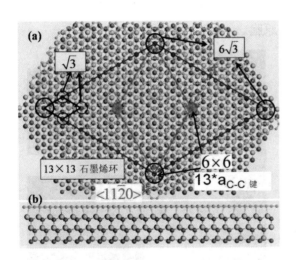

图 3-3 6×6 重构模型：（a）俯视图；（b）侧视图；绿色原子表示石墨烯中的 C 原子，黄色和灰色原子分别表示 SiC 晶体中的 Si 和 C 原子[260]

SiC 缓冲层的 6×6 结构是形成外延石墨烯的第一步[98,128]，决定着外延石墨烯质量及电子迁移率、热导率等性能[121,131,225,226]。以往研究认为，6×6 重构是外延石墨烯和 SiC 之间因晶格失配所产生的一种莫尔条纹[126,129,227]。如图 3-3 所示为其结构模型[260,261]，其中 $\sqrt{3}$、6×6 和 $6\sqrt{3}$ 重构结构原胞分别用黑色、红色和蓝色菱形表示，红色虚线箭头表示 SiC 晶体的 $<11\bar{2}0>$ 密排方向。可以看出，6×6 重构原胞的基矢方向与石墨烯的扶手椅方向以及 SiC 晶体的 $<11\bar{2}0>$ 密排方向一致。其长度约为 1.85 nm，约等于 6 倍的 SiC 原胞基矢（~0.308 nm），大约为石墨烯 C–C 键键长（~0.142 nm）的 13 倍，即：0.308 nm × 6 ≈ 0.142 nm × 13=1.846 μm。

此模型从理论上给出了 6×6 周期性结构，但在实验上观察到的均为六角网状结构，如图 3-2（f）所示，两者并不吻合。我们采用 STM 表面分析技术，发现并证实了 SiC 缓冲层的精细原子结构及其演化过程。图 3-4（a）为单层石墨烯（SLG）和 6×6 重构的共存区域，图中左上部分为单层石墨烯，右下部分为 SiC 衬底。通过反射式高能电子衍射图案证实了 6×6 重构的存在[262]，如图 3-4（b）所示。由于石墨烯太薄，所以电子衍射图案中未见石墨烯的信息。图 3-4（c）来自于图 3-4（a）中的衬底区域，即为 SiC 缓冲层的原子结构像，其中可以观察到 $\sqrt{3}$、6×6 和 $6\sqrt{3}$ 三种结构周期的存在，分别用绿色、白色虚线和白色实线菱形表示其原胞。

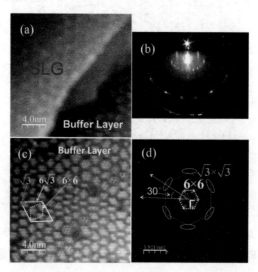

图 3-4 （a）单层石墨烯和 6×6 重构共存区域的 STM 图像（20 nm × 20 nm）；（b）RHEED 图案；（c）6×6 重构的原子结构（20 nm × 20 nm）；（d）傅里叶变换（FFT）；（a）和（c）的扫描条件：I=176 pA，V_s=−1.0 V 注：bufferlayer 缓冲层

由此可以分析出,6×6 重构是由 $\sqrt{3}$ 重构直接转化而来,也就是说,在加热退火过程中,由于部分 Si 原子的继续挥发,留在 $\sqrt{3}$ 重构表面的 Si 原子组成较大周期的团簇,这些团簇便形成了 6×6 或者 $6\sqrt{3}$ 的结构周期,由此便形成了 6×6 的原子结构。图 3-4(d)是图 3-4(c)对应的快速傅里叶变换(FFT)结果,可以证实 6×6 和 $\sqrt{3}$ 这两种结构周期的存在。根据白色虚线六边形可以计算得到 6×6 的结构周期为 ~1.75 nm,与理论值(1.85 nm)近似,误差仅为 5.3%。绿色虚线六边形表示 $\sqrt{3}$ 的结构周期,其计算值大约为 0.55 nm,接近其理论值的大小,0.308 nm × $\sqrt{3}$ ≈0.533 nm。此外,绿色六边形的每个角均包含了两个傅里叶变换点,由正空间中 $\sqrt{3}$ 结构取向的微小变化引起[258,263],如图 3-4(c)中的绿色虚线所示,都表示 $\sqrt{3}$ 的结构周期。

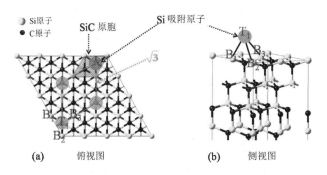

图 3-5 $\sqrt{3}$ 重构的原子模型:(a)俯视图;(b)侧视图

由上可知,$\sqrt{3}$ 结构的理解便于更好地分析 6×6 的原子结构。图 3-5 所示为 $\sqrt{3}$ 重构的原子模型示意图[125,264],其中,黄色和黑色原子分别表示 SiC 晶体中的 Si 和 C 原子,绿色圆点表示 SiC 表面的 Si 原子团簇。理论上,一个 Si 团簇是由 4 个 Si 原子(T_1、B_1、B_2 和 B_3)组成的一种四面体结构,其中三个是 SiC 表面本身的 Si(B_1、B_2、B_3),最顶端是外来 Si 原子(T_1),包含了 1 个 Si 悬挂键。这些 Si 团簇形成了 $\sqrt{3}$ 的结构周期,如图中绿色菱形所示。在后续的退火过程中,由于部分 Si 原子的挥发,留下的 Si 原子组成一个团簇,团簇与团簇之间便形成了 6×6 的周期性结构。因此,通过以上的分析发现,$\sqrt{3}$ 重构在升温退火过程中直接演化为 6×6 的原始结构,并且也可以观察到此两种结构的共同存在,如图 3-4(c)所示。对外延石墨烯的生长而言,表面的 Si 悬挂键恰好是 C 原子的形核点,以 6×6 重构为模板,石墨烯在其表面形核长大,所以在外延石墨烯表面往往可以观察 6×6 的周期结构。

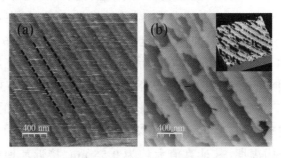

图 3-6 Si 面 SiC 在不同温度加热后的 STM 图像：(a)900 ℃,(b)1200 ℃

Si 面 SiC 基体传入分子束外延腔后,在 500 ℃加热 8~12 h 去除表面杂质,再通过 900 ℃加热 10 min 去除表面氧化物,可获得清洁的样品表面。图 3-6(a)为 Si 面 SiC 清洁表面的 STM 图像,呈平行排列且宽度约为 300 nm 的台阶结构,部分台阶边缘由黑色虚线标明。图 3-6(b)为 Si 面 SiC 经 1200 ℃加热 9 min 后的 STM 图像,SiC 的台阶结构仍存在,但原本平坦的表面散布形状尺寸各异的孔洞,内嵌的 3D 插图展示的更为明显,说明 SiC 表层裂解,原子挥发。从原子结构的角度分析,SiC 清洁表面为 SiC 基体的 3×3 重构[124]。由于 Si 和 C 原子的饱和蒸气压值不同,当 Si-C 键断裂后,Si 原子先挥发而残余的 C 原子在表面重新排布。当加热温度为 1100 ℃时,表面演化为 $\sqrt{3} \times \sqrt{3}\ R30°$ 重构[116]。当温度升高至 1200 ℃时,表面呈 SiC 基体的 6×6 重构,也称为 SiC 缓冲层[116],其为形成外延石墨烯的重要过渡结构,决定了后续生成的石墨烯的结晶质量及电导率、热导率等性能[265]。

图 3-7 SiC 缓冲层的 STM 图像：(a)50 nm×50 nm,(b)20 nm×20 nm

图 3-7(a)为 SiC 缓冲层的 STM 图像,呈周期性的蜂窝状结构。图 3-7(b)为其放大图像,众多三角形凸起清晰可见,每个凸起由三

个小亮点组成,用绿色小圆点标明。每个小亮点代表一个 Si—C 键断裂后尚未挥发的 Si 原子,其与下方 SiC 基体中最近邻的三个 Si 原子以 Si—Si 键结合,构成四面体结构的 Si 原子团簇[116]。Si 原子构成的三角形凸起在表面呈周期性排布,用蓝色菱形表示周期原胞。图 3-7 (b)内嵌的插图为其 FFT 图像,六个清晰的亮点说明 SiC 缓冲层的周期性特征,推算出其周期尺寸为 1.83 nm,与 SiC 的 6×6 重构的理论值 (0.308 nm×6 ≈ 1.85 nm)吻合。Si 原子凸起构成 SiC 缓冲层的骨架,而凸起之间的凹陷弥散着 Si—C 键断裂后残余的 C 原子,为后续生成外延石墨烯提供碳源。

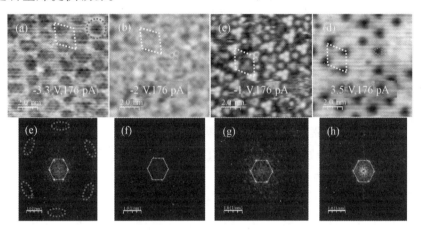

图 3-8　在不同偏压下 6×6 重构的 STM 图像(10 nm × 10 nm):(a)−3.3 V;(b)−2.0 V;(c)−1.0 V;(d)3.5 V;白色虚线菱形为 6×6 重构原胞,绿色圆点为 Si 团簇,(e)~(h)2D-FFT

在后续退火过程中 SiC 衬底上的 6×6 结构很容易转化为网状结构,但 6×6 的结构周期一直保持。通过改变 STM 偏压发现,由于 Si 原子继续挥发,Si 团簇包容易形成稳定的三角形结构[125,264]。图 3-8 (a)~(d)为 10 nm × 10 nm 的原子图像,属不同偏压下同一区域的 6×6 重构像。图 3-8 (e)~(g)为相应的傅里叶变换结果,证实了 6×6 结构的存在。如图 3-8 (a)所示,在 −3.3 V 的偏压下 6×6 结构为常见的网状结构,但可以模糊地观察到三角形团簇,如图中绿色圆点所示。还可以观测到石墨烯的 2×2 重构,如蓝色虚线圆所标记,这是石墨烯从无定形碳开始形核的初始状态[266-268]。图 3-8 (e)所示的傅里叶变换图样也证实了这一点,这种结构的周期与 SiC 的 √3 重构近似[258],即

$2 \times 0.246 \approx \sqrt{3} \times 0.308$。如图 3-8（b）所示，当偏压变到 –2.0 V 时，网状结构变得模糊，但图 3-8（f）所示的傅里叶变换图样证实同属于 6×6 的结构周期。如图 3-8（c）所示，当偏压变到 –1.0 V 时，可以清晰地观察到 6×6 结构三角形貌的占据态图像，此结构的 Si 覆盖度较小，但与图 3-4（c）所示的原始结构相似。当偏压变为 3.5 V 时，在扫描隧道显微镜下显示为三角团簇的空态图像，如图 3-8（d）所示。

　　如上所述，虽然 6×6 的结构周期可在不同温度条件下存在，但最终都趋于一种稳定的三角团簇结构。这种稳定的 6×6 结构在不同偏压下还会呈现出不同的原子结构图像。由于三角形和网状形貌相互转化的临界温度很低，所以 6×6 重构的原子结构很难被发现。以往的研究报道中 [126,261]，6×6 重构往往呈现为 C 原子富集的网状结构，如图 3-2（f）和 3-8（a）所示。通过本书的研究发现，当偏压变化时，这种网状形貌会转化为三角团簇形貌，如图 3-8（c）所示。这些三角结构由 3 个四面体的 Si 团簇包（图 3-5）组成。SiC 缓冲层结构包含了 Si 和 C 原子，并可以理解为 Si 团簇形成的 6×6 周期，其周围富集了大量的无定型 C 原子。也就是说，6×6 结构是外延石墨烯的生长模板，无定型 C 原子为石墨烯生长提供 C 源 [127,268]。

3.4　外延石墨烯的生长机理

　　2004 年 de Heer 等人提出通过 SiC 热解制备石墨烯的方法 [269]，其基本原理是以单晶 SiC 同时为基底和碳源，通过高温加热使 SiC 表层裂解，由于 Si 和 C 原子具有不同的饱和蒸气压值，Si 原子先挥发而残余的 C 原子在 SiC 表面形核生长成石墨烯。石墨烯与 SiC 基底之间存在外延关系，且 SiC 本身属宽带隙半导体材料，无需转移即可进行石墨烯器件的制备。所以，SiC 热解法在制备石墨烯电子器件方面具有得天独厚的优势，被寄予厚望。SiC 外延石墨烯晶体管的开关比可达 10^4，以 SiC 外延石墨烯作为沟道材料，已制备出截止频率达 407 GHz 的场效应晶体管。然而，难点在于如何精确控制其复杂的生长过程。SiC 晶体的表面以 Si 或 C 原子终止,分别为 $SiC(0001)$ 晶面和 $SiC(000\bar{1})$ 晶面,简称为 Si 面和 C 面。Forbeaux 等人借助于低能电子衍射发现,Si 面 SiC 在 900~1250 ℃裂解时表面重构将不断演化,最终形成石墨烯。Ong 等人通过 X 射线光电子能谱(X-ray photoelectron spectroscopy, XPS)验证了此过程。

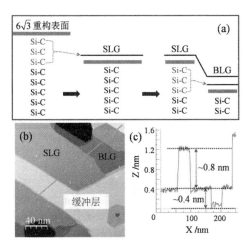

图 3-9　(a)SiC 裂解的示意图;(b)SiC 缓冲层、单层石墨烯和双层石墨烯共存区域的 STM 图像;(c)为沿(b)图中绿线的轮廓线

　　根据外延石墨烯自下而上(bottom-up)的生长机制,继续裂解将获得多层石墨烯,但相关研究工作报道甚少。不同层数的石墨烯具有不同的物理性质,如对双层单层石墨烯施加电场可使其打开带隙 [270],用于晶体管时可提高其开关比。所以,揭示 SiC 外延单层、双层及多层石墨烯的生长演化过程是实现石墨烯电子器件设计的基本条件,也是本书探索外延石墨烯与金属交互作用的基础。此外,多数研究工作采用 Si 面 SiC 制备外延石墨烯,在高温热解过程中 C 面 SiC 的表面微结构将如何演化仍不明朗。本章借助于扫描隧道显微镜对比研究 Si 面和 C 面 SiC 外延石墨烯的表面形貌和晶格结构的演变过程,探究其生长机制。外延石墨烯是单晶 SiC 基体在真空条件下通过高温退火裂解得到的。机理上分析认为,没裂解大约 3 层的 Si-C 双层可产生一层石墨烯 [32],此生长过程可由示意图表示说明,如图 3-9 (a)所示 [98,271]。

　　通过实验也可以证实 SiC 的这种裂解模式以及外延石墨烯的生长机理。图 3-9 (b)所示为裂解后有石墨烯生成的样品表面形貌像,可同时观察到 SiC 缓冲层（Buffer layer）、单层石墨烯（SLG）和双层石墨烯（BLG）区域。图 3-9（c）是来自图 3-9（b）中绿线所示的轮廓线，可以看出，SiC 缓冲层比单层石墨烯高 ~0.8 nm，与 3 层 Si–C 双层的高度（$3 \times 0.25 = 0.75$ nm）近似，单层石墨烯比双层石墨烯高 ~0.4 nm，与石墨的层间距（0.34 nm）相近。它们之间的这种相对高度恰好证实了图 3-9（a）所示的 SiC 的裂解模式以及外延石墨烯的生长过程。6×6 重构的精细原子结构的发现对于外延石墨烯的详细生长过程有着重要的作用，正如上文所述，外延石墨烯的生长是以 6×6 重构为模板，无定型 C 原子在 Si 团簇上形核并长大，最终形成石墨烯的六角晶体结构。

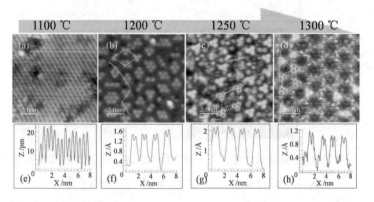

图 3-10　外延石墨烯生长过程：（a）~1100 ℃时 SiC 的 $\sqrt{3}$ 重构表面；（b）~1200 ℃时 6×6 的初始结构；（c）~1250 ℃时 6×6 的稳定结构；（d）~1300 ℃下生成的外延石墨烯；（e）~（h）为相应的轮廓线；STM 图像大小均为 10 nm × 10 nm

　　由此，可以更好地理解 SiC 表面从重构到外延石墨烯的演化过程，如图 3-10 所示，展示了从 SiC 的 $\sqrt{3}$ 重构表面到外延石墨烯形成的整个演化过程。在 1100 ℃左右的退火温度下，SiC 表面形成了由 Si 原子团簇组成的 $\sqrt{3}$ 重构（图 3-10（a）），其中，绿色圆点表示 Si 原子团簇，绿色菱形表示 $\sqrt{3}$ 重构的原胞，绿色箭头表示因少量 Si 原子升华而在表面产生的微空洞。此 $\sqrt{3}$ 重构表面轮廓线的振荡周期约为 0.51 nm（图 3-10（e）），与它的原胞周期（0.308 nm × $\sqrt{3} \approx 0.533$ nm）相近，由此也可以证实 $\sqrt{3}$ 重构的结构周期。

　　当退火温度升高到 1200 ℃时，更多的 Si 原子开始升华，残留下来的 Si 原子形成团簇，这些团簇与团簇之间便形成了 6×6 的结构周期（图 3-10（b））。在相应的轮廓线中（图 3-10（f）），6×6 重构的周期为

1.8 nm,同时也能观察到 Si 团簇的 $\sqrt{3}$ 重构周期,约为 0.51 nm。当退火温度升高到 1250 ℃时,6×6 重构变为稳定的三角形团簇形貌(图 3-10(c)),6×6 的结构周期保持不变,对应的轮廓线也能证实这一点(图 3-10(g))。在这种稳定 6×6 结构中,通过针尖偏压的变化,可以得到通常情况下观察到的 6×6 重构的网状结构,如图 3-8(a)所示。

当退火温度升高到 1300 ℃时,无定型碳原子开始在 Si 悬挂键上形核,外延石墨烯以 6×6 重构为模板开始在其表面形核长大(图 3-10(d))[127,272]。在相应的轮廓线,可以观测到三类周期结构的存在,即 6×6 结构周期,$\sqrt{3}$ 结构周期以及石墨烯晶格周期,如图 3-10(h)所示。这便是外延石墨烯的详细生长过程,由此可以看出,6×6 重构结构一旦形成,就会在 SiC 表面一直存在,而外延石墨烯正是以此为模板,在其表面形核生长。

3.5　外延石墨烯的表征

3.5.1 Si 面 SiC 外延石墨烯

如上所述,当六角 SiC 晶体经过 1300 ℃的真空退火后,外延石墨烯在其表面形成,STM 的原子分辨像是最直接的证据,通过俄歇电子光谱也证实了石墨烯周期性晶格的存在[124,245,273]。通常情况下,不同层数的外延石墨烯共存于样品表面,可根据 STM 原子结构图像判断外延石墨烯的层厚,单层外延石墨烯呈现为六角结构[266],如图 3-11(a)所示,双层和多层外延石墨烯呈三角结构,其主要的堆垛方式为 AB 堆垛[170],如图 3-11(b)所示。

图 3-11(a)和(b)插图为对应的二维傅里叶变换图案,据此可以计算得到外延石墨烯的原胞大小为 0.246 nm,如图中绿色菱形所示。图 3-11(c)是 SiC 衬底上的 6×6 重构结构,三角形团簇清晰可见,其形貌与 CVD 石墨烯中的微凸起相似[274,275]。但三角亮点映衬了 SiC 衬底本身的结构,也是外延石墨烯的生长模板。图 3-11(d)所示为扫描隧道谱(STS),即 dI/dV 特征曲线。其中,黑色、红色和蓝色曲线分别显

示了 SLG、BLG 及 SiC 衬底的 dI/dV 测试结果,与文献报道结果基本一致 [276-278]。可以说明外延石墨烯生成之后,SiC 表面由半导体特性转变为金属性。

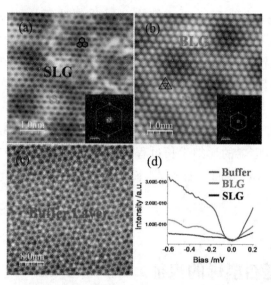

图 3-11 (a)单层外延石墨烯的 STM 图像;(b)双层外延石墨烯的 STM 图像;
(c)SiC 衬底的 STM 图像;(d)单 / 双层外延石墨烯和 SiC 衬底的 STS 谱

在外延石墨烯的生长过程中,原本规则的 SiC 台阶会因为随机性裂解而变得凌乱,且有大量微孔洞的产生,从而使得 SiC 台阶变得模糊 [279-281]。真空中 SiC 的裂解是一个非平衡过程,这些微孔洞是 Si 原子挥发后的产物。同时,微孔洞也被认为是 SiC 裂解过程中 Si 原子升华和 C 原子扩散的通道。尽管裂解过后的 SiC 台阶不规则,但石墨烯会铺盖在整个裂解区域表面,即外延石墨烯沿 SiC 台阶的连续性较好,可以跨越 SiC 台阶边界。图 3-12 为外延石墨烯单双层连续界面的形貌图。图 3-12(a)和(c)为不同区域跨台阶的形貌像,由插图轮廓线可知,台阶高度分别为 0.7 nm 和 0.2 nm。图 3-12(b)和(d)分别为图 3-12(a)和(c)中黑色方框所示区域的原子分辨像,可以清晰地分辨出不同台面上的外延石墨烯结构,且交界处连续性良好。此外,单层石墨烯区域的高度低于双层石墨烯,与图 3-12(a)所示的生长机理不同。造成此现象的主要原因是 SiC 的裂解使其台阶变得不规则以及观察区域的随机性。

图 3-12　单双层外延石墨烯连续形貌：（a）、（b）台阶高度为 0.7 nm 的交界处；
（c）、（d）台阶高度为 0.2 nm 的交界处；（b）、（d）图（a）和（c）中黑色方框所示区
域的原子分辨 STM 图像

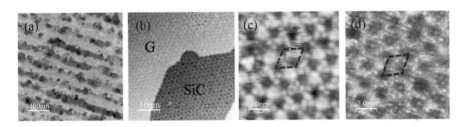

图 3-13　SiC 缓冲层与石墨烯共存的 STM 图像及结构模型图：（a）2 μm×2 μm，
（b）50 nm×50 nm，（c）为图（b）右下区域原子分辨像，（d）为图（b）左上区域原
子分辨像

　　图 3-13（a）为 Si 面 SiC 的裂解温度升高至 1250 ℃后的 STM 图像，
相对于图 3-6（b），台阶的破坏程度加深，规整性降低，出现更多且更深
的孔洞。说明 SiC 表面各区域的裂解速度不同，且加热温度越高，裂解
速度的差异性越大。图 3-13（b）为其局部放大图，右下暗色区域和左
上亮色区域均呈周期性的蜂窝状结构，但右下区域更为明显。图 3-13
（c）和（d）分别为图 3-13（b）右下和左上区域的原子分辨像。图 3-13（c）
与图 3-7（b）中的原子结构相近，说明其为 SiC 缓冲层，其原胞和 Si 原
子凸起分别用蓝色菱形和绿色小圆点标明。图 3-13（d）也显示出类
SiC 缓冲层的周期性结构，测量发现原胞尺寸与图 3-13（c）中的相同，

不同之处在于单层石墨烯的蜂窝网状结构清晰可见[282]，同时 Si 原子凸起变得不明显，说明在 SiC 缓冲层上方外延石墨烯生成。从机制上分析，由于 SiC 缓冲层上的 Si 原子凸起存在悬挂键，其吸引周围富集的 C 原子形核，形核的 C 原子再吸引邻近的 C 原子以共价键相结合，然后逐步扩展成石墨烯层。所以，以适宜的温度加热 SiC，可形成 SiC 缓冲层和外延石墨烯共存的表面。

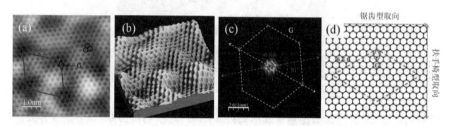

图 3-14　单层石墨烯：（a）STM 原子分辨像，（b）3D 图像，（c）FFT 图像，（d）
模型示意图

图 3-14（a）展示了 SiC 外延单层石墨烯的 STM 原子分辨像，呈清晰的六角蜂窝状结构。部分石墨烯六元环在图中用黑色六边形标明，每个顶点代表一个 C 原子。如图 3-14（b）的 3D 图像所示，由于 SiC 缓冲层存在凸起和凹陷，外延石墨烯的表面随之起伏，在图 3-14（a）中显示为周期性的亮暗斑点，但亮暗对比度比图 3-13（d）中的小。从理论上分析，STM 是将样品的电子态信息反馈成表面形貌信息的测量手段，Rutter 等人发现测试时采用的偏压值在一定程度上影响样品的 STM 图像，当采用较小绝对值的偏压时，STM 图像反映更多表层信息，而偏压绝对值较大时，STM 图像反映更多深层信息[282]。同理，图 3-14（a）比图 3-13（d）采用的偏压绝对值小，故 STM 更多反映表层石墨烯的信息，而对 SiC 缓冲层的采集信息较少，使其亮暗对比不明显。

根据图 3-14（a）中亮暗斑点的分布，用蓝色菱形标明 SiC 缓冲层中 6×6 重构的原胞。用黑色小菱形表示石墨烯的原胞，其与 6×6 重构的原胞存在一定的取向关系。图 3-14（c）为相应的 FFT 图像，两套亮点清晰可见：中心处的六个亮点用蓝色虚线标明，反映 SiC 缓冲层的 6×6 重构；外侧的六个亮点用白色虚线标明，代表石墨烯的原胞，计算出其晶格常数为 2.54 Å，与理论值（$1.42 \text{ Å} \times \sqrt{3} \approx 2.46 \text{ Å}$）吻合[283]。

在图 3-14（c）中分别作出两套亮点的对角线，经测量其夹角为 30°，说明图 3-14（a）中 6×6 重构与石墨烯原胞之间的夹角为 30°。基于 SiC 外延石墨烯的晶格结构，作出其模型示意图，如图 3-14（d）所示，分别以蓝色和红色菱形表示 6×6 重构和石墨烯的原胞。由图可知，13 倍 C–C 键的长度（0.142 nm × 13 ≈ 1.846 nm）与 6×6 重构的晶格常数（1.85 nm）吻合，说明两者相匹配。图上方和右侧边缘处碳链的类型不同，分别为 zigzag（锯齿型）边界和 armchair（扶手椅型）边界，相互成 90° 角。石墨烯的边界类型影响其电子输运特性，如 zigzag 边界的石墨烯纳米条带通常表现为金属型，而根据条带宽度的不同，armchair 边界的石墨烯条带可表现为金属或半导体型[284]。根据本课题组早期研究，外延石墨烯的边界多为 armchair 型，且其方向与 6×6 重构的 <1120> 方向保持平行，由于测试时较难获得石墨烯的原子结构，故可简单根据 6×6 重构的晶向判断石墨烯的边界方向[170]。

Si 面 SiC 经 1250 ℃ 裂解后的表面为 SiC 缓冲层与外延石墨烯的共存结构。当加热温度继续升高至 1300 ℃，SiC 持续裂解，石墨烯区域在表面所占的比例逐步增大，而 SiC 缓冲层不断缩减。同时，石墨烯的层数逐渐增加，生成双层及多层石墨烯。图 3-15（a）为 SiC 外延双层石墨烯的 STM 原子分辨像，发现其同样显示出 6×6 重构的亮暗斑点，但石墨烯却呈三角形的周期结构，用黑色小三角形标明。图 3-15（b）为相应的放大图像。图 3-15（c）和（d）分别示意给出双层石墨烯结构模型的俯视图和侧视图，上下石墨烯层分别用绿色和黄色区分。石墨烯层之间多以 AB 模式进行堆垛，如俯视图所示，上方的石墨烯层沿 armchair 方向平移一个 C–C 键的距离，可与下方的石墨烯层重合[285]。双层石墨烯的原胞含有两个 C 原子，一个位于下层石墨烯 C 原子的上方（α 原子），另一个位于下层石墨烯的碳六元环中心的上方（β 原子）。Rutter 等人报道，原胞中 α 原子的电子态密度比 β 原子弱很多[285]。STM 将样品的电子态信息反馈成结构信息，故在图 3-15（b）中，β 原子显示为凸起的亮点，而 α 原子显示为凹陷的暗谷，导致双层石墨烯展现三角形周期结构。如侧视图所示，上下层石墨烯的高度差即石墨烯的层间距约为 3.34 Å。

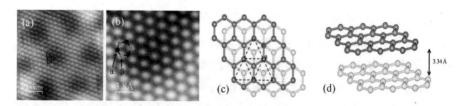

图 3-15　SiC 外延双层石墨烯的 STM 原子分辨像和结构模型:(a)5 nm×5 nm,(b)1.9 nm×1.8 nm,(c)俯视图,(d)侧视图

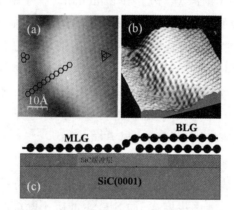

图 3-16　SiC 单层和双层石墨烯的共存:(a)STM 原子分辨像,(b)3D 图像,(c)结构模型图

　　经 STM 测试,发现部分区域存在单层和双层石墨烯的共存现象。图 3-16 (a)的左侧为六元环周期的单层石墨烯,其右侧为三角形周期的双层石墨烯,分别用小六边形和小三角形标明。单、双层石墨烯交界处的晶格亦在图中标明,呈完全连续。图 3-16 (b)为相应的 3D 图像,更清晰反映出单、双层石墨烯的高度差及交界处晶格的连续性特征。本课题组曾报道,电子在石墨烯的边界处发生散射,形成明显的$\sqrt{3}$干涉条纹,进而影响石墨烯的电子特性 [286]。由于单、双层石墨烯在交界处连续分布,避免了边界的形成,使石墨烯用于器件时可保持较为优异的电学性能。

　　图 3-16 (c)为单、双层石墨烯共存结构的模型图,其中 SiC (0001)衬底和 SiC 缓冲层(SiC buffer layer)分别用灰色和蓝色矩形块表示,石墨烯层位于 SiC 缓冲层的上方,C 原子用黑色小圆球表示。如模型图所示,单层石墨烯(Monolayer graphene, MLG)和双层石墨烯(Bilayer graphene, BLG)的上层相连接,形成一层完整的石墨烯,而断裂结构位

于双层石墨烯的下层,表明在非缺陷处表层石墨烯完全连续。从机理上分析,当对外延单层石墨烯进行 1300 ℃ 加热时,SiC 基体继续裂解,原 SiC 缓冲层演变成新一层石墨烯,处于原石墨烯层的下方。同时,原 SiC 缓冲层下方的 SiC 基体层演化成新的 SiC 缓冲层,处于新形成的石墨烯的下方。SiC 晶体不断裂解,石墨烯层逐渐增厚,但初始形成的表层石墨烯保持不变。

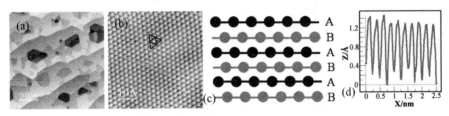

图 3-17 (a)STM 形貌像,(b)STM 原子分辨像,(c)AB 堆垛示意图,(d)轮廓线

如图 3-17(a)所示,当 SiC 的热解温度升高至 1350 ℃,发现台阶平台上仍存在孔洞等缺陷,但比 1250 ℃ 热解后的表面(图 3-13(a))更为规整,粗糙度小。从机理上分析,温度升高后,SiC 表面各区域裂解速度的差异性增大,但高温环境同时给予 C 原子更快的迁移速度,使其可扩散至更远的位置形核生长,削弱了表面形貌的不均匀程度。说明在相近的生长工艺下,相对于外延单层石墨烯,多层石墨烯具有更高的结晶质量,若用于电子器件中,可能实现更为优异的电学性能。图 3-17(b)为图 3-17(a)的原子分辨像,呈三角形周期结构,说明其为 AB 堆垛模式的石墨烯层。但 6×6 重构的亮暗斑点变得非常模糊,说明 SiC 缓冲层对石墨烯表面起伏的影响较小,石墨烯层较厚,证实了 SiC 在 1350 ℃ 裂解后生成多层石墨烯。图 3-17(c)为多层石墨烯的 AB 堆垛模式示意图。图 3-17(d)为图 3-17(b)中的轮廓线,测量 10 个晶格的总长度为 2.5 nm,算得石墨烯晶格常数为 2.5 Å,与理论值(2.46 Å)吻合。

外延石墨烯在 SiC 台阶处的晶格排列方式是需注意的问题,若石墨烯在台阶处断裂,电子的散射作用增强,其载流子迁移率将随之下降。图 3-18(a)为 SiC 外延多层石墨烯在台阶处的 STM 图像,内嵌的插图为相应的 3D 图像。图 3-18(b)为相应放大图像,发现石墨烯晶格在台阶处完全连续,呈地毯式生长模式。图 3-18(c)为外延石墨烯在台阶处地毯式生长的结构模型图,SiC(0001)衬底和 SiC 缓冲层分别用灰色和蓝色矩形块表示,石墨烯层中的原子用黑色小圆球表示。外延石墨烯随 SiC 基体的起伏而变化,说明其晶格连续性受 SiC 台阶的影响较小。

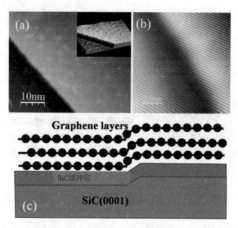

图 3-18　SiC 外延石墨烯在台阶处的 STM 图像和模型图:(a)50 nm×40 nm
(b)10 nm×10 nm,(c)结构模型图

3.5.2 山脊结构的形成

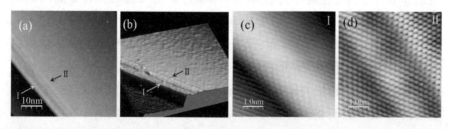

图 3-19　石墨烯层微凸起结构的 STM 图像:(a)50 nm×50 nm,(b)3D 图像,
(c)Ⅰ型微凸起结构的原子分辨像,(d)Ⅱ型微凸起结构的原子分辨像

如图 3-19(a)所示,Si 面 SiC 的裂解温度升高至 1400 ℃后,部分区域的外延石墨烯形成微凸起结构,高度在数个 Å。图中显示出两种微凸起结构:Ⅰ型,位于台阶边缘处;Ⅱ型,位于平整台面上。图 3-19(b)为相应的 3D 图像。图 3-19(c)和(d)分别为Ⅰ型和Ⅱ型微凸起结构的 STM 原子分辨像,石墨烯晶格在隆起处完全连续,说明石墨烯层未被破坏。

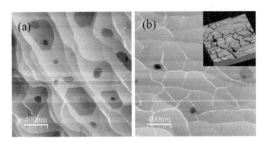

图 3-20 不同热解温度生成的山脊结构的 STM 图像: (a)1450 ℃, (b)1500 ℃

SiC 的裂解温度继续升高后,微凸起结构的高度从数个 Å 长大至数个纳米,称为山脊结构[287]。图 3-20 (a)和(b)分别为 SiC 经 1450 ℃和 1500 ℃热解后的 STM 图像。两幅图中部分台阶的边缘处均出现了明显的山脊结构,不同之处在于图 3-20 (b)的平整台面上也生成了山脊结构,且与台阶边缘处的山脊结构互相交联成脉络状。对比说明,热解温度越高,山脊结构的形成能越大,且台阶边缘处比平整台面上更易形成山脊结构。

为澄清山脊结构的组成,图 3-21 (a)表征了一条台阶边缘处的山脊,并将其逐步放大,即图 3-21 (b)、(c)和(d)分别为图 3-21 (a)、(b)和(c)的放大图像,图 3-21(c)内嵌的插图为相应的 3D 图像。由图可知,山脊结构由众多小凸起呈平行束状排列而成,表面显示为石墨烯的原子分辨像,且石墨烯晶格完全连续。

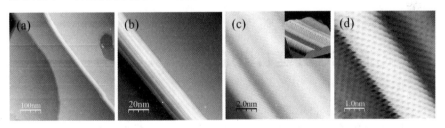

图 3-21 台阶边缘处山脊结构的 STM 图像: (a)500 nm×500 nm, (b)100 nm×100 nm, (c)10 nm×10 nm, (d)5 nm×5 nm

正常状态的 SiC 外延石墨烯处于压应力状态,压应力来源于两个方面: SiC 6×6 重构与石墨烯重合点阵之间的错配[288]; SiC 与石墨烯的热膨胀系数的差异性,冷却过程中 SiC 收缩而石墨烯膨胀[289]。因此,热解温度越高,冷却后石墨烯层受到的压应力越大。同时石墨烯是一种超高韧性的二维材料,不易断裂,故形成凸起的山脊结构以释放应力。

Udupa 等人采用分子动力学模拟的方式,证明对石墨烯施加应力可形成山脊结构[290]。山脊属于缺陷结构,影响石墨烯的电子传输等性能,所以应避免将含有山脊结构的石墨烯用于电子器件。Sun 等人发现,采用台阶宽度较窄的大切角单晶 SiC 作基材,可有效抑制外延石墨烯层生成山脊结构[287]。

Prakash 等人发现,AFM 对山脊结构进行重复测试时,其位置将轻微移动[291]。本书采用 STM 对图 3-22(a)中右侧的山脊结构进行重复测试,如图 3-22(c)所示,山脊结构变化为间隔的两条。图 3-22(b)和图 3-22(d)分别为图 3-22(a)和图 3-22(c)的 3D 图像,显示的更为明显。说明山脊为非稳定结构,在 STM 探针对样品表面的压强作用下[292],其可改变形状或位置。

图 3-22 STM 针尖对山脊结构的调控:(a)山脊结构的 STM 图像,(b)图(b)的 3D 图像,(c)图(a)区域再次扫描的 STM 图像,(d)图(c)的 3D 图像

3.6 C 面 SiC 外延石墨烯

当 6H-SiC 的终端面为 C 原子时,其表面晶面为 6H-SiC($000\bar{1}$),简称为 C 面 SiC。相对于 Si 面 SiC 外延石墨烯,关于 C 面 SiC 外延石墨烯的报道较少。图 3-23(a)和(b)均为文献报道的 C 面 SiC 外延石墨烯的 AFM 图像[293,294],诸多山脊结构将表面分隔成若干区域。图 3-23(b)的测试尺寸更小,观察到样品表面存在除山脊结构外的更为微小的缺陷结构,但 AFM 的扫描分辨率无法对石墨烯晶格结构进行精细探测。

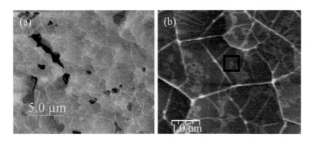

图 3-23　C 面 SiC 外延石墨烯的 AFM 图像：(a)20.0 μm×16.8 μm[293]，
(b)5.0 μm×4.2 μm[294]

图 3-24 (a)为 C 面 SiC 经 1300 ℃裂解后的 STM 图像。相比于同一温度下获得的 Si 面 SiC 外延石墨烯，其粗糙度更大且不规整性更明显，表面出现大量山脊结构，而 Si 面 SiC 在 1450 ℃热解时才会在台阶边缘处生成山脊结构。图 3-24 (b)为相应的 STM 原子分辨像，显示出单层石墨烯的晶格结构，但其不连续，被褶皱状的微缺陷结构分隔成若干区域。其中两个区域的石墨烯晶格的 zigzag 方向用白色虚线标明，夹角为 82°，说明石墨烯晶向因褶皱状缺陷而发生改变。此外，石墨烯表面未出现 6×6 重构的亮暗斑点，说明 C 面 SiC 外延石墨烯的下方不存在 SiC 缓冲层。

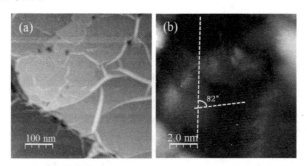

图 3-24　在 1300 ℃裂解的 C 面 SiC 的 STM 图像：(a)500 nm×500 nm,(b)
10 nm×10 nm

如图 3-25 (a)所示，当 C 面 SiC 的裂解温度升高至 1400 ℃时，其表面同样存在大量山脊结构，粗糙度很大。图 3-25 (b)为相应的放大图像，表面散布珠链状的微缺陷结构，将表面分隔成若干区域，且每个区域呈不同尺寸的周期性亮暗斑点。

从图 3-25 (b)中截取三个含有不同周期亮暗斑点的区域，分别用蓝色、白色和绿色矩形虚线框标明,并展示在图 3-26(a)、(b)和(c)中。斑点的原胞分别用蓝色、白色和绿色菱形标明,经测量其晶格常数分别为 4.63 nm、2.12 nm 和 2.73 nm。周期性亮暗斑点是上下石墨烯层相互旋转成一定角度而形成的莫尔条纹,说明 1400 ℃裂解的 C 面 SiC 外延石墨烯为双层或多层结构,但石墨烯层并不为 AB 堆垛模式。根据莫尔条纹周期可计算石墨烯层之间的旋转角度为[295]:

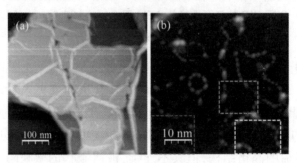

图 3-25   在 1400 ℃裂解的 C 面 SiC 的 STM 图像:(a)500 nm×500 nm,
(b)50 nm×50 nm

$$\sin\frac{\theta}{2} = \frac{a}{2D} \qquad (3\text{-}1)$$

式中,a 为石墨烯的晶格常数(2.46 nm);D 为莫尔条纹的周期;θ 为石墨烯层之间的旋转角度,图 3-26(a)、(b)和(c)中分别为 3.0°、6.7° 和 5.2°。

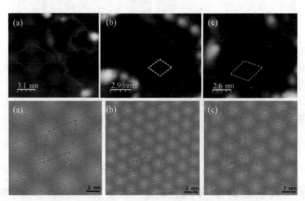

图 3-26   C 面 SiC 外延石墨烯表面不同周期的莫尔条纹及其模型图:(a)4.63 nm,
(b)2.12 nm,(c)2.73 nm,(d)图(a)的模型图,(e)图(b)的模型图,(f)
图(c)的模型图

借助于 Atomistix Toolkit 软件,建立上下层成不同角度的双层石墨烯的结构模型。图 3-26（d）、（e）和（f）分别为石墨烯层之间旋转角度设为 3.0°、6.7° 和 5.2° 时的晶格结构图像，显示不同周期尺寸的莫尔条纹。莫尔条纹的原胞均用红色菱形标明，其周期分别为 4.53 nm、2.08 nm 和 2.65 nm，与 STM 图像中的测量结果相吻合。

如上所述，C 面 SiC 外延石墨烯含有大量缺陷，石墨烯晶格不连续且石墨烯层间堆垛方式不固定，与 Si 面 SiC 外延石墨烯的形貌结构具有较大差异，说明二者生长机制存在本质区别。图 3-27（a）和（b）分别为 Si 面和 C 面 SiC 外延石墨烯的形成机制图，Si 原子及 SiC 基底、SiC 缓冲层和石墨烯的 C 原子分别用绿色、黑色、红色和蓝色的圆球表示。Si 面 SiC 以 Si 原子为终端，裂解时表层大部分 Si 原子挥发，少量 Si 原子（如图中的 a 和 b 原子）与次表层的 Si 原子成键，形成周期性凸起并与未能挥发的 C 原子组成 SiC 缓冲层。缓冲层中 C 原子呈弥散分布，为次表层 SiC 裂解过程中 Si 原子挥发提供诸多通道，使其演化成新 SiC 缓冲层，同时原缓冲层 C 原子以新缓冲层中 Si 原子凸起为形核点生长为石墨烯。随 SiC 裂解此过程不断反复，石墨烯随之增厚，生长过程较为缓和，生成的外延石墨烯结晶质量较高。

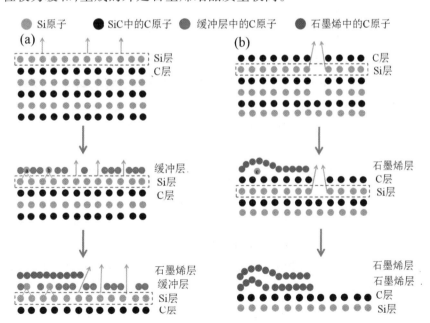

图 3-27　SiC 外延石墨烯的形成机制图：（a）Si 面 SiC 外延石墨烯，
（b）C 面 SiC 外延石墨烯

C 面 SiC 以 C 原子为终端,受表层 C 原子遮挡作用影响,Si 原子仅能在缺陷位置挥发,故裂解一旦发生,其过程通常较为剧烈,致使表层 C 原子产生较大应力,形成诸如山脊等微缺陷结构。此外,少量未挥发的 Si 原子(如图中的 C 原子)与次表层 Si 原子间隔有 C 原子层,未能形成周期性的 Si 原子凸起,故裂解后 C 原子相互间自由成键,生长的石墨烯杂乱无序且层间堆垛模式较为紊乱。故可预见,Si 面 SiC 外延石墨烯更适于作为石墨烯电子器件的基础材料。

3.7 小结

本章采用 STM 和 RHEED 技术系统表征了 6H-SiC(0001)表面从重构到石墨烯的演化过程。结果表明,随着温度的升高 SiC 表面出现了三种重构结构,即 3×3、($\sqrt{3} \times \sqrt{3} \ R30°$)和 6×6。6×6 重构是外延石墨烯形成之前 SiC 衬底的缓冲层结构,由($\sqrt{3} \times \sqrt{3} \ R30°$)重构直接演化而来并在不同的偏压下呈现出不同的形貌像。随着温度的升高,Si 原子开始升华,SiC 缓冲层在保持长程有序的条件下,其短程原子结构历经了"有序 - 无序 - 有序"的转变过程,裂解的碳原子以有序排列的三角形团簇为模板在缓冲层表面形核、长大成为石墨烯。对比探究了 Si 面和 C 面外延石墨烯的表面形貌和原子结构演变,并澄清生长机制。

(1)Si 面 SiC 外延石墨烯的表面形貌和层厚等结构特征对加热温度很敏感。在 1250 ℃时,C 原子以 SiC 缓冲层的 Si 原子凸起为形核点开始结晶长大,生成外延单层石墨烯,与 SiC 缓冲层共存;随温度升高 SiC 持续裂解,导致石墨烯的覆盖度增大且增厚,形成双层及多层石墨烯;当温度升高到 1400 ℃时,过大的压应力导致山脊结构的形成,石墨烯质量下降;当温度高于 1600 ℃,部分 SiC 基底发生融化,生成鼓包结构并破坏石墨烯层。此类结果为 Si 面 SiC 外延石墨烯生长温度的选取提供了重要参考。

(2)C 面 SiC 热解后并未形成 SiC 缓冲层,导致外延石墨烯生长变得更无序。单层石墨烯表面粗糙度大,生成诸如山脊等微缺陷结构,将石墨烯分隔成非连续的区域。双层石墨烯区域的堆垛结构紊乱,形成不同周期的莫尔条纹。提示我们,Si 面 SiC 外延石墨烯的质量高,更适于制作新一代微纳电子器件。

4

外延石墨烯的边界特性

　　图案化是石墨烯在电子器件领域应用必经的环节,由此必然引起边界效应并影响石墨烯的物理特性,并且其特征尺寸越小,此影响愈加突出。普遍情况下,石墨烯有两种典型的边界,即锯齿形(Zigzag)和扶手椅形(Armchair)。其中,锯齿形边界上的 C 原子属于同一子晶格,呈现为非对称性,而扶手椅边界上的 C 原子属于不同子晶格[32,36,296],表现为对称性,由此可导致不同边界取向,进而影响石墨烯的性能特征。比如,石墨烯纳米带的边界手性及尺寸大小显著影响其带隙值[297]和磁学特性[298-300];扶手椅石墨烯纳米带既可表现金属性也可能表现半导体属性,取决于条带宽度,而锯齿石墨烯纳米带表现金属性,与宽度无关[301-304];由于外延石墨烯的边界和衬底的相互作用明显强于石墨烯内部,所以通过微分电导(dI/dV)可以测试出其边界电子态按 0.12 nm 的周期衰减[148,305];在扶手椅边界附近往往可以观察到由谷间散射引起的的 $\sqrt{3} \times \sqrt{3}$ 干涉图案,而锯齿形边界发生的是谷内散射,所以不能观察到相应的干涉图案[33,144];偏振拉曼光谱可以用来测定石墨烯的边界取向,但不直观,精确度不高[306];STM 的原子分辨像可以直观判断石墨烯的边界取向,但操作复杂且耗时较长[148,307]。通过以上研究可以说明边界对石墨烯及性能的重要性,但是,目前还存在一些问题,例如,不能很好理解平整边界上不同干涉图案的产生机制及边界结构与状态的敏感性,同时,对于外延石墨烯边界取向的判定仍存在一定的困难。围绕这些问题,本章将利用原位 STM 技术表征分析外延石墨烯与 SiC 衬底之间的结构关系,基于此,提出判断外延石墨烯边界取向的新方法;详细研究外延石墨烯的边界结构特征并分析扶手椅边界上的不同电子干涉图案及形成机理,这些研究对于探索高质量外延石墨烯及器件设计均具有指导意义[308,309]。

4.1　外延石墨烯和 SiC 衬底的取向关系

　　图 4-1(a)和(b)为石墨烯晶体结构的正、倒空间及取向的对应关系,黄色和红色箭头分别表示石墨烯的扶手椅和锯齿形取向,它们之间

的夹角为 30° 。正空间的扶手椅或者锯齿形方向和倒空间相应的倒格矢相互垂直，可用倒空间的六边形判断石墨烯的边界取向。外延石墨烯是以 6×6 重构为模板形核生长，与 SiC 基体及缓冲层之间存在特殊的外延晶格关系。图 4-1（c）为外延石墨烯的 STM 原子分辨像，黑色六边形为石墨烯的六角晶格，红色和黄色菱形分别表示石墨烯和 6×6 重构的原胞。可以看出，石墨烯的扶手椅方向和 SiC 基体的 6×6 重构原胞的基矢方向一致，也平行于 SiC 晶体的 <11$\bar{2}$0> 密排方向。图 4-1(d) 是对应的傅里叶变化图样，红色和黄色六边形分别为外延石墨烯和 6×6 重构的信息。根据倒空间的计算，石墨烯的晶格常数为 0.248 nm，C–C 键长为 $0.248/\sqrt{3}=0.143\,\mathrm{nm}$，与理论值（0.142 nm）基本一致[32,36]。6×6 重构结构原胞的大小约为 1.913 nm，接近理论值（$6 \times a_{SiC}$=1.848 nm）[116]。

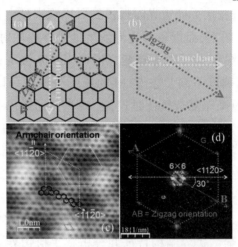

图4-1   （a）、（b）石墨烯正倒空间的示意图；（c）外延石墨烯原子分辨STM图像（5 nm×5 nm，I=400 pA，V_s=3 mV）；（d）为（c）的傅里叶变换结果 zigzag 锯齿型，armchair 扶手椅型 zigzag orientation 锯齿型取向，armchair orientation 扶手椅型取向

　　根据图 4-1（a）和（b）的示意图，红色六边形的对角连线（红色箭头所示）为石墨烯的锯齿形取向，而扶手椅方向（黄色箭头所示）与之呈 30° 夹角。根据黄色六边形对角连线可以判断黄色箭头所指示取向也为 6×6 重构原胞的基矢方向及 SiC 晶体结构的 <11$\bar{2}$0> 方向。倒空间的信息进一步证实了石墨烯扶手椅方向与 6×6 重构原胞的基矢方向以及 SiC 晶体结构的 <11$\bar{2}$0> 方向是同一个取向。在外延石墨烯的表面，

较大周期的 6×6 重构结构最容易被观察,可基于此判定外延石墨烯的边界取向。

4.2 外延石墨烯的扶手椅边界

既然石墨烯是以有序排列的三角形团簇为模板形核长大,石墨烯与 SiC 缓冲层之间理应具有某种外延关系。基于高分辨率 STM 原子图像和快速傅里叶变换图样(FFT)可以判断,石墨烯的扶手椅取向和 SiC 衬底 6×6 重构的基矢方向以及 SiC 晶体的 <1120> 密排方向完全一致。由此,我们提出了一种以较大尺度范围的 6×6 重构的基矢方向来判断外延石墨烯边界取向的新方法,该方法相对于偏振拉曼光谱和高分辨率 STM 图像方法更为直观且高效。采用这种表征方法发现,对于 SiC 高温热解制备的石墨烯,无论是单层还是多层均以扶手椅边界为主。

如上所述,外延石墨烯和 SiC 衬底具有特定的取向关系,可根据 6×6 重构的取向判断外延石墨烯的边界取向特征[170]。图 4-2(a)所示为外延石墨烯和 SiC 衬底共存区域的形貌像,其中单层石墨烯之下的 6×6 重构结构清晰可见,其原胞由黄色菱形表示。图 4-2(b)为图 4-2(a)中绿线的轮廓线,可以看出,单层外延石墨烯和 SiC 衬底之间的间距约为 0.25 nm,该结果与文献报道一致[98]。图 4-2(c)的示意图表示外延石墨烯上任意两个扶手椅取向的夹角为 120°,为此可以根据外延石墨烯相互之间的夹角的测试来判断其取向特征。在图 4-2(a)所示的单片外延石墨烯中,其边界由黄色实线标记,各个边界的夹角约为 120°,即为同一取向。黄色箭头用以表示 6×6 重构的基矢方向。可以看出,外延石墨烯的边界取向平行于 6×6 重构的基矢方向,由此可以判断由 SiC 高温热解制备的外延石墨烯以扶手椅边界为主。图 4-2(d)和(e)分别是图 4-2(a)中绿色和黑色方框所标示的边界区域的原子分辨像,可以观察到明显的边界量子干涉图案和扶手椅边界取向特征。图 4-2(f)和(g)分别为原子分辨像所对应的傅里叶变换图样,包含了外延石墨烯(红色六边形)和量子干涉(绿色六边形)的结构信息。

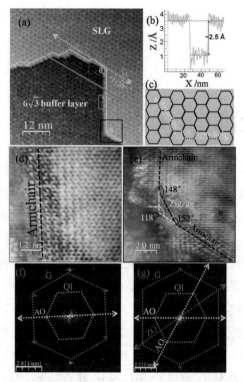

图 4-2 （a）6×6 重构和单层外延石墨烯共存的 STM 图像（ 60 nm×60nm，
I=100 pA，V_s=-3 V）；（b）为（a）中绿线所示的轮廓线；（c）两个扶手椅取向关系；
（d）、（e）为（a）中绿色和黑色方框所示区域的原子分辨 STM 图像；（f）和（g）分
别为（d）和（e）的傅里叶变换结果 zigzag 锯齿型，armchair 扶手椅型

根据傅里叶变换中六角形的位置取向关系也可以证实外延石墨烯
为扶手椅方向，如黄色箭头所标示。图 4-2（d）为平直边界，图 4-2（e）
的边界包含了转角连接处的小部分锯齿形取向，但总体表现为扶手椅取
向。由角度测试表明，同种扶手椅形之间的夹角约为 118°，与理论值
（120°）接近，而扶手椅和锯齿形取向之间的夹角约为 152° 和 148°，
也接近理论值（150°）。所以，无论是从正空间的直接形貌观察还是倒
空间傅里叶变换印证，都可以说明图 4-2（a）中所示的石墨烯边界均以
扶手椅取向为主。外延石墨烯的这种取向判断方法比采用 STM 原子
分辨像判断边界取向的方法更简单，同时也比偏振拉曼光谱分析方法更
为直观。

此外，还可以从 STM 原子分辨像观察到由量子干涉引起的边界干

涉图案,由此导致了外延石墨烯边界和其内部不同的电子态特征[141,305, 310,311],对外延石墨烯的性能有较大的影响。通过 STM 表征分析,发现边界处干涉图案的周期为外延石墨烯晶格周期的$\sqrt{3}$倍,为此,形成的干涉图案称之为$\sqrt{3} \times \sqrt{3}$结构,如图中绿色菱形所示,黑色六边形表示离边界较远未受到干涉影响的石墨烯晶格,对于边界的干涉情况,本章下一节将着重探讨。

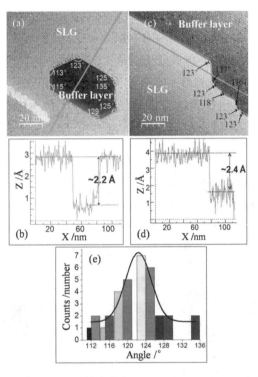

图 4-3 (a)、(b)闭合型边界及轮廓线(I=130 pA, V_s=−2.7 V);(c)、(d)开放型边界及轮廓线(I=100 pA, V_s=−2.0 V);(e)边界夹角分布的统计结果 bufferlayer 缓冲层

　　根据以上判断方法,进一步统计分析大多数外延石墨烯的边界取向情况,如图 4-3 所示。其中,图 4-3 (a)的外延石墨烯表面上包含有一个微孔洞,形状为不规则的多边形,孔洞周围为外延石墨烯,是一个闭合型的边界,图 4-3 (b)为绿线所对应的轮廓线。图 4-3 (c)是一片开放型的外延石墨烯边界,图 4-3 (d)为绿线对应的轮廓线。通过轮廓线值大小的测量,可以看出外延石墨烯与 SiC 衬底(缓冲层)之间的

间距为 0.22~0.24 nm,可以推测图 4-3（a）和（c）所示区域为单层外延石墨烯[98]。通过角度的测量,如图 4-3（a）和（c）中所示,发现大多数的夹角为 120° 左右。此外,通过相应的统计分析得到外延石墨烯边界夹角的分布情况,如图 4-3（e）所示,可以看出,其夹角主要介于 112° ~135° 之间,且多数位于 120° 附近,表明均为同一边界取向。由此可以说明,单层外延石墨烯的边界主要表现为扶手椅的取向特征。

同样,根据以上判断方法发现,也可以判断双层外延石墨烯的边界取向特征,如图 4-4 所示。在图 4-4（a）所示区域中,单双层外延石墨烯共同存在,由 STM 原子分辨像可以证实,并且其交界处连续性较好,有一定的山脊结构产生,如图 4-4（b）的轮廓线所示,其高度约为 0.2 nm。理论上分析认为这种山脊结构的产生是因为 SiC 基体和石墨烯的热膨胀系数不一致而在石墨烯内部产生了压应力,进而使得石墨烯隆起为山脊结构[260,289,312,313]。

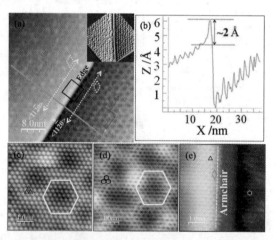

图 4-4　（a）单双层外延石墨烯共存的 STM 图像（40 nm×40 nm）,插图为三维图像;（b）为（a）中绿线所示的轮廓线;（c）~（e）分别为（a）中红色、蓝色和黑色方框所示区域的原子分辨像 zigzag 锯齿型,armchair 扶手椅型

图中白色箭头为双层外延石墨烯的边界方向,很明显也是沿 6×6 重构基矢的方向,与单层 / 双层交界平行,故此可以说明此边界也为扶手椅取向。图 4-4（c）和（d）分别为双层和单层石墨烯的 STM 原子分辨像,分别来自于图 4-4（a）中红色和蓝色方框所示区域。图 4-4（e）为单双层外延石墨烯交界处的原子分辨像,可以直观判断双层石墨烯边

界也是扶手椅取向。因此,无论单层还是双层外延石墨烯,其边界均以扶手椅取向为主。

以往研究结果表明,微机械剥离的石墨烯和化学气相沉积(CVD)法制备的石墨烯均以锯齿形边界为主[35,314,315],主要是因为自由或者近自由态的石墨烯其锯齿形边界比扶手椅边界稳定。而对于生长在 SiC 基体上,通过热解法制备的外延石墨烯则不同,其边界主要以扶手椅形为主[316,317],但是,对于其边界稳定性仍存在着较大的争议[318,319]。外延石墨烯和 6H-SiC(0001)晶体同属于六方晶格,在外延石墨烯的生长过程中,SiC 表面缓冲层的 6×6 周期结构作为其生长模板,13 个 C–C 键长(代表扶手椅方向)正好与 6×6 重构的周期大小一致。此外,SiC 晶体的 <1120> 密排方向与石墨烯的扶手椅方向为同一取向,也都均属密排方向,并且它们之间的晶格匹配度可达到 79.9%[32,320],相互之间的晶格畸变能较小。因此,对外延石墨烯而言,扶手椅边界的能量低于锯齿形,故比较稳定[321,322]。同时,也有研究表明,在外延石墨烯的扶手椅边界上产生的较大周期的量子干涉图案会使得其边界具有一定的芳香稳定性[323],进而增加了扶手椅边界的稳定性。综上所述,通过 SiC 高温热解制备的外延石墨烯主要呈现为扶手椅边界。

4.3 外延石墨烯边界的不同干涉图案

石墨烯的电子态对其边界结构非常敏感,我们采用 STM 对平整扶手椅边界附近不同 $\sqrt{3} \times \sqrt{3}$ 干涉图样进行了详细表征,发现振荡条纹的周期大约为 3.7 Å,正好与石墨烯费米能级附近的电子波长相近,推断条纹的产生可能是由入射电子束和反射电子束相互干涉的结果,且通过变化反射电子的位相大小,可以解释观察到的不同干涉图样。事实上,这种电子干涉图样仅仅在平整的扶手椅边界附近产生,在有褶皱或粗糙的边界附近未见干涉图样,反而呈现的是石墨烯的六角晶格结构。分析认为,这种电子干涉图案的有无与光的镜面反射和漫反射现象相类似。

如上所述,石墨烯的边界主要有两类,锯齿形和扶手椅。在锯齿形的边界上,包含的同一类 C 原子,所以呈现为非对称性,而此类石墨烯条带则主要表现为金属性,与条带宽度无关。在扶手椅边界上,包含了两类不对等的 C 原子,所以其对称性较高[323],此类石墨烯条带可表现为金属性也可表现为半导体特性,依赖于条带宽度。对于次两类石墨烯边界,电子发生量子干涉行为也不一样。在锯齿形边界附近,电子则以谷内散射为主,所以没有干涉图案的产生[33,144]。在扶手椅边界附近,由于入射电子和散射电子间的谷间散射,所以会产生周期为 $\sqrt{3} \times \sqrt{3}$ 的干涉图案。

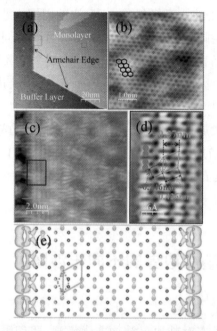

图 4-5 (a)单层石墨烯的扶手椅边界(100 nm × 100 nm,I=100 pA,V_s=-3 V);
(b)单层石墨烯的原子分辨像,为(a)中红色方框所示区域的放大图;(c)边界形
貌像,(a)图中绿色方框所示区域的放大图(10 nm × 10 nm,I=90 pA,V_s=-20 mV);
(d)边界干涉图案,(c)图中黑色方框所示区域的放大图(1.8 nm × 3.0 nm,
I=90 pA,V_s=-20 mV);(e)第一性原理计算的边界干涉图案
Monlayer 单层,armchair 扶手椅型,bufferlayer 缓冲层

对于有干涉图案产生的扶手椅边界而言,因边界状态不一样,也会导致干涉图案不一样,比如边界上的缺陷、吸附原子、多边形等,会使得干

涉图案呈现出多种多样的形状，有 S 条带、环状、花瓣状等 [145,310,324,325]。这些干涉图案对石墨烯电学性能有着较大的影响。Chen 等人研究发现，随着宽度的增加，石墨烯纳米条带的电阻变大，从而印证了边界对石墨烯电子传输性能的影响 [326]。Wong 等人在石墨边界处观察到由旋转堆垛层错引起的长程电荷密度振荡，归因于电荷散射对电导性能的影响 [327]。由此可见，石墨烯的边界状态对其电子态及电学性能影响比较大，因此有必要展开深入的研究。本节通过扫描隧道显微镜，详细地表征并分析了外延石墨烯边界处的干涉图案及机理。

如图 4-5（a）所示，外延石墨烯边界非常平直，主要呈现为扶手椅取向。图 4-5(b) 为图 4-5(a) 中红色方框所示区域的 STM 原子分辨像，通过原子分辨可以证实为单层外延石墨烯，图中的黑色六角形表示为外延石墨烯的晶体结构。图 4-5（c）为图 4-5（a）中绿色方框所示的边界区域的 STM 像，可以观察到明显的量子干涉图案，与图 4-2(d) 和(e) 的结果一致。

通过 STM 原子分辨像放大后，可以观察到更为细微的干涉图案的结构，如图 4-5（d）所示，来自于图 4-5（c）中的黑色方框所示区域。可以看出，STM 原子分辨像中既包含了外延石墨烯晶格（蓝色虚线菱形），也包含了新产生的 $\sqrt{3} \times \sqrt{3}$ 干涉图案（绿色菱形）。此干涉图案呈现哑铃状，这种较大的周期图案掩盖了部分石墨烯晶格，如红色阴影所示。此外，采用第一性原理计算也得到了类似的边界干涉图案，如图 4-5（e）所示。石墨烯和干涉图案原胞分别由蓝色和绿色菱形表示，能量范围选取费米能级附近 ± 0.1 eV。上述研究结果表明，外延石墨烯边界的量子干涉对石墨烯的电子态影响很大 [328]。

图 4-6 是边界干涉图案的进一步分析和认证。图 4-6(a) 是沿图 4-5（c）中绿色轮廓线的平均值，由此可以表征分析扶手椅边界附近的干涉图案及其振荡的衰减情况。图 4-6（b）为图 4-5（d）中原子分辨像的傅里叶变换图样，其中，蓝色和绿色虚线六边形分别表示外延石墨烯和干涉图案的结构信息。并且，根据六角形的位置取向可以证实外延石墨烯的边界为扶手椅取向。此外，绿色六边形也表示石墨烯原胞倒空间的第一布里渊区，其高对称点（K 点）恰好位于六边形的六个角上，K_F^i 和 K_F^l 分别表示入射电子和散射电子的波矢，此两点间的干涉即为 K 与 K' 点之间的谷间散射，同一点内部的干涉即为谷内散射 [33,213]。

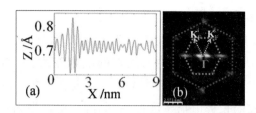

图 4-6 （a）沿图 4-5（c）中绿色轮廓线的平均值；（b）图 4-5（d）的傅里叶变换

除了哑铃状的图案以外，在外延石墨烯扶手椅边界附近还能观测到其他形状的干涉图案，如图 4-7 所示。图 4-7（a）为另一区域的单层外延石墨烯，图 4-7（b）为边界附近（绿色方框所示）的 STM 原子分辨像。可以看出，边界干涉图案呈现为花瓣状的形状，由图中红色椭圆阴影所示。通过结构的周期大小的测试及插图中的傅里叶变换结果，可以证实此花瓣状干涉图案也为 $\sqrt{3} \times \sqrt{3}$，如图中绿色菱形所示，其周期大小与图 4-5（d）中的哑铃状相同。由此也说明不同的干涉图案与石墨烯边界的电子态密度密切相关 [328,329]。哑铃状干涉图案（图 4-5（d））意味着平行于边界方向的电子态分布情况，相互之间的间距约为 0.37 nm，在边界平行的方向上展现出较好的电子传输性能。而花瓣状的干涉图案（图 4-7（b））意味着边界附近的电子态没有如此强烈的取向分布特性。显然，不同的边界状态对外延石墨烯的电子态特征及性能应用有着较大的影响。

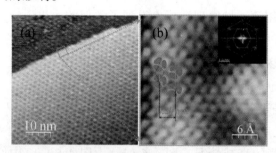

图 4-7 （a）单层石墨烯的扶手椅边界（50 nm×50 nm，I=100 pA，V_s=−3.5 V）；
（b）图（a）中绿色方框所示区域的放大像（3 nm×3 nm，I=500 pA，V_s=−200 mV），
插图为傅里叶变换

4.4 外延石墨烯边界的量子干涉机理

不同干涉图案的产生可归结为边界的规则程度[33,144]以及边界空位、吸附原子等缺陷的存在[145]。可以认为,边界缺陷状态是形成不同干涉图案的主要原因。理论上,可以把石墨烯边界看成一个势垒,并给出一个与边界缺陷状态密切相关的相位参数(η),即不同的边界状态对应不一样的相位值[147,217,330]。电子在边界上的反射系数可以表示为:

$$\vec{R} = |R|e^{i\eta} \qquad (4\text{-}1)$$

式中,$|R|$为电子波振幅;η为相位。

入射电子和散射电子间的干涉会沿x方向产生电子态振荡,可用公式表示为:

$$\rho(E,x) = 1 + |R|^2 + 2|R|\sin(2k_x x + \phi - \eta)\sin\phi \qquad (4\text{-}2)$$

式中:

$$\phi = \arctan(k_y / k_x);$$
$$k_x = k_F \cos\phi;$$
$$k_y = k_F \sin\phi;$$

k_F为费米波矢[36,316]。

考虑到扶手椅边界主要发生的是谷间干涉,即有$\phi = 60°$,并可以推测$2k_x = 2k_F\cos 60° = k_F$[145,331]。因此,方程(4-2)可变为:

$$\rho(E,x) = 1 + |R|^2 + \sqrt{3}|R|\sin(k_F x + \frac{\pi}{3} - \eta) \qquad (4\text{-}3)$$

式中,$\lambda_F = 2\pi / k_F$为电子密度分布周期;η为相位。

由此可以看出相位是边界电子态密度分布的主控因素,不同的电子态密度形成不同的边界干涉图案。

图4-8的示意图给出了反射电子相位对干涉图案的影响。费米能级附近的电子波矢用K_F表示(高对称点 Γ 和 K 之间的距离),电子波

长为 $\lambda_F = 2\pi/K_F = 3a/2 = 3.69$ Å。在石墨烯六角晶格中，C–C 键方向上的局域电子态密度可以分为三种，其中一个平行于扶手椅边界，图中标记为红色，另外两个与边界呈 60° 夹角，分别标记为蓝色和绿色。三个方向的电子态密度的叠加产生了 $\sqrt{3} \times \sqrt{3}$ 的边界干涉图案，干涉图案的周期约为 0.37 nm，与电子波长（3.69 Å）相近。

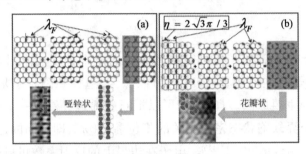

图 4-8　不同干涉图案产生的示意图：（a）哑铃状；（b）花瓣状

图 4-8（a）中是哑铃状干涉图案产生的机理示意图。倘若考虑边界缺陷状态的影响[145,324]，让反射电子的相位变化 $\eta = 2\pi/\sqrt{3}$，外延石墨烯的边界附近即可呈现花瓣状的干涉图案，如图 4-8（b）所示。通过示意图分析，同样可以将以往研究中发现的 S 形和环形的干涉图案归结为相位变化导致的结果[33]。由于干涉图案的覆盖，所以，很难观察到边界附近的缺陷分布，且对于相位的产生及变化的原因及其与边界结构的对应关系还有待于探索研究。

上述干涉图案的产生主要发生在外延石墨烯的扶手椅边界附近，并且此类边界较为平整。如果外延石墨烯的边界较为粗糙或者其附近存在山脊结构时，则没有干涉的发生，进而不能观察到相应的干涉图案[332-334]。因此，可以观察到边界细微的原子结构，如图 4-9 所示。图 4-9（a）为外延石墨烯扶手椅边界的 STM 形貌像，图 4-9（b）为沿绿色的轮廓线。可以看出该边界上有一山脊，其高度约为 0.3 nm。山脊结构的产生是由于外延石墨烯与 SiC 晶体的热膨胀系数不同，进而经过高温退火在外延石墨烯内部产生了压应力[289]，从而导致山脊结构的形成。

图 4-9（c）为图 4-9（a）中黑色方框所示区域的 STM 原子分辨像，可以清晰地分辨出外延石墨烯的六角晶格（黑色六边形）以及扶手椅取向的边界，且未见其他周期性结构，表明没有干涉图案的产生。图 4-9

（d）是图 4-9（c）对应的傅里叶变换结果，除了蓝色的六边形表示外延石墨烯的结构信息外，没有其他图样的产生，从而也可以证实没有干涉图案的存在。因此，可以说明具有山脊结构的外延石墨烯，尽管属于扶手椅边界取向，但不会发生量子干涉现象。

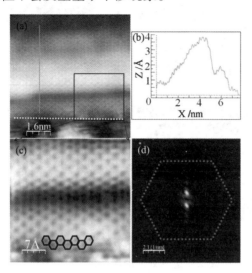

图 4-9　（a）有山脊结构的扶手椅边界（8 nm×8 nm，I=95 pA，V_s=−100 mV）；
（b）为（a）中沿绿线的轮廓线；（c）为（a）中黑色方框所示区域的原子分辨像
（3.5 nm×3.5 nm）；（d）为（c）的傅里叶变换结果

在平整的外延石墨烯扶手椅边界上，其平面对称性较好，电子发生谷内散射，从而导致了干涉图案的产生。在有山脊结构的不平整的外延石墨烯边界上，尽管也是扶手椅取向，但是起伏的边界表面破坏了扶手椅边界的平面对称性，使得电子散射被局限在一个狄拉克锥内，抑制了谷间散射的发生，谷内散射占主导作用 [146]。因此，在这种不平整的外延石墨烯边界附近，狄拉克费米子不具备手性特征，且因粗糙的边界，电子波变得混乱，不会有干涉图案的产生。这种干涉有无的现象可以简单地类比于光的干涉。通常情况下，两束光的相干条件为：（1）相同振动方向；（2）相同振动频率；（3）相同相位差。

如图 4-10（a）所示，电子波在平整的石墨烯边界发生镜面反射，入射波和反射波满足相干条件，产生干涉图案。然而，如图 4-10（b）所示，电子波在有山脊的石墨烯边界发生漫反射，反射波变得混乱而不满足相干条件，无干涉图案，反而观察到的是石墨烯的晶格结构。换句话说，石墨烯扶手椅边界平整与否是干涉图案形成的主要原因。这一发现对于石墨烯电子器件的设计及应用具有指导意义 [122,329,331,335-338]。

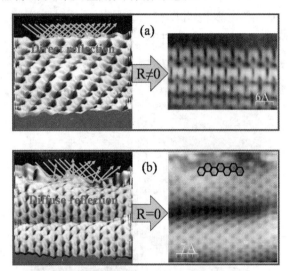

图 4-10   扶手椅边界附近的两种电子反射类型:(a)平整边界的镜面反射及产生的干涉图案;(b)有山脊结构边界处的的漫反射;图中左边为三维形貌,右边为二维形貌

Direct reflection 镜面反射,Diffuse reflection 漫反射

4.5   小结

    本章表征了外延石墨烯的边界结构及电子态特征。发现了石墨烯和 SiC 衬底之间的特殊外延关系,即石墨烯的扶手椅取向和缓冲层 6×6 重构的基矢方向以及 SiC 晶体的 <1120> 密排方向完全一致。由此,提出基于较大尺度范围的 6×6 重构的基矢方向来判断外延石墨烯边界取向的方法,相对于偏振拉曼光谱和高分辨率 STM 图像方法更为直观且效率高。采用这种表征方法发现,对于 SiC 高温热解制备的外延石墨烯,无论是单层还是多层均以扶手椅边界为主。在平整扶手椅边界附近还观察到由于入射电子和散射电子间的量子干涉而产生的干

涉图案。干涉图案的形状千差万别,但周期均为石墨烯晶格的$\sqrt{3}$倍,即$\sqrt{3} \times \sqrt{3}$图案,大小正好与石墨烯费米能级附近的电子波长(0.37 nm)相同。通过变化反射电子的位相大小,即可构造出各种干涉图样。事实上,这种电子干涉图样仅仅在平整的扶手椅边界附近产生,当边界存在褶皱或较粗糙时未见干涉图样,反而呈现的是石墨烯本身的六角晶格。提示我们,边界结构及其修饰可用于调控石墨烯的电子态和物理特性,在相关研究中应予以关注。

5

大面积外延石墨烯的制备

石墨烯是未来电子器件领域应用的重要候选材料,而大面积规则外延石墨烯的制备是实现其应用的前提。上述章节重点研究了 SiC 衬底表面重构结构和演化过程,对外延石墨烯的生长有着重要的作用,分析了外延石墨烯边界结构及电子态特征,但是,对于高质量外延石墨烯的制备与控制还未涉及。通常来说,单晶 SiC 在超高真空中的裂解是一个非平衡的真空裂解过程,由此会导致其表面出现大量的微孔洞和混乱的台阶[97,98],从而凸显了边界带来的影响。因此,采用常规热解方法制备的外延石墨烯其质量并不高,对其电学性能及器件应用的影响很大,有必要对此方法进行相应的改进。Konstantin 等人在 SiC 基体的升温裂解过程中加入了 Ar 原子气氛的抑制和保护,制备得到了大面积的外延石墨烯[100]。之后,de Heer 等人将此方法发展成约束性控制升华法(Comfined Controlled Sublimation,CCS)[101]。在 SiC 的裂解过程中,气氛的引入一定程度上减缓了 Si–C 断裂后 Si 原子的挥发速率,同时也为 C 原子扩散和形核长大提供了足够长的时间,故制备得到的外延石墨烯面积较大且表面形貌较好,台阶规则平直。但是,目前的制备工艺中,对于外延石墨烯层数的控制仍比较困难,因此,有必要进一步深入探索并优化外延石墨烯的制备工艺。本章将比较超高真空和气氛两种环境下的常规热解和快闪(快速退火,RTA)制备方法,探索大面积、规则单层外延石墨烯的制备工艺。气氛环境包括 Si 和 Pb 两种原子气氛,常规退火时间约为 5~10 min,快闪每次 5~30 s,2~3 次退火即可。采用 STM 和 AFM 表征制备得到的外延石墨烯的形貌,利用用拉曼光谱(Nanofinder 30,INC)和光电子能谱(XPS,Physical Electronics PHI 5802)分析外延石墨烯的质量。拉曼光谱采用的激光波长为 533 nm,激光能量为 1~5 mW,XPS 光源为 350 W 的单色光(Al,Kα 激发)。利用商用半导体测试系统(Keithley 4200)的四探针法测试外延石墨烯的电导特性。

5.1 常规热解法制备外延石墨烯

5.1.1 超高真空热解法

如上所述,外延石墨烯的生长通常是在超高真空环境中进行,在1300~1400 ℃的退火温度下,经过 5~10 min 的退火即可在 SiC 表面形成石墨烯,其表面形貌如图 5-1(a)所示。SiC 表面发生裂解之后,其原始台阶已变得较为模糊。表面出现大量的微孔洞就是由于裂解过程中 Si 原子的挥发所致,也是后续 Si 原子继续挥发的通道[97,98]。很明显,退火时间越长,石墨烯表面的微孔洞越多,且台阶更加凌乱。此类石墨烯的形貌不理想,孔洞对石墨烯性能影响很大,不利于实际应用。图 5-1(b)是刚开始形成石墨烯时 SiC 的表面状态,裂解始于台阶边缘,也是孔洞形成的初始位置,如图中箭头所示。

拉曼光谱可用于评估石墨烯的质量。一般来说,石墨烯有三个拉曼特征峰[339,340]:D 峰(~1350 cm⁻¹)表示石墨烯缺陷;G 峰(~1590 cm⁻¹)与碳原子二维平面内的振动相关;2D 峰(~2700 cm⁻¹)与石墨烯的堆垛情况相关。因此,可以利用拉曼光谱估算石墨烯的层厚[260,341]。如果 2D 峰对称性较好,且与 G 峰的强度比值(I_{2D}/I_G)大于 1,即可判断石墨烯为单层。如果 2D 峰较宽,且小于 G 峰的强度,即 $I_{2D}/I_G<1$,可以认为石墨烯为多层[342]。图 5-1(c)是图 5-1(a)所示样品的拉曼测试结果,包含了外延石墨烯和 SiC 的信息,分别用红色和黑色箭头指示。图 5-1(d)是扣除 SiC 拉曼信息且进行拟合后的外延石墨烯拉曼谱。通过分析,可以得到,$I_{2D}/I_G=0.45<1$,$W_{2D}=75.2$ cm⁻¹,表明此外延石墨烯较厚。结合 STM 形貌像(图 5-1(a))可以说明,采用常规超高真空裂解法制备的外延石墨烯的质量不理想,需要优化生长工艺以制备大面积、规则单层外延石墨烯。

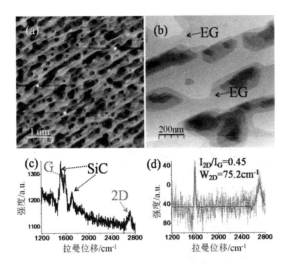

图 5-1 （a）和（b）超高真空常规退火制备的外延石墨烯；（c）和（d）拉曼光谱测试结果

5.1.2 Si 束流下的热解法

　　以往研究发现，CCS 法可以制备大面积规则的外延石墨烯[101]。借鉴此方法，本实验发现 Si 束流也有类似的效果，为此我们使用 Si 束流替代 Ar 气氛作为 SiC 裂解过程的平衡气体，所得到的实验结果如图 5-2 所示。图 5-2（a）和（b）中所得到的外延石墨烯是在 1400 ℃的退火温度下，经过 10 min 升温退火制备得到的。STM 测试结果表明其台阶平直规则，几乎没有微孔洞的产生，形貌明显优于真空条件下得到的外延石墨烯。图 5-2（b）中的插图为对应的三维形貌，更好地说明了规则外延石墨烯的台阶形貌。但是，由于退火时间较长，所制备的外延石墨烯层数较厚，有 STM 原子分辨像以及相应的拉曼结果可以证实。图 5-2（c）为外延石墨烯台阶平面上的 STM 原子分辨像，其三角结构说明了外延石墨烯的层数为两层或者多层，与文献报道一致[149]。图 5-2（d）为对应的拉曼测试结果，其中，$I_{2D}/I_G=0.54$，$W_{2D}=99.1 \text{ cm}^{-1}$，由此可以说明，其 2D 峰较为宽泛，且强度低于 G 峰。因此，Si 气氛保护和抑制可以优化外延石墨烯的形貌，但由于长时间的退火，所制备得到的外延石墨烯较厚。

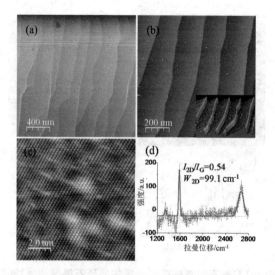

图 5-2　Si 束流下长时间退火制备的外延石墨烯的 STM 图像：（a）2 μm×2 μm；
（b）1 μm×1 μm，插图为三维形貌；（c）原子分辨像；（d）为（b）的拉曼光谱测试结果

5.2　快闪法制备外延石墨烯

5.2.1 真空快闪法

　　由以上分析可知，多层外延石墨烯生成是因为退火时间较长。因此，要获得单层外延石墨烯必须缩短其退火时间，快闪就是其中一种可行的退火方式。图 5-3（a）为超高真空条件下经 1700 ℃的快闪退火制备得到的外延石墨烯的 AFM 图像，可以看出其形貌较为粗糙，由插图中的轮廓线也可以证实。因为过高的退火温度会导致 SiC 表面的局部融化，形成粗糙表面，从而使得石墨烯表面较为粗糙。图 5-3（b）为对应的拉曼测试结果，据此分析可得，I_{2D}/I_G=1.96>1，W_{2D}=50.8 cm^{-1}，且 2D 峰对称性很高，与单层石墨烯的标准拉曼光谱类似[339]。显而易见，快闪法有利于促进单层外延石墨烯的形成，但需要精准地控制其退火温度以优化其表面形貌。研究还发现，1400 ℃左右的较低温度条件下的真空快闪制备的外延石墨烯形貌也不理想，与图 5-1（a）所示的结果类似。

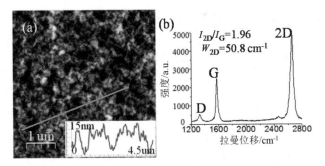

图 5-3 （a）超高真空高温快闪制备的外延石墨烯的 AFM 图像；（b）拉曼光谱测试结果

5.2.2 Si 束流下的快闪法

经过进一步探索分析，借鉴文献中的 Ar 气氛快闪方式，我们采用 Si 原子气氛保护下的快闪退火方式来降低外延石墨烯的层数并优化其表面形貌。所得到的结果如图 5-4（a）所示，可以看出，外延石墨烯的台阶较为规则，台阶表面的微孔洞较少。并且在部分区域能够检测到单层外延石墨烯的存在，由插图中的 STM 图像可以证实观察到的单层外延石墨烯晶格。图 5-4（b）是相应的拉曼光谱，可以得到，$I_{2D}/I_G=0.89$，$W_{2D}=51.0 \text{ cm}^{-1}$。尽管与标准单层石墨烯的拉曼光谱有一定的差别，但此方法生长的外延石墨烯其层数明显少于气氛下常规热解法的外延石墨烯（图 5-2（d））。结合 STM 图像，可以说明在制备大面积规则单层外延石墨烯方面，Si 气氛下的快闪工艺优于 Si 气氛下长时间退火工艺。

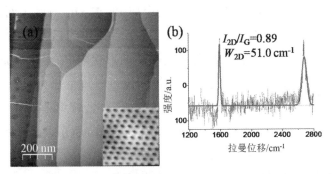

图 5-4 （a）Si 束流下快闪法制备的外延石墨烯形貌，插图为原子分辨像；（b）拉曼光谱

经过以上分析,可以说明常规退火过程中,SiC 的裂解导致外延石墨烯表面大量微孔洞的产生,并且,因为较长的退火时间,外延石墨烯层数较多;快闪法的升降温速度快且退火时间短,得到的外延石墨烯层数较少;气氛环境有利均匀规则外延石墨烯的生成。因此,大面单层外延石墨烯的制备需要三个条件:(1)较短的缩短退火时间,便于单层外延石墨烯的生长;(2)适当的退火温度有利于表面形貌和层厚的控制;(3)气氛环境能起到抑制 Si 原子的挥发速度,减少外延石墨烯表面孔洞的生成,形成规则均匀的台阶表面。

5.2.3 Pb 束流下的快闪法

通过进一步的探索研究,发现,金属 Pb 原子气氛对外延石墨烯的形貌也有同样的优化作用。为此,我们尝试采用 Pb 原子束流(气氛)替代 Si 原子气氛作为外延石墨烯生长过程中的气氛保护。在此制备工艺中,获得 Pb 原子保护气氛的方法有两种:(1)预先生长在 SiC 衬底表面的 Pb 岛在后续的快闪条件下挥发形成的 Pb 气氛;(2)直接采用克努森炉源蒸发得到的 Pb 束流。

图 5-5(a)是外延石墨烯形成之前 SiC 衬底的表面形貌 [96,343],能辨别出较模糊的 SiC 原始台阶,如图中白色虚线所示。台阶表面开始有大量的微孔洞开始形成,如图中蓝色箭头所指示,这些孔洞也为 SiC 裂解过程中 Si 原子的扩散提供了有效通道 [121,126,128]。倘若没有气氛的平衡作用,在后续裂解过程中 SiC 和石墨烯表面将产生更多的微孔洞 [98]。图 5-5(b)所示为 3~4 ML 覆盖度的金属 Pb 在 SiC 衬底表面的岛状形貌。图 5-5(c)是图 5-5(b)中所示样品后续快闪后得到的外延石墨烯的宏观形态。可以看出,此外延石墨烯的形貌较好,台阶规则,表面微孔洞较少。通过各个区域的原子分辨图像可以辨别出外延石墨烯的层厚情况,单双层外延石墨烯共存。其中,大部分区域为单层外延石墨烯,图中标记为 S,其 STM 原子分辩像如图 5-5(d)所示,仅有少部分区域为双层石墨烯,图中标记为 B。

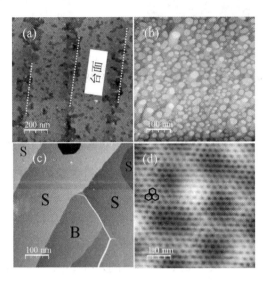

图 5-5 （a）SiC 衬底的表面形貌；（b）SiC 衬底表面的 Pb 岛形貌；（c）由（b）所示样品快闪后得到的外延石墨烯形貌；（d）单层外延石墨烯的原子分辨 STM 图像

由此可见，金属 Pb 原子气氛下的快闪法也可以制备大面积规则的单层外延石墨烯。在快闪的制备过程中，SiC 衬底表面的 Pb 原子优先挥发从而形成 Pb 原子气氛，与其他保护气氛类似，可抑制 Si 原子的挥发速率并促使无定型 C 原子以较慢的速率形核长大，为此有利于形成规则均匀的外延石墨烯，且由于快闪的退火时间较短，所得到的外延石墨烯层数较少。

预先生长在 SiC 基体表面的 Pb 岛为外延石墨烯生长提供 Pb 原子气氛，故也可以通过固体 Pb 源的加热挥发来提供 Pb 原子束流，也能得到类似的实验结果。图 5-6（a）所示的 STM 形貌是在 ~1 ML/min 的 Pb 束流下经过 1400 ℃的快闪获得的外延石墨烯形貌。可以看出，其表面较为平整，台阶也较为规则且台面上孔洞较少，与图 5-5（c）所示结果相似。图中的插图为沿绿线的轮廓线，可以证实平整的外延石墨烯台阶表面。图 5-6（b）是改样品对应的拉曼光谱，可以得到，I_{2D}/I_G=1.31，W_{2D}=41.2 cm^{-1}，改测试结果与单层石墨烯的拉曼光谱相似，由此可以说明外延石墨烯以单层为主，质量好，面积较大。

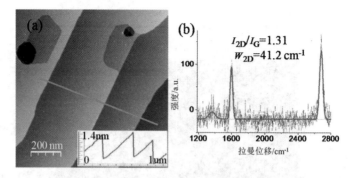

图 5-6   （a）Pb 束流下快闪得到的外延石墨烯表面；（b）拉曼光谱测试结果

由以上研究分析可以看出,快闪法有利于单层外延石墨烯的形成,而外来原子气氛（Si 或者金属 Pb）有利于优化石墨烯的形貌。对于金属 Pb 原子气氛而言,主要有以下三个方面的作用:（1）与其他保护气氛（Ar 或者 Si）一样[100,101],金属 Pb 原子气氛也可以抑制 SiC 裂解过程中 Si 的挥发,从而减少表面微孔洞的产生;（2）由于 C 与 Pb 之间的电荷转移[102],Pb 原子可以起到弱化无定型 C–C 键的作用,促使非晶碳的结晶、形核和长大,该作用类似于金属诱导非晶硅的晶化过程[344],一定程度上加速并优化了外延石墨烯的生长;（3）金属 Pb 原子还有可以作为插层原子,插入外延石墨烯和 SiC 衬底之间,促使外延石墨烯形貌的平整化[157,345]。对于其他金属,如 Ag、In 等,也应有类似的作用,相关研究工作正在进行中。

5.3   快闪法制备外延石墨烯的性能及机理

在外延石墨烯在 SiC 表面形成之后,其 SiC 基体的电导率会发生明显的变化,如图 5-7（a）所示。很明显,石墨烯生成之后的 SiC 基体的电导率提高了两个数量级,也从侧面证实了快闪法可以实现高质量大面积外延石墨烯的制备。图 5-7（b）是不同外延石墨烯样品的拉曼特征峰比值（I_{2D}/I_G）以及 2D 峰的半高宽（FWHM）的统计分析,其中微机械剥离的石墨烯样品用以（I_{2D}/I_G=3.62, W_{2D}=36.1 cm^{-1}）作为参照[339,346]。可以看出,通过常规退火法得到的外延石墨烯其特征峰比值为 0.45~0.7,2D 峰半高宽为 75~100 cm⁻¹,呈现为多层石墨烯的特征[260,341],与文献报道的结果一致[149]。气氛快闪法制备得到的外延石墨烯的特征峰比值为 0.9~2.0,2D 峰半高宽为 40~65 cm⁻¹,呈现单层或者近单层的特征,与微机械剥离法得到的石墨烯比较接近。因此,通过拉曼测试的统计分析,一定程度上说明气氛下的快闪退火工艺可以实现单层外延石墨烯的大面积制备。

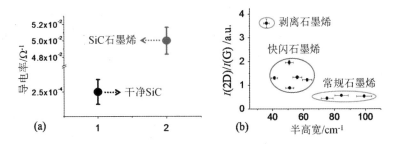

图 5-7 （a）外延石墨烯生长前后 SiC 表面的电导图；（b）不同方法制备的石墨烯的拉曼特征峰比值及 2D 峰的半高宽

相比于微机械剥离法得到的石墨烯,SiC 热解法得到的外延石墨烯的 2D 峰大约会有 33 cm⁻¹ 的蓝移,这与退火过程中在外延石墨烯内部产生的压应力有关[289]。根据相应的经验公式,可以粗略的估算压应力值的大小[347]。

$$\sigma = \lambda / \alpha \qquad (5\text{-}1)$$

式中,σ 为石墨烯中的压应力值;λ 为 2D 峰的偏移量;α 为应力常数,取经验值 7.47 cm⁻¹/GPa[260,339]。

由此可以计算得到外延石墨烯中的压应力值大约为 4.4 GPa。石墨烯的弹性模量范围大约为 900~1100 GPa[55],因此,外延石墨烯的应变值在 0.40%~0.49% 的范围,从而影响到外延石墨烯的能带结构及相应的性能,进而会影响外延石墨烯电子器件的制备和应用[348]。

图 5-8 为两种快闪工艺制备的外延石墨烯的 XPS 谱测试结果。其中,图 5-8（a）为 C 1s 的信息,位于 283.5 eV 和 286.3 eV 的拟合峰对应 SiC 基体的信息[349,350],在 Pb 气氛下快闪的外延石墨烯样品中更明显。造成该现象的原因在于这种石墨烯的表面平整规则,且以单层为主（图 5-6(a)）,容易探测到 SiC 的信息。而对于真空快闪外延石墨烯样品,

表面粗糙(图 5-3（a）)，SiC 的信息不明显。位于 284.5 ± 0.1 eV 的结合能代表碳的 sp^2 杂化信息，说明有石墨烯生成[100]，284.9 ± 0.1 eV 的峰位表示 SiC 衬底上的无定形碳（α-C）[128,257]。

图 5-8（b）为 Si 2p 的 XPS 信息。位于 101.1 eV 和 101.7 eV 的 XPS 峰源于 SiC 基体[350]，在 Pb 气氛中快闪比真空快闪的信息更强，与 C 1s 的结果一致。真空快闪石墨烯中有 Si–Si 键（102.3 eV）的信息，可能是 SiC 表面熔化或 Si 原子在石墨烯层下堆积所致[351]。总的来说，平整样品表面包含了石墨烯和 SiC 基体的信息，而粗糙表面仅有石墨烯的信息。事实上，快闪相当于快速退火，Pb 原子类似于 Ar、Si 等气氛，促进石墨烯生长，但并不会与石墨烯或 SiC 反应，故未观察到 Pb 的 XPS 信息。

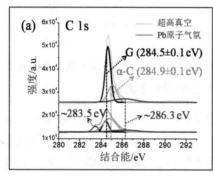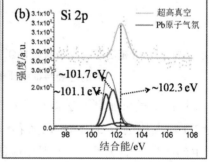

图 5-8　XPS 测试结果：（a）C 1s；（b）Si 2p；红色曲线为 Pb 气氛快闪的外延石墨烯（~1400 ℃），青色曲线为真空快闪的外延石墨烯（~1700 ℃）

图 5-9 为快闪制备石墨烯的生长机理示意图，红色和绿色圆点分别表示 Pb 气氛和裂解的 Si 原子，黄色椭圆表示粗糙团簇。图 5-9（a）表示具有规则台阶的 SiC 衬底，在快闪过程中大约三层 Si–C 双层裂解成一层石墨烯。Pb 气氛对 Si 原子的挥发有抑制作用，C 原子的扩散均匀且容易跨越台阶，形成连续的石墨烯，如图 5-9（b）所示，实验结果也证实了这一点(图 5-5（c）和 5-6（a）)。相反，在真空中过高温度下快闪，Si 原子挥发比较快而且 SiC 裂解时还会部分融化，所以，获得的石墨烯表面较为粗糙，如图 5-9（c）所示，也得到了实验的证实(图 5-3（a）)。因此，快闪法有利于单层外延石墨烯的形成，Pb 气氛有利于石墨烯的平整化。

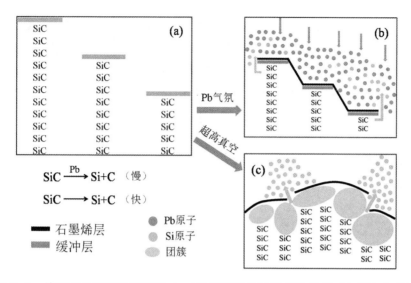

图 5-9　快闪机理的模型示意图：(a)具有规则台阶的 SiC 衬底；(b)Pb 气氛下 1400 ℃快闪制备的连续石墨烯；(c)真空下 1700 ℃快闪后的粗糙表面

5.4　小结

　　本章系统比较了外延石墨烯的制备工艺。超高真空热解法制备的石墨烯表面孔洞较多，Si 束流下的热解法制备的石墨烯形貌规则但层数较多，真空快闪法制备的石墨烯表面较为粗糙，Si 或者 Pb 束流下的快闪法制备的石墨烯形貌规则、层数少。基于 STM、拉曼光谱及 XPS 表征，建立快闪法制备石墨烯的模型。由于 Si 或 Pb 气氛的存在，SiC 基体表面 Si 原子的升华受到抑制，大约表面三层 Si-C 双层裂解产生一层石墨烯，且抑制的升华过程为 C 原子在缓冲层表面的扩散和形核提供了足够的时间，而且部分原子向下扩散至石墨烯与缓冲层之间，显著改善了石墨烯的平整度。气氛快闪法为高质量平整单层外延石墨烯的生长及改性提供了工艺参考。

　　基于 STM 和拉曼光谱表征发现，超高真空常规热解法制备的石墨烯表面孔洞较多，Si 气氛下的常规热解法制备的石墨烯形貌规则但层数较多,真空快闪法制备的石墨烯表面较为粗糙。但是,在 Si 或者 Pb 气氛下,经过 1400 ℃ 左右的快闪,可以制备大面积规则的单层外延石墨烯。分析发现,由于 Si 或 Pb 气氛的存在,SiC 基体表面 Si 原子的升华受到一定程度的抑制,大约表面三层 Si–C 双层裂解产生一层石墨烯,且抑制的升华过程为 C 原子在缓冲层表面的扩散和形核提供了足够的时间,而且部分原子向下扩散至石墨烯与缓冲层之间,显著改善了石墨烯的平整度。

6

SiC 缓冲层表面金属 Bi 原子的生长及特征

　　功能性复合薄膜材料在电子器件领域中的应用广泛,人们对沉积在衬底表面的各类金属与半导体薄膜进行了大量深入的研究。Bi 作为一种半金属,具有特殊的物理性质与化学性能,比如极小的有效电子质量和较长的平均电子自由程[352]。其低指数晶面具有与块体材料截然不同的电学性能,由于强烈的自旋轨道耦合效应[353],Bi 基低维材料对新型自旋电子器件的制备具有重要意义[354]。因此,针对不同衬底表面 Bi 的生长研究很多,其中,石墨烯作为具有优良电学、力学、热学等特性的二维材料,在微电子器件等领域有着广泛应用。目前石墨烯电子器件的发展受限于零带隙问题,而金属/石墨烯体系的复合可以有效改善石墨烯的电学特性[355],对石墨烯微电子器件的发展具有推动作用。影响纳米结构生长的因素有很多,其中基体的性质、金属的沉积时间、温度以及沉积速率等对低维材料的生长影响较大。由于外延石墨烯石墨化初始阶段起步于 SiC 重构演变之后,基体的差异性对 Bi 纳米结构的生长影响不容忽略。本章系统研究了 Bi 的沉积温度和沉积时间对其在 SiC 重构表面生长形貌的影响,探讨了不同衬底表面 Bi 的形成机制及对电子态的影响。

6.1　Bi 的结构与性质

6.1.1 Bi 的晶体结构与电子结构

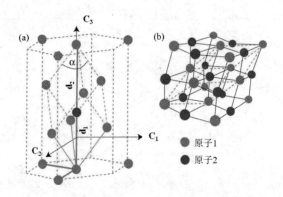

图 6-1　Bi 的晶格结构示意图(红蓝表示两个不等价的 Bi 原子):(a)六方单胞与
菱方单胞,(b)伪立方单胞与菱方单胞

Bi 是位于元素周期表中第六周期第五主族的半金属元素,最外层电子结构为 $6s^2 6p^3$,其原子序数为 83,在自然界中多以硫化物、氧化物及单质形式存在。块体 Bi 材料具有银白色或表面氧化后的粉色金属光泽,质脆易碎,其导电性与导热性较差,但本身具有抗磁性且具有微量的放射性。如图 6-1 所示,Bi 的晶体结构属于菱方晶系(空间群 $R3\overline{m}$)。在每个 Bi 原子周围存在 3 个最近邻原子(3.1 Å),3 个次近邻原子(3.5 Å)。沿着图中 Bi 六方结构的 c 轴来看,最近邻的两个 Bi 原子并不在同一高度,它们之间很强的共价键促使 Bi 原子在垂直于六方结构 c 轴方向形成了双原子层。次近邻的 3 个原子在邻近的双原子层中,双层之间的作用力较弱,由于双层结构的层内作用力强于层间作用力,故单晶 Bi 容易沿(0001)晶面发生解理。Bi 的晶体结构有 3 种不同的标示方法,每个单胞含两个 Bi 原子的菱形六面体结构、含六个 Bi 原子的六方结构以及一个原子的伪立方单胞结构,本书选用六方晶格体系对 Bi 的结构进行标注,不同标示法之间的对应关系如表 6-1 所示。六方单胞中,Bi 基矢长度 a 为 4.53 Å,c 轴为 11.8 Å,双层内间距为 1.59 Å,双层间间距为 2.35 Å。

表 6-1 Bi 不同标示法之间的对应关系

六角	菱形	准立方
($1\overline{1}01$)	(100)	(111)
($10\overline{1}2$)	(110)	(100)
(0001)	(111)	(111)
($2\overline{1}\overline{1}0$)	($10\overline{1}$)	(110)

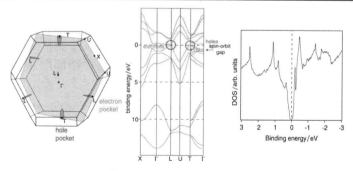

图 6-2 Bi 的体材料电子结构:(a)Bi 体材料的布里渊区,(b)Bi 的体能带结构,(c)Bi 体材料的态密度 hole pocket 空穴袋,electron pocket 电子袋,binding energy 结合能,hole spin orbit gap 空穴自旋轨道带隙

Bi 的结构不同于一般金属,具有与黑磷相似的准层状结构,每个菱形六面体中包含 2 个 Bi 原子,10 个价电子,与绝缘体结构相似,呈现一定的非金属性;但同时,由于 Bi 的能带结构中导带底与价带顶具有少量的交叠,存在少量的载流子,大约比一般金属少了 10^5 个量级,又使得它呈现金属性,如图 6-2 所示。

图 6-2(a)为 Bi 体材料的第一布里渊区,在高对称点 T 点有 1 个空穴型费米面(费米能级为 27.2 MeV),L 点有 3 个电子型费米面(费米能级为 10.8 MeV),因此单晶 Bi 的有效电子质量极小,约为 0.003 MV,载流子浓度很低,仅为 3×10^{17} cm^{-3},其平均电子自由程在低温条件下可达到微米量级[241],同时其费米波长极大,约为 30 nm。因此,Bi 往往表现强烈的尺寸效应、量子运输效应[356]。根据紧束缚法中能带结构计算的电子能量态密度在费米能级附近大大降低,与 Bi 半金属特性吻合。

6.1.2 Bi 的低维纳米结构及性质

在纳米材料中,由于量子尺寸效应以及表面结构对性能的影响作用放大,薄膜、纳米线、纳米团簇等结构往往表现出与块体材料不同的特性。

在金属表面,尽管可能产生局部表面电子态,但其仍具有与块体材料相似的性质;对半导体材料而言,表面悬挂键会促使半满能级增多而表现为金属性。然而,多数半导体表面原子发生重新排列,悬挂键消失使得表面依旧保持半导体特性;半金属 Bi 则介于两者之间,一方面,由于价带与导带之间存在间隙,其性质与半导体相近,另一方面,价带与导带之间存在小部分重叠,又使其呈现金属性,金属性与半导体性之间的微妙平衡取决于 Bi 的结构[356]或者外部因素,如外加压力[357]等。

研究发现 Bi 及其合金展现出很好的热电特性[358],实验用热电优值(ZT)评价材料的热电转换性能,其中 T 为温度,Z 为热电系数,$Z=S^2\sigma/K$,S 是塞贝克系数,σ 是电导率,K 是热导率,均为材料本征物理量。载流子浓度对塞贝克系数、电导率有不同程度的影响。理论上,当材料载流子浓度向 10^{25} m^{-3} 逼近时,功率因子 $S^2\sigma$ 可达到极值,此时材料具有极优的热电转换效率。由于 Bi 具有较低的载流子浓度,接近功率因子最大值的理想状态,热电领域越来越多地关注 Bi 及其合金的材料制备与应用。Bi 的体材料凭借等量的电子与空穴导电,其塞贝克系数为零,难以实现热电转换。而当材料尺度缩小至纳米量级,量子尺寸效应导致 Bi 的能带结构变化,往往表现出优异的热电性能[359]。

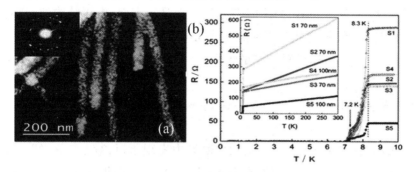

图 6-3　Bi 纳米管及其超导电性

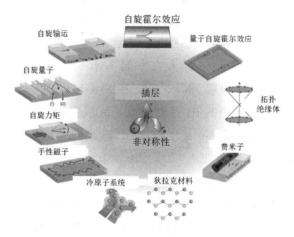

图 6-4　自旋轨道耦合效应的应用领域

如图 6-3 所示,当环境温度低至 40 mK 时, Bi 材料并未表现出超导特性[360]。1991 年, Weitzeld 等人在由 Bi 团簇组成的薄膜中观察到了超导电性,且随着团簇尺寸变化,超导转变温度可升至数 K,极有可能是金属团簇表面的特殊性质引起的超导现象。Tian 发现了直径为 10 nm 的 Bi 纳米线的超导电性,其超导转变温度在 7.2 K 与 8.3 K,结构与输运特性分析说明 Bi 纳米线的超导特性与晶粒边界的结构重构有关[361]。理论上,超薄的自由 Bi 膜是二维拓扑绝缘体,其拓扑性质与薄膜厚度及衬底之间的相互作用有关,Sun 等人在超薄 Bi 膜中发现了共存的拓扑边缘态与超导电性,使得体系成为探索 Majorana 费米子的理想平台 [362]。

除此之外,Bi 作为一种重金属元素,原子量为 209,在 6p 能级有着很强的自旋轨道劈裂效应,如图 6-4 所示。在 Bi 的体材中,由于晶面反演对称性,未观察到 Bi 的体能带劈裂。在晶体表面,由于结构的对称性遭到破坏,自旋轨道耦合效应(spin-orbit coupling,SOC)导致表面能态劈裂,产生了与体材料不同的性质 [14]。

6.1.3 Bi 的生长行为

1998 年,Yang 等人在单晶 Bi 薄膜中发现了巨磁阻作用 [363],推动了 Bi 薄膜在自旋电子器件领域的应用。Bi 的低维纳米结构与体材之间性能存在巨大差异,针对 Bi 的低维材料的生长研究成为了热门。不同衬底表面 Bi 的生长行为研究有很多,早年间,由于半导体 Si 基材料在工业生产中的成熟应用,国内外学者对 Si 衬底表面 Bi 的生长行为开展了较多研究。Nagao 等人在室温下于 Si(111)衬底表面制备了高质量的 Bi(111)薄膜,揭示了 Bi 在 Si(111)衬底表面的生长演变过程,沉积至衬底表面的 Bi 首先形成了无规则的润湿层,在 Bi/Si 润湿层上外延生长,随着 Bi 覆盖度的增加,薄膜的结构发生了从 Bi(110)向 Bi(111)的结构转变 [364-366]。Jnawali 等人研究了 Bi 在 Si(001)衬底的低维生长,尽管存在较大的失配度与不同的晶格对称性,仍可以在 Si(001)衬底上获得近乎平整、无缺陷的 Bi 膜 [367]。Sharma 等人对 Bi 在准晶表面的生长行为进行研究,发现了 Bi 纳米晶(100)的表面生长取向与金属岛 4 个原子层的选择生长高度 [368,369]。重金属 Bi 与贵金属 Ag、Cu 的表面合金化可引起表面态的自旋劈裂 [370],对于 Bi 在 Ag(111)、Cu(111)表面的生长行为研究也有很多 [371]。此外,由于高定向热解石墨(highly oriented pyrolytic graphite,HOPG)的平整表面以及与金属原子之间的弱相互作用,相应的原子迁移率较高,也被研究人员们大量使用作为生长衬底对 Bi 进行生长扩散进程的探究 [372]。近年来,由于石墨烯二维材料的出现,在其表面 Bi 的生长研究也引起了人们的关注 [373]。

6.2 温度与时间对 Bi 生长形貌的影响

6.2.1 温度与时间对 SiC $\sqrt{3}$ 重构表面 Bi 生长形貌的影响

图 6-5 为不同沉积温度下在 SiC $\sqrt{3}$ 重构表面沉积 Bi 的形貌,沉积时间为 3 min,根据 Bi 在真空中的饱和蒸气压,将沉积温度分别设定为 200 ℃、300 ℃、380 ℃、420 ℃。当沉积温度过低时,受热挥发的 Bi 含量较少,如图 6-5(a)中白色圆形虚线选中区域,仅有少量的 Bi 沉积至衬底表面,呈点状分布;当 Bi 的沉积温度升高时,Bi 的覆盖度大幅度提高,在 $\sqrt{3}$ 重构表面呈团簇状,紧密堆积在整个衬底表面。以 380 ℃ 为固定沉积温度探究沉积时间对 Bi 生长行为的影响,沉积时间分别选取 3 min、9 min。其结果如图 6-6 所示,团簇的尺寸随 Bi 覆盖度的增加而增大。

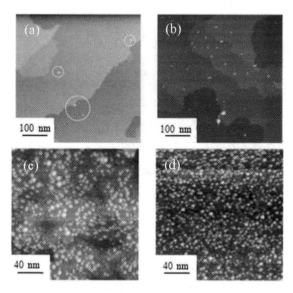

图 6-5　SiC 重构表面不同金属沉积温度 Bi 的生长形貌:(a)200 ℃,3 min,(b)300 ℃ 3 min,(c)380 ℃ 3 min,(d)420 ℃ 3 min

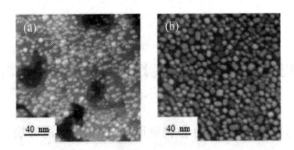

图 6-6   SiC 重构表面不同沉积时间 Bi 的生长形貌:(a)380 ℃,3 min,

(b)380 ℃ 9 min

实际上,沉积温度直接影响着 Bi 的蒸发速率,沉积时间决定了 Bi 的沉积总量。针对 SiC $\sqrt{3}$ 重构表面 Bi 的生长形貌分析发现,Bi 的生长并不因为蒸发速率的变化或覆盖度的增加而生长成平整的岛状或薄膜,以金属团簇的形式分布于衬底表面,主要是 $\sqrt{3}$ 重构表面悬挂键过多,扩散势垒较高,Bi 沉积后难以在衬底表面扩散造成的。

6.2.2 温度与时间对 SiC 6×6 重构表面 Bi 生长形貌的影响

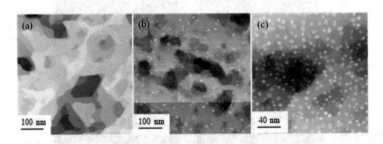

图 6-7   SiC 6×6 重构表面不同金属沉积温度 Bi 的生长形貌:(a)300 ℃

3 min,(b)340 ℃ 3 min,(c)380 ℃ 3 min

缓冲层的 6×6 结构是 SiC 表面石墨化的第一步。在后续过程中,C 原子在表面的 Si 悬挂键处形核,以 6×6 为模板,石墨烯在其表面形核生长。由于石墨稀是以单晶作为衬底外延生长,故衬底的物理性质大大影响外延石墨稀的特性,尤其是衬底和石墨烯之间的缓冲层结构。在不同沉积温度条件下 SiC 6×6 重构表面 Bi 的生长形貌如图 6-7 所示。固定 Bi 的沉积时间为 3 min,沉积温度为 300 ℃、340 ℃、380 ℃。当沉积温度较低时,生长形貌与 $\sqrt{3}$ 重构表面的结果相似,而当沉积温度为

380 ℃时,如图 6-7（c）,衬底表面出现了较为平整的小型 Bi 岛。

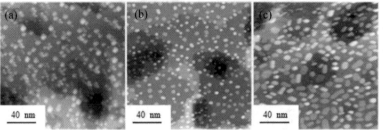

图 6-8　SiC 6×6 重构表面不同金属沉积时间 Bi 的生长形貌:（a）380 ℃
1 min,（b）380 ℃　3 min,（c）380 ℃　9 min

以 380 ℃为固定沉积温度,沉积时间分别选为 1 min、3 min 和 9 min。如图 3-4 所示,随着沉积时间的延长,衬底表面出现均匀分布的 Bi 岛且金属岛尺寸随着 Bi 覆盖度的增加而增大,与 $\sqrt{3}$ 重构表面的金属生长行为不同。

6.3　$\sqrt{3}$ 重构与 6×6 重构共存时 Bi 的生长与表征

在 Si 束流中 1130 ℃热解 SiC 得到了 $\sqrt{3}$ 重构与 6×6 重构共存的衬底,如图 6-9 所示。在 $\sqrt{3}$ 重构表面大的台阶边缘出现了 6×6 重构,图中用白色实线圈出,是由 $\sqrt{3}$ 重构直接转化而来,图 6-9（d）对应图 6-9（c）中绿色正方形区域,是台阶下方的放大图像,可以清晰分辨出上下两部分形貌的差异。

图 6-10 是 $\sqrt{3}$ 重构与 6×6 重构共存区域沉积 Bi 之后的 STM 图片,Bi 岛形貌有明显差异,此时虽然衬底表面已经完全被 Bi 所覆盖,仍旧可以看到 SiC 的原始台阶,且两种形貌 Bi 岛的分布与界限区分与图 6-9（a）中两种衬底之间的界限相同,6×6 重构区域 Bi 岛的生长形貌呈片状,厚度在 6~7 个原子层;而在 $\sqrt{3}$ 重构区域 Bi 的生长形貌呈团簇状,且各金属团簇之间高度差别较大,与之前两种衬底表面 Bi 的生长形貌相吻合,两者之间的结构差异导致了此结果。

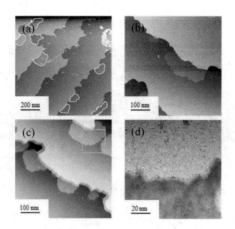

图 6-9　重构共存区的 STM 形貌：(a) 1 μm × 1 μm，(b) 500 nm × 500 nm，
(c) 500 nm × 500 nm，(d) 100 nm × 100 nm

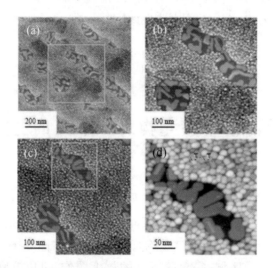

图 6-10　重构共存区域沉积 Bi 后的 STM 形貌：(a) 1 μm × 1 μm，(b) 500
nm × 500 nm，(c) 500 nm × 500 nm，(d) 200 nm × 200 nm

$\sqrt{3}$ 重构的结构周期由具有四面体结构的 Si 团簇组成，每个 Si 团簇包含 4 个 Si 原子，其中 3 个 Si 原子来自于 SiC。6 × 6 重构出现于 $\sqrt{3}$ 重构之后，在 SiC 热解的后续过程中，留在 $\sqrt{3}$ 重构表面的 Si 原子组成较大周期的团簇，团簇与团簇之间形成了 6 × 6 结构[116]。$\sqrt{3}$ 重构表面的悬挂键多于 6 × 6 重构区域，故 Bi 原子更容易在 $\sqrt{3}$ 重构表面形核、生长且由于扩散势垒较高，Bi 原子沉积后难以在衬底表面扩散，更倾向于

三维生长,因此使得两个区域的 Bi 岛形貌截然不同。

6.3.1 生长形貌

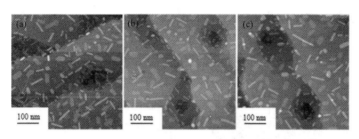

图 6-11 6×6 重构表面沉积 Bi 后的 STM 图:(a)500 nm×500 nm,
(b)500 nm×500 nm,(c)500 nm×500 nm

实验制备出表面平整的 SiC 6×6 衬底,控制 Bi 的沉积温度与沉积时间分别为 380 ℃和 9 min,在平整 6×6 重构表面进行 Bi 的生长并对其生长形貌进行表征。图 6-11 为衬底沉积 Bi 后的 STM 图,并未在其表面发现 SiC 的其他类型结构,但却存在两种形貌的 Bi 岛,长宽比较大的条带状 Bi 岛与长宽比相近的片状 Bi 岛,它们在衬底表面的分布较为均匀。

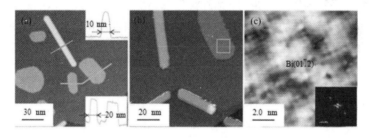

图 6-12 平整 SiC 表面片状 Bi 岛的微观结构:(a)150 nm×150 nm,
(b)100 nm×100 nm,(c)10 nm×10 nm

实验利用 STM 对两种形貌 Bi 岛的结构进行了表征,如图 6-12 所示。由于条带状 Bi 岛的长宽比较大,外形细长,金属岛宽度大多在 10 nm 左右,扫描过程中受限于 Bi 岛的有限宽度,无法辨别条带状 Bi 岛的原子结构;片状 Bi 岛宽度在 20~40 nm 之间,当 STM 扫描区域设定为 10 nm×10 nm 时得到了金属岛表面的微观形貌,如图

6-12（c）所示，根据快速傅里叶变换（FFT）处理结果，其结构与 Bi（$01\bar{1}2$）晶面参数吻合，Bi 岛以平行于 SiC（0001）晶面的（$01\bar{1}2$）晶面生长。

6.3.2 Bi 岛的高度变化

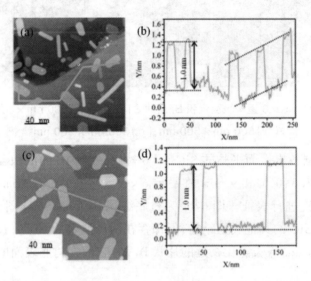

图 6–13　平整 SiC 6×6 重构表面片状 Bi 岛高度统计：（a）片状 Bi 岛区域，（b）图（a）中折线处对应的轮廓线，（c）片状 Bi 岛区域，（d）图（c）中折线处对应的轮廓线

如图 6-11（c），STM 图片的衬度一定程度上反映了被测样品表面的高低变化，高处更亮，低处更暗，对平整 SiC 6×6 重构表面 Bi 的生长形貌分析中发现同种类型金属岛的衬度相同。如图 6-13（a）、（c），在 200 nm×200 nm 的 STM 图片中可以观察到条带状 Bi 岛在同一区域的衬底表面的亮度明显大于片状 Bi 岛。

图 6-13（b）、（d）分别对应图 6-13（a）、（c）中橙色折线处的轮廓图，片状 Bi 岛的高度在 1.0 nm 左右，由于块体 Bi 的层间距为 0.34 nm[374]，片状 Bi 岛的厚度约为 3 ML（ML, monolayer）。其他区域的片状金属岛高度与此相近。图 6-14 是条带状 Bi 岛的高度统计，图 6-14（b）、（d）分别对应图 6-14（a）、（c）中绿色折线处的轮廓图，其高度在 2.1 nm 左右。

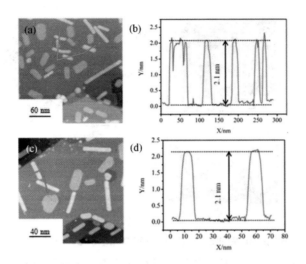

图 6-14　平整 SiC 6×6 重构表面条带状 Bi 岛高度统计:(a)条带状 Bi 岛区域,
(b)图(a)中折线处对应的轮廓线,(c)条带状 Bi 岛区域,(d)图(c)中折线处对
应的轮廓线

　　实验利用 STS 谱,对两种形貌 Bi 岛的电子态信息进行了分析。由于 STS 谱的精准度很大程度依赖于针尖的状态和环境的稳定性,实验前进行了一系列准备工作,确保系统在 77 K、针尖稳定扫图 5 h 以上、可以得到具有原子分辨的形貌图后,选中图 6-15（a）所示区域,分别对衬底（substrate,S）、片状 Bi 岛（flake,F）、条带状 Bi 岛（ribbon,R）进行大量选点做谱。实验通过锁相放大技术获得 dI/dV 谱,针尖的电压设定为 500 mV。图 6-15（b）和（c）分别对应条带状 Bi 岛与片状 Bi 岛表面的 STS 谱,谱线的重复性很高,说明了结果的真实可靠性。

　　图 6-15（d）是衬底、片状 Bi 岛、条带状 Bi 岛的 dI/dV 曲线。可以看出,两种形貌的 Bi 岛均呈现金属性。条带状 Bi 岛的 dI/dV 谱出现了 3 个特征峰 A、B、C,分别对应 −1.0 eV、−0.74 eV、0.73 eV。A 峰与 C 峰的出现与 Bi 岛最顶层原子的电子态相关,B 峰则包含了纳米结构内部的电子态信息 [375]。在黑磷中,层间原子以 s-p 杂化方式形成共价键,其强烈作用导致黑磷电子结构中出现了带隙,呈现半导体特性;而 Bi 原子之间以金属键键合,层间原子对电子态的影响不突出,对于块体 Bi 来讲,层间原子的配对所产生的带隙被三方晶系的剪切变形作用抵消,仍然保持金属特性 [376];相似的,Bi 纳米结构中由于层间屈曲导致的应变与应力作用强烈 [377],体系同样呈现出金属性。

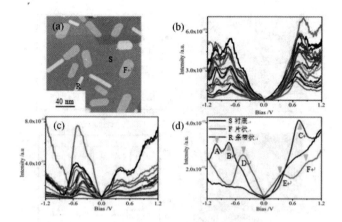

图 6-15　两种形貌 Bi 岛的 STS 谱：(a)200 nm × 200 nm，(b)条带状 Bi 岛的 STS 谱，(c)片状 Bi 岛的 STS 谱，(d)衬底与两种形貌 Bi 岛的 STS 谱

相较于条带状 Bi 岛在费米能级附近的宽化，片状 Bi 岛的 dI/dV 谱在费米能级处更为尖锐，导电性增强，其 dI/dV 谱出现了 3 个特征峰 D、E、F，分别对应 –0.43 eV、0.40 eV、0.93 eV，其峰位向右偏移，这是由于衬底与 Bi 原子之间的电荷转移引起的，E 锋对应纳米结构内部电子态信息，比前者更为明显，这主要是两种形貌 Bi 岛之间的高度差异所造成的。

6.4　小结

（1）采用 STM 对 6H-SiC 重构表面 Bi 的生长行为进行分析。当覆盖度较低时，Bi 在 $\sqrt{3}$ 重构表面呈点状分布；当覆盖度较大时则呈团簇状分布，这主要是由于 $\sqrt{3}$ 重构表面悬挂键多，扩散势垒高，Bi 沉积后难以在衬底表面扩散。$\sqrt{3}$ 重构与 6×6 重构的共存衬底沉积 Bi 后形貌差别明显，主要是由于 6×6 重构表面悬挂键少于 $\sqrt{3}$ 重构。

（2）针对 Bi 在平整 SiC 6×6 重构表面的生长研究表明，当覆盖度较小时，Bi 在其表面的生长形貌与 $\sqrt{3}$ 重构表面 Bi 的生长结果类似，而随着覆盖度增加，衬底表面出现了条带状与片状共存的 Bi 岛，且均匀分布在衬底表面,呈现二维生长模式。

（3）对两种不同高度 Bi 岛进行 STS 谱分析,结果均呈现金属性,相较于条带状 Bi 岛在费米能级附近的宽化,片状 Bi 岛的 dI/dV 谱在费米能级处更为尖锐,导电性增强。

7

石墨烯表面金属 Bi 原子的生长及特征

目前针对石墨烯表面 Bi 的生长研究尚不全面，Bi 生长形貌的影响因素以及金属岛在衬底表面的生长机制仍有待研究。本书利用 MBE 在外延石墨烯表面沉积 Bi，在低温条件下采用 STM 对样品进行原位表征。本章首先探索了外延石墨烯表面 Bi 的生长工艺，探究了时间及温度对于 Bi 生长形貌的影响，揭示了 Bi 在外延石墨烯表面的生长机理以及外延石墨烯沉积 Bi 后体系电子态的变化[378]。

7.1 温度与时间对 Bi 生长形貌的影响

首先探索外延石墨烯表面 Bi 的生长工艺，在 1450 ℃时对 SiC 进行高温热解，此条件下衬底表面已经完全被外延石墨烯覆盖，选定 Bi 沉积温度分别为 340 ℃、380 ℃、420 ℃，沉积时间分别为 1 min、3 min、9 min。如表 7-1 所示，随着沉积时间的增加和沉积温度的升高，Bi 的覆盖度逐渐变大。当沉积温度为 340 ℃时，仅仅有少量的 Bi 原子蒸发，1 min 之内在石墨烯表面沉积的 Bi 覆盖度无法统计，9 min 后 Bi 的覆盖度才达到 5.05%；而当 Bi 沉积温度为 420 ℃时，仅 3 min Bi 的覆盖度便达到 20.3%，9 min 后覆盖度接近 50%。

表 7-1 Bi 覆盖度统计表

Bi 沉积温度 /℃	沉积时间		
	1 min	3 min	9 min
340	–	2.45%	5.05%
380	5.5%	8.1%	19.6%
420	11.2%	20.3%	46.9%

如图 7-1 所示，当 Bi 沉积时间较短时，即 1 min 或 3 min 时，对应图 7-1（g）、（h）、（d），Bi 岛在石墨烯表面呈点状分布；当沉积时间达到 9 min 时，出现条带状 Bi 岛；沉积温度为 420 ℃时，由于 Bi 源的蒸发速率过快，Bi 岛条带状分布特征已经不明显，甚至可以测量到十几个

原子层厚度的金属岛，且 Bi 岛之间相互接触重叠，由于 Bi 含量过多，此时 STM 扫图已经十分困难，如图 7-1（c）所示。通过对 340 ℃、380 ℃、420 ℃ 的沉积温度得到的结果统计，Bi 岛生长速率分别为 0.027 ML/min、0.130 ML/min、0.592 ML/min，如表 7-2 所示。

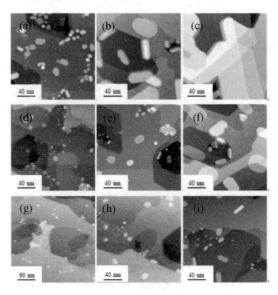

图 7-1   时间及温度对 Bi 生长形貌的影响:（a）420 ℃ 1 min,（b）420 ℃ 3 min,（c）420 ℃ 9 min,（d）380 ℃ 1 min,（e）380 ℃ 3 min,（f）380 ℃ 9 min,（g）340 ℃ 1 min,（h）340 ℃ 3 min,（i）340 ℃ 9 min

表 7-2   Bi 生长速率统计表

温度 /℃	电流 /A	3 min（ML/min）	9 min（ML/min）	平均生长速率 ML/min
340	3.70	0.028	0.025	0.027
380	3.82	0.140	0.119	0.130
420	3.97	0.569	0.615	0.592

可以看出，沉积温度越高，Bi 源流速越快，相同时间沉积至石墨烯表面的原子越多，不利于 Bi 原子的扩散。在保持沉积温度不变的条件下，对比沉积时间的影响，9 min 时石墨烯表面 Bi 原子覆盖度适中，扫图较为容易，也可以观测到 Bi 的生长特征，因此选取 380 ℃ 为 Bi 的沉积温度，9 min 作为 Bi 沉积时间进行 Bi 后续生长行为与机理的研究。

7.2　1350 ℃热解外延石墨烯表面 Bi 的生长与表征

7.2.1　生长形貌

　　1350 ℃热解外延石墨烯表面 Bi 的生长形貌如图 7-2 所示，图 7-2
（ d ）、（ e ）、（ f ）为沿绿色直线方向的轮廓线。与平整 SiC 6×6 重构表面
Bi 的生长形貌相似，在其表面也出现了条带状 Bi 岛与片状 Bi 岛。在
某些区域 Bi 岛分布较多，而另外一部分区域 Bi 岛分布很少，如图 7-2
（ g ）、（ h ）、（ i ）所示白色虚线框出部分。从衬底的轮廓线可以看出，Bi
岛分布较少的衬底表面更为光滑，Bi 岛分布较多的衬底表面较粗糙，极
有可能是 SiC 缓冲层。

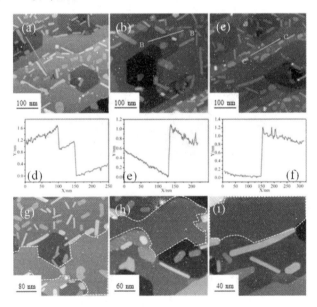

图 7-2　1350 ℃热解外延石墨烯表面 Bi 的生长形貌：(a)500 nm×500 nm，
(b)500 nm×500 nm，(c)500 nm×500 nm，(d)图(a)中直线对应轮廓线，
(e)图(b)中直线对应轮廓线，(f)图(c)中直线对应轮廓线，(g)400 nm×400 nm，
(h)300 nm×300 nm，(i)200 nm×200 nm

7.2.2 选择性生长特征

　　对样品微区结构分析发现，Bi 岛分布较少的衬底表面结构为石墨烯，如图 7-3（a），选择绿色方形区域进行微观表征，得到图 7-3（b），是单层石墨烯的原子分辨图像；图 7-3（d）对应图 7-3（c）中 Bi 岛分布较多的衬底表面绿色方形区域，是缓冲层 6×6 结构。结合 Bi 在衬底表面的宏观生长形貌与两个区域的轮廓线可知，1350 ℃热解外延石墨烯表面的 Bi 呈现选择性生长特征，更倾向于在缓冲层表面形核和生长。

图 7-3　1350 ℃热解外延石墨烯表面 Bi 的选择性生长：（a）衬底表面 Bi 的微区形貌，（b）石墨烯原子分辨图像，（c）衬底表面 Bi 的微区形貌，（d）缓冲层原子分辨图像

　　根据热解 SiC 表面石墨化进程，以 1250 ℃、1300 ℃、1350 ℃及 1400 ℃分别为衬底热解温度进行 Bi 生长行为的研究，由于台阶边缘缺陷较多，热解过程中 Si 原子更容易从台阶边缘脱离，C 原子重构形成石墨烯，当退火温度从 1250 ℃升高到 1400 ℃时，伴随着台阶的裂解与重新形成，衬底表面结构发生了 6×6 重构、缓冲层／石墨烯、单层石墨烯、多层石墨烯的转变。

保持 Bi 的沉积温度为 380 ℃,沉积时间为 9 min,衬底表面沉积 Bi 的 STM 图像如图 7-4 所示。随着 SiC 热解温度的升高,石墨烯的覆盖度增加, Bi 岛在衬底表面的覆盖度减小,从 32.33% 降至 24.8%;而 Bi 岛的平均尺寸增大,从 251.6 nm² 增大到 701.3 nm²。此现象与 Pb 在外延石墨烯表面的生长十分类似,第一性原理计算说明 Pb 在 SiC 表面的扩散势垒高于在石墨烯表面的扩散势垒,原因在于 SiC 表面存在的大量悬挂键以及孔洞等缺陷致使 Pb 原子更容易在其表面形核生长[379]。所以随着退火温度的升高,衬底表面 SiC 含量的减少, Bi 的覆盖度降低。而 Bi 岛的平均尺寸增大则是由于石墨烯表面较低的扩散势垒导致 Bi 原子容易在已形核金属岛上聚集造成的。此现象与 1350 ℃ 热解外延石墨烯表面 Bi 的选择性生长特征相吻合。

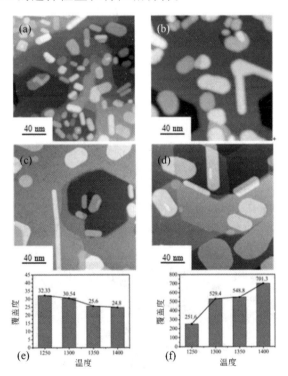

图 7-4　Bi 的覆盖度与平均尺寸随 SiC 热解温度的变化:(a)1250 ℃,
(b)1300 ℃,(c)1350 ℃,(d)1400 ℃,(e)Bi 覆盖度随 SiC 热解温度的变化,
(f)Bi 岛平均尺寸随 SiC 热解温度的变化

7.3   1450 ℃热解外延石墨烯表面 Bi 的生长与表征

7.3.1 生长形貌

　　1450 ℃热解外延石墨烯表面沉积 Bi 后的 STM 图像如图 7-5 所示。在氩气保护下衬底表面的 Bi 生长成长宽比极大的条带状 Bi 岛,个别 Bi 岛的长度甚至接近 300 nm,此时仅存在少量的片状 Bi 岛。与 1350 ℃ 热解外延石墨烯表面 Bi 的生长形貌不同,热解温度为 1450 ℃时,SiC 衬底表面全部转化为外延石墨烯,氩气的引入增大了真空环境的压力,减缓了 Si 原子的蒸发速率,为后续 C 原子的扩散与形核提供了充足的时间,因此石墨烯表面的孔洞及缺陷较少,Bi 生长为长条状金属岛的几率更大;前者由于衬底表面仍存在 SiC 缓冲层,SiC 裂解后重新形成过程不完整,周边存在大量孔洞与缺陷,边界阻碍作用明显,Bi 依附于台阶或者缺陷生长,不能形成长度宽比极大的 Bi 岛。

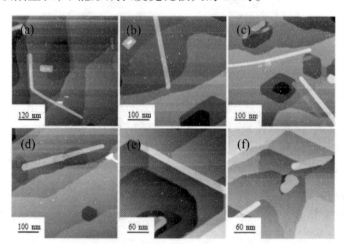

图 7-5   1450 ℃热解外延石墨烯表面 Bi 的生长形貌:(a)600 nm × 600 nm,
(b)500 nm × 500 nm,(c)500 nm × 500 nm,(d)500 nm × 500 nm,
(e)300 nm × 300 nm,(f)300 nm × 300 nm

7.3.2 相连 Bi 岛之间的几何关系

随着外延石墨烯表面 Bi 原子的沉积、扩散、形核、生长，相邻区域的 Bi 岛不断长大，并产生了岛间接合，STM 表征结果显示，相连金属岛之间存在一定的角度关系，如图 7-6（a）中三个金属岛相互平行，在图 7-6（b）中，两个条带状 Bi 岛之间的夹角约为 60°，图 7-6（c）中两个金属岛之间的夹角约为 89°。

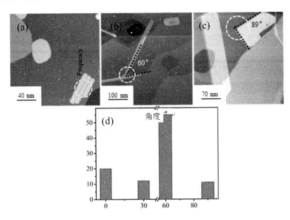

图 7-6　相连 Bi 岛之间的几何关系：（a）0°，（b）60°，（c）90°，（d）角度统计图

大量相连 Bi 岛之间的角度统计结果如图 7-6（d）所示，相连 Bi 岛之间的夹角集中在 0°、30°、60°、90°。其中，角度集中在 60° 的金属岛出现频率高达 55 次，其次是 0°，出现频率为 20 次，30° 与 90° 角度关系的 Bi 岛出现频率相对较少，分别为 12 次和 11 次，此外，在 40° 的角度范围内存在极少量的相连 Bi 岛，可将其忽略不计。此现象与 Bi 在外延石墨烯表面的生长机制有关。

7.4　外延石墨烯表面 Bi 的生长机理

7.4.1 生长取向特征

外延石墨烯表面出现了条带状 Bi 岛与块状 Bi 岛，为了探究两种形

貌 Bi 岛之间是否存在结构差异,对其微观形貌进行了表征。图 7-7(a)
为条带状 Bi 岛的宏观形貌,图 7-7(b)、(c)分别对应图 7-7(a)中字母 b、
c 所指代白色方形与绿色方形区域。测量时需要用 STM 针尖对样品表
面进行反复扫描,扫描区域的变换并未改变针尖的扫描角度,仅从石墨
烯衬底表面平移至 Bi 岛表面。结果表明,条带状 Bi 岛的生长方向与石
墨烯衬底的 <11$\bar{2}$0> 方向一致。图 7-7(d)对应为条带状 Bi 岛的 FFT 图,
其表面晶格参数如图所示,与 Bi(01$\bar{1}$2)晶面的参数相吻合,故在外延
石墨烯表面条带状 Bi 岛以平行于衬底的(01$\bar{1}$2)晶面生长。

　　图 7-8(a)为片状 Bi 岛的宏观形貌,对绿色方形与白色方形区域
进行放大扫描,得到石墨烯衬底与块状 Bi 岛的原子分辨图像,结合图
7-8(d)的 FFT 测量结果发现,片状 Bi 岛的暴露晶面同样是 Bi(01$\bar{1}$2)
晶面,生长方向同石墨烯扶手椅方向平行。因此可以确定两种不同形
貌的 Bi 岛具有相同结构。Bi(01$\bar{1}$2)晶面与 Bi(0001)晶面是 Bi 常
见的低指数晶面,当纳米结构的厚度较薄时,(01$\bar{1}$2)晶面的内聚能高
于(0001)晶面[364],一个单层 Bi(01$\bar{1}$2)晶面的 Bi 原子密度约为 9.3
atom/ nm²,略大于 Bi(0001)晶面的原子密度(约为 8.1 atom/ nm²)[374]。
因此,Bi 岛以(01$\bar{1}$2)晶面优先生长。

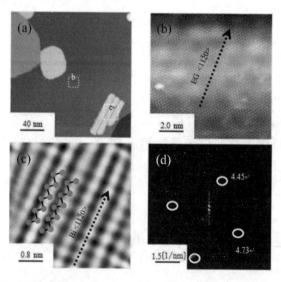

图 7-7　条带状 Bi 岛的结构表征:(a)条带状 Bi 岛所在区域,(b)衬底石墨烯的
原子分辨图,(c)条带状 Bi 岛的微观结构,(d)条带状 Bi 岛 FFT 图

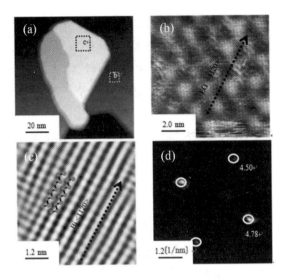

图 7-8　片状 Bi 岛的结构表征：(a)片状 Bi 岛所在区域，(b)衬底的原子分辨图，(c)片状 Bi 岛的微观结构，(d)片状 Bi 岛 FFT 图

　　在 Bi（01$\bar{1}$2）晶面的原胞中包含了两个 Bi 原子与一个悬挂键，Bi 原子以双层形式分布排列，但双层中两个原子之间的垂直距离仅有 0.2 Å，故可以将 Bi 的双层原子结构视为一个准层状结构（a single puckered layer）。如图 7-9 为 Bi（01$\bar{1}$2）低指数晶面结构，沿 <11$\bar{2}$0> 晶向，长链上的 Bi 原子以共价键方式成键，在图中用黑色实线表示，其间相互作用较强；链间则是范德华键，用黑色虚线表示。因此，在外延石墨烯表面的扩散过程中，Bi 原子更倾向于与长链末端的原子结合形成共价键，<11$\bar{2}$0> 晶向成为 Bi 岛生长最快的方向，出现在外延石墨烯表面的 Bi 岛多呈长条状。

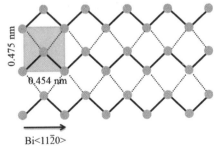

图 7-9　Bi（01$\bar{1}$2）低指数晶面结构

　　在同一衬底表面出现了结构相同、形貌不同的两种 Bi 岛，此现象与

金属的沉积速率有关。研究表明，当 Bi 沉积速率较小时，Bi 岛呈长条状，而当 Bi 沉积速率较大时，Bi 岛呈片状。Bi 束流流速的减小为原子克服边界势垒扩散提供了更长的时间，而束流流速增大导致新的 Bi 原子沉积至衬底表面的速度增大，原有 Bi 原子来不及扩散便被已存在的 Bi 岛俘获。

根据 Bi 在 HOPG 各外延方向的失配度计算，沿 Bi<11$\bar{2}$0>//HOPG<11$\bar{2}$0> 方向的失配度为 -7.7%，小于 Bi<11$\bar{2}$0>//HOPG<10$\bar{1}$0> 方向的失配度（+11.5%）[380]。在 HOPG 表面 Bi 的生长结果显示，Bi<11$\bar{2}$0> 方向优先平行于 HOPG<10$\bar{1}$0> 晶向生长[372,381]。如图 7-10 为 Bi 在外延石墨烯表面的原子排列模拟图，本实验中，Bi<11$\bar{2}$0>//EG<11$\bar{2}$0>，两者之间的晶格畸变能较小，与失配度结果相符。外延石墨烯表面与 HOPG 表面 Bi 的取向差异可能是 SiC 缓冲层存在凸起和凹陷，导致外延石墨烯发生轻微 n 型掺杂及不同的相互作用。当相连金属岛之间的角度为 30° 或 90° 时，Bi<11$\bar{2}$0> 晶向平行于 EG<10$\bar{1}$0> 方向，出现的频率很少，同图 7-6（d）统计的结果相符合。

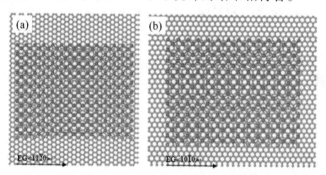

图 7-10　外延石墨烯表面 Bi 的原子排列模拟图：（a）Bi<11$\bar{2}$0>//EG<11$\bar{2}$0>
（b）Bi<11$\bar{2}$0>//EG<10$\bar{1}$0>

7.4.2 生长模式

如图 7-11 所示，Bi 岛在石墨烯台阶边缘表现为类地毯式生长模式。图 7-11（b）为图 7-11（a）中跨越台阶生长的 Bi 岛所对应的 AA' 的轮廓线，台阶下方 Bi 岛的高度约为 2.25 nm（7 ML），台阶上方 Bi 岛的高度约为 2.27 nm（2.73-0.46=2.27 nm，7 ML），Bi 岛在跨越台阶后高度突增,且台阶下方与台阶上方金属岛高度相等。

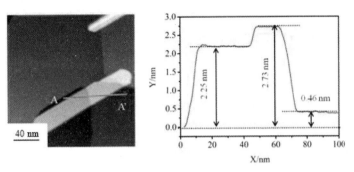

图 7-11　Bi 跨台阶生长形貌:(a)跨台阶生长的 Bi 岛的 STM 图,(b)图(a)中
AA' 轮廓线

　　图 7-12(a)是 Bi 岛跨台阶生长的三维形貌,可以看出台阶上下的金属岛分别具有原子级平坦的表面结构。图 7-12(b)给出了 Bi 跨台阶生长的模型示意图。此现象与低温下不同金属在半导体表面的二维生长模式相似,如 Pb 在 Si(111)晶面的双层生长模式,以及在外延石墨烯台阶处的类地毯式生长模式[382]。外延石墨烯表面,Bi 纳米结构的高度低于 10 nm,由于量子尺寸效应,Bi 岛的纵向生长过程受限于电子能量。此时,薄膜势阱中衬底带隙与真空势垒对电子纵向运动的约束作用明显。实验选取工艺条件下,Bi 岛厚度在数纳米范围内变化,量子尺寸效应显著,Bi 岛不断长大的过程中,垂直于外延石墨烯衬底方向的限域电子占据了分离的能级。在此条件下,相较于衬底表面扩散势垒以及 Bi 本身的内聚能等生长形貌影响因素,量子化的电子能量决定了金属岛形貌。

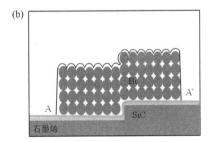

图 7-12　Bi 在外延石墨烯台阶处类地毯式生长模型:(a)Bi 跨台阶生长的 3D 图
像,(b)Bi 跨台阶生长模型图

在外延石墨烯表面,几乎 90% 以上的 Bi 岛都为长条状, Bi 岛高度的统计结果如图 7-13 所示,条带状 Bi 岛高度集中在 2.25 nm（7 ML）,最高高度不超过 2.50 nm。随着 Bi 沉积量的增多和覆盖度的增大, Bi 岛的长度与宽度逐渐增大但高度却保持不变,这与 Bi 在平整 SiC 6 × 6 重构表面的生长行为相似,反映了 Bi 岛的二维生长模式。不同于 Si 等其他衬底,石墨烯表面的相互作用较弱,金属原子之间的相互作用大于石墨烯与吸附金属之间的相互作用,往往会导致室温下金属的三维生长,然而由于层间扩散时原子近邻的配位数减小, Bi 岛边界处 Erlich-Schwoebel 型扩散势垒较高,阻止了原子在 Bi（01$\bar{1}$2）结构中从金属岛的侧面迁移至顶部[383]。

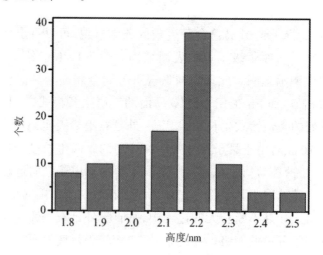

图 7-13　外延石墨烯表面条带状 Bi 岛的高度统计

在外延石墨烯表面 Bi（01$\bar{1}$2）晶面的二维生长模式除了与 ES 势垒相关之外,还与本身的结构有关,（01$\bar{1}$2）晶面的暴露会破坏共价键,导致表面 50% 的原子带有悬挂键[384],而通过层间原子的结合可以使悬挂键饱和,从能量角度考察体系优先选取此种方式生长。如图 7-14 所示,部分大的 Bi 岛表面出现了极细的条带状 Bi 岛,且小岛的生长取向平行于下方 Bi 岛,即与 Bi<11$\bar{2}$0> 方向平行,对应图中圆形虚线所选区域,类似于"岛上岛"结构,图 7-14（c）在条带状 Bi 岛与片状 Bi 岛表面均出现了长宽比较大、细长的金属岛。

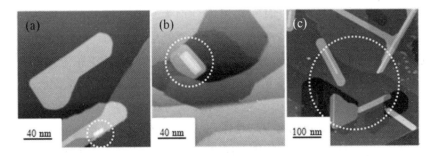

图 7-14　Bi 的叠层生长现象：(a) 200 nm × 200 nm，(b) 200 nm × 200 nm，
(c) 500 nm × 500 nm

如图 7-15（a）所示，绿色圆形所选区域是已经形核的 Bi 岛，其表面与之前观测到的金属岛光滑表面不同，存在一些亮点，此现象与后来沉积的 Bi 原子有关。图 7-15（b）对应图 7-15（a）的三维图像，可以看到更加明显的 Bi 颗粒，对应 Bi 叠层生长的初始阶段；Bi 在衬底表面的生长过程中，后续沉积至金属岛上的 Bi 原子在其表面扩散形核，沿着 <1120> 晶向优先生长延伸，形成了小的棒状 Bi 岛，对应 Bi 叠层生长的中期阶段，如图 7-15（c）所示；最终，当新的条带状 Bi 岛的长度达到下方金属岛的边界时上端 Bi 岛便停止纵向生长，如图 7-15（e）。

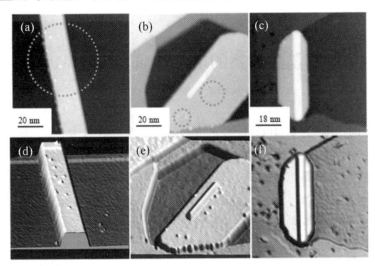

图 7-15　Bi 的叠层生长进程：(a) 初始阶段，(c) 中期阶段，(e) 后期阶段，(b)
图 (a) 的三维图像，(d) 图 (c) 的三维图像，(f) 图 (e) 的三维图像

以上现象均是在生长时间与温度分别为 9 min 和 380 ℃ 的条件下所得样品表面观测到的,为探究当 Bi 覆盖度大大增加后"岛上岛"的形貌变化,开展了两组对比实验。在对比实验中,将 Bi 的沉积温度提升到 450 ℃,沉积时间分别设定为 6 min 和 9 min,结果如图 7-16 所示,此时沉积时间对 Bi 的生长形貌影响不大,沉积为 6 min 和 9 min 的 Bi 的生长形貌相似,其覆盖度分别为 7 ML 与 9 ML,在 500 nm × 500 nm 衬底区域观察到大量相连的长条状金属岛,并且金属岛之间发生了叠层。

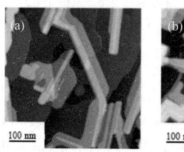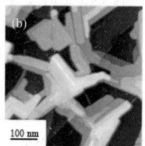

图 7-16 大覆盖度的 Bi 在石墨烯表面的叠层生长:(a)450 ℃,6 min,
(b)450 ℃,9 min

7.5 Bi/ 石墨烯体系的电学性质

不同于 Bi 在 HOPG 上的光滑边缘,外延石墨烯表面的 Bi 岛边缘结构存在特殊性。如图 7-17(b)是图 7-17(a)绿色方形区域 Bi 岛的放大图像,隐约可以观察到白色虚线矩形区域的晶格与中心位置晶格不同,此处对应图 7-17(a)中绿色方形左侧,即 Bi 岛的边缘部分。在其他 Bi 岛的原子分辨图像中,发现边界晶格与中心晶格存在明显差异,图 7-17(d)是图 7-17(c)中绿色方形区域 Bi 岛的放大图像,Bi 岛右下方的晶格明显大于左上方的晶格。分析发现,沿 Bi(01$\bar{1}$2)纳米结构边缘产生了边界效应,Bi 岛边界的褶皱导致了原子位置变化,微观上表现为沿 Bi 岛边界的晶格变化,当结构弛豫发生后,边界处仅有一个配位键的 Bi 原子向内移动,与相邻 Bi 原子形成稳定的三角结构。

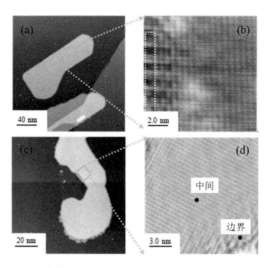

图 7-17　Bi 岛的边界效应:(a)Bi 岛的 STM 图,200 nm×200 nm,(b)图(a)中方形区域的微观结构,(c)Bi 岛的 STM 图,100 nm×100 nm,(d)图(c)中方形区域的微观结构

　　针对图 7-17(a)中 Bi 岛测量 dI/dV 谱,当得到清晰的原子分辨图像后,将偏压设定为 500 mV,在 Bi 岛表面进行大量选点做谱,结果显示其重复性较好,将多条重复测量的谱线优化拟合最终得到 Bi 岛的 dI/dV 谱,如图 7-18(a)所示。

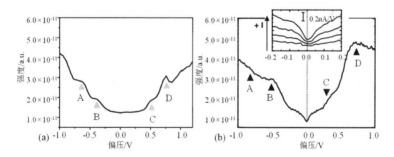

图 7-18　Bi 的 STS 谱:(a)外延石墨烯表面 Bi 岛的 STS 谱,(b)HOPG 表面 Bi 的 STS 谱

　　从外延石墨烯表面 Bi 岛的 STS 谱中可以看到 Bi(01$\bar{1}$2)结构对应的 4 个特征峰,A、B、C、D,分别对应 -0.62 eV、-0.38 eV、0.50 eV、0.76 eV,与文献中 Bi(01$\bar{1}$2)结构的能态密度分布图一致,值得注意的是在费米能级附近出现了 0.5 eV 左右的带隙,与之前研究结果不同。

例如在 HOPG 表面 4 ML 的 Bi（01$\bar{1}$2）纳米结构并未出现任何带隙（如图 7-18（b））。理论上讲，不同厚度的 Bi（01$\bar{1}$2）薄膜的能带是小到可以忽略的，而本实验中观测到的现象与 Bi 岛边缘的结构变化有关[385]。分析发现，Bi 岛边缘最外层 Bi 原子向内弛豫以饱和 Bi 端面的悬挂键，沿 Bi 岛的边界晶格发生了变化，边界应变能的释放引起了 Bi 岛的特殊电子态，导致了带隙产生。

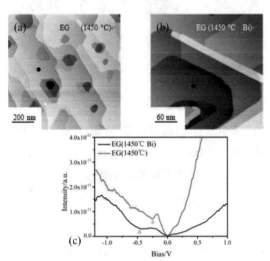

图 7-19 沉积 Bi 前后外延石墨烯的电学性质变化：(a) 沉积 Bi 前的外延石墨烯，(b) 沉积 Bi 后的外延石墨烯，(c) 沉积 Bi 前后外延石墨烯的 STS 谱

实验对沉积 Bi 前后外延石墨烯的电学性能进行了 STS 表征，结果如图 7-19 所示。图中红色谱线对应 1450 ℃热解外延石墨烯，黑色谱线对应沉积 Bi 后 1450 ℃热解外延石墨烯，石墨烯的 E_D 由 −0.28 eV 偏移至 −0.40 eV，狄拉克点逐渐远离费米能级，说明 Bi 原子与石墨烯之间发生了电荷转移，使得 Bi/ 石墨烯体系发生了 n 型掺杂。

7.6 小结

（1）在 1350 ℃热解外延石墨烯表面 Bi 的生长形貌主要呈条带状

与片状分布；由于缓冲层的存在，Bi 在此衬底上呈现选择性生长特征，优先在缓冲层区域形核、生长。1450 ℃热解外延石墨烯表面 Bi 的生长形貌以条带状金属岛为主，衬底缺陷、孔洞的减少降低了边界对 Bi 岛的生长限制。

（2）外延石墨烯表面两种形貌 Bi 岛的结构相同，Bi（$01\bar{1}2$）晶面以平行于衬底的方向生长，其生长取向为 Bi$<11\bar{2}0>$//EG$<11\bar{2}0>$。外延石墨烯表面 Bi 呈现二维生长模式，在石墨烯台阶处出现的类地毯式生长与量子尺寸效应相关；Bi 岛表面的叠层生长是金属束流原子直接沉积在已形核 Bi 岛的结果。

（3）Bi 纳米结构的边缘处发生晶格畸变与重构，促使边界应变能释放，导致 Bi 纳米结构电子态发生改变，在费米能级附近出现了 0.5 eV 的带隙。Bi 在外延石墨烯表面的吸附对体系的电子态产生了影响，外延石墨烯表现为 n 型掺杂。

8

石墨烯表面金属 Ag 原子的生长及特征

　　石墨烯表面金属的可控沉积是石墨烯与金属电极界面接触的首要问题。有大量研究工作从理论和实验两个方面系统研究在石墨烯表面金属的生长特征。石墨烯表面不存在悬挂键，SiC 缓冲层表面的 Si 原子凸起有悬挂键，必然影响邻近的石墨烯表面金属的生长特性，但当前文献几乎均忽略了 SiC 缓冲层对石墨烯区域金属生长的影响。因此，金属在石墨烯表面的生长行为不仅仅取决于其热力学参量，还有赖于 SiC 外延石墨烯的结构特征。有必要从实际生长条件和生长过程来系统深入考察外延石墨烯表面金属的生长行为及其制约因素。

8.1　金属 Ag 原子在石墨烯表面的生长

　　分子束外延法生长金属的工艺参量主要有沉积时间和蒸发温度。蒸发温度的升高意味着金属束流的增大，从而提高了金属的沉积速率。图 8-1（a）为蒸发温度为 680 ℃的 Ag 束流沉积 3 min 至外延石墨烯表面后的 STM 图像。发现 Ag 的覆盖度很小，并未形成均匀分布的金属结构，而是多聚集在孔洞边界等缺陷位置，说明在石墨烯表面 Ag 较难形核生长。图 8-1（b）是图 8-1（a）中区域再次扫描测试的结果，发现两幅图并不完全一致，蓝色和黑色圆圈区域中的部分 Ag 结构消失。说明在石墨烯表面 Ag 的吸附能非常小，在 STM 测试时其易被探针带走。对石墨表面的 Ag 颗粒进行 STM 测试时，也有类似现象发生[386]。图 8-1（c）为图 8-1（a）中部分区域的放大图像，图 8-1（d）为相应的 3D 图像。观察到在孔洞边界和平整表面处的 Ag 均呈典型的圆锥形颗粒结构，说明其在外延石墨烯表面的吸附能与内聚能的比值（E_a/E_c）较小[154]。以圆锥形颗粒的底部直径为粒径，经测量 Ag 颗粒粒径多在 3~7 nm 的范围，而其高度约为 2 nm。

　　如图 8-2（a）所示，当保持 Ag 束流的蒸发温度不变，将其沉积时间延长至 30 min 后，STM 图像中的 Ag 颗粒多呈不完整状态，表明在扫描测试中已被探针带走。图 8-2（b）为图 8-2（a）中的轮廓线，可得 Ag 颗粒的高度约为 8 nm，说明沉积时间的延长导致 Ag 颗粒高度增加。

长大的 Ag 颗粒更易被 STM 探针带走,故 STM 已较难获得其完整的形貌图像。图 8-2(c)为相应的 SEM 图像,发现 Ag 颗粒较为均匀地分布在外延石墨烯表面。图 8-2(d)为图 8-2(c)中 Ag 颗粒的粒径统计柱状图,多在 20~30 nm 的范围,计算平均粒径为 24.22 nm,说明沉积时间的延长导致 Ag 颗粒粒径增大。由此类推,若继续延长 Ag 束流的沉积时间,Ag 颗粒可在石墨烯表面形成薄膜状结构,但已无法通过 STM 测试其微结构信息。

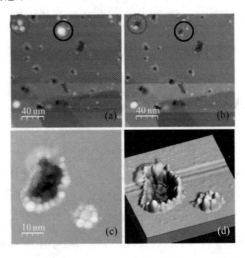

图 8-1　在外延石墨烯表面以 680 ℃ Ag 束流沉积 3 min 后的图像:(a)STM 图像,
(b)图(a)区域再次扫描的 STM 图像,(c)图(a)的放大图像,(d)3D 图像

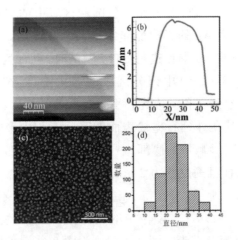

图 8-2 在外延石墨烯表面以 680 ℃ Ag 束流沉积 30 min 后的图像:(a)STM 图像,
(b)图(a)的轮廓线,(c)SEM 图像,(d)图(c)的粒径统计

8.2 金属 Ag 原子在石墨烯 /SiC 缓冲层共存表面的生长

当 Si 面 SiC 在 1250 ℃裂解时,石墨烯开始在 SiC 缓冲层上形核生长,样品呈 SiC 缓冲层与石墨烯共存的表面;随裂解温度升高,石墨烯的覆盖度逐渐增大且其层数逐渐增厚;当裂解温度升高至 1400 ℃时,表面出现微凸起或山脊结构等缺陷。故本书在 1250~1400 ℃的区间选取若干温度点,对比探究 Ag 在不同温度裂解的外延石墨烯表面的生长特性。

图 8-3 中 Ag 沉积工艺保持一致,蒸发温度和沉积时间分别为 680 ℃和 3 min,石墨烯的裂解温度分别为(a)1250 ℃、(b)1300 ℃、(c)1350 ℃和(d)1400 ℃。图 8-3(a)中大部分区域形成 Ag 颗粒的密集聚集结构;而在图 8-3(b)中,Ag 颗粒聚集的区域收缩,未存在 Ag 颗粒的区域扩张;图 8-3(c)中仅有少量区域有 Ag 颗粒聚集;图 8-3(d)与图 8-1(a)的形貌相类似,Ag 颗粒在表面未形成聚集区域,仅散落分布在孔洞边界等缺陷位置。在表面 Ag 颗粒的覆盖度随裂解温度的升高而逐渐减小,与 SiC 缓冲层所占表面比例的变化规律相一致,所以,可推测 Ag 颗粒聚集的区域为 SiC 缓冲层,而未被占据的区域为石墨烯,在图 8-3 中分别以 "SiC" 和 "G" 标明。

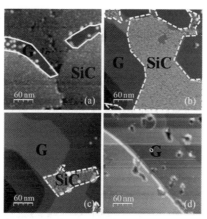

图 8-3　在不同温度裂解的外延石墨烯表面沉积 Ag 的 STM 图像:(a)1250 ℃,
(b)1300 ℃,(c)1350 ℃,(d)1400 ℃

　　从热力学角度分析,完整的石墨烯表面不存在悬挂键,不利于吸附外来原子/分子。另一方面,SiC 缓冲层以 Si 原子凸起为骨架,在外延石墨烯生长时提供悬挂键以吸引 C 原子形核,同样也可吸引 Ag 原子形核并生长成颗粒。所以,Ag 原子选择 SiC 缓冲层以形核生长,而"抛弃了"外延石墨烯,形成在共存表面的选择性生长模式。从动力学角度分析,Ag 在"光滑"的石墨烯表面的扩散势垒较小,蒸发到石墨烯区域的 Ag 原子有足够的能量扩散至 SiC 缓冲层进行形核生长。

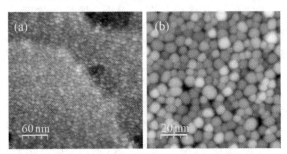

图 8-4　在 SiC 缓冲层表面沉积 Ag 的 STM 图像:(a)300 nm × 300 nm,
(b)100 nm × 100 nm

　　SiC 在 1200 ℃裂解后的表面为完全的 SiC 缓冲层结构,图 8-4(a)展示了在其表面以蒸发温度为 680 ℃的 Ag 束流沉积 3 min 后的 STM 图像,图 8-4(b)为相应的放大图像。Ag 颗粒密集且均匀分布在样品表面,说明 Ag 在 SiC 缓冲层表面易形核生长,验证了图 8-3 中 Ag 颗粒覆盖的区域的确为 SiC 缓冲层。

　　图 8-5(a)为在 1300 ℃裂解的外延石墨烯表面沉积 Ag 后的 STM 图像,Ag 束流的蒸发温度和沉积时间分别为 650 ℃和 3 min。图像被白色虚线标明的台阶分隔成两部分,右上部分分布着粒径约为 5 nm 的 Ag 颗粒,左下部分基本未存在 Ag 颗粒。图 8-5(b)为相应的 3D 图像,Ag 颗粒的倾向性分布清晰可见。图 8-5(c)为图 8-5(a)中左下部分的放大图像,显示为外延单层石墨烯的原子晶格结构。图 8-5(d)为图 8-5(a)中的轮廓线,左下部分比右上部分的表面高约 3.4 Å,与石墨烯的层间距一致,说明右上部分为 SiC 缓冲层。所以,图 8-5 成功验证了 Ag 在 SiC 缓冲层与石墨烯的共存表面的选择性生长模式。

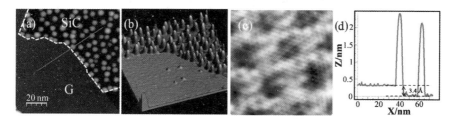

图 8-5　在 1300 ℃裂解的外延石墨烯表面沉积 Ag 的图像：（a）STM 图像，
（b）3D 图像，（c）图（a）中左下区域原子分辨像，（d）图（a）中轮廓线

如图 8-6（a）和（b）所示，当 Ag 束流的蒸发温度降低至 550 ℃时，Ag 颗粒在 SiC 缓冲层和外延石墨烯共存表面仍表现出明显的选择性生长特征。两幅图中 SiC 缓冲层与石墨烯交界处的 Ag 颗粒部分落于石墨烯表面，且其粒径比缓冲层内部 Ag 颗粒的粒径稍大，说明 Ag 在石墨烯表面的扩散势垒小于其在 SiC 缓冲层上的扩散势垒。此外，观察到交界处 Ag 颗粒的分布密度大于 SiC 缓冲层上 Ag 颗粒的密度，意味着边界位置对 Ag 的吸附能力更强于 SiC 缓冲层。

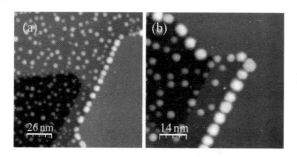

图 8-6　在 SiC 缓冲层和外延石墨烯共存表面以 550 ℃ Ag 束流沉积后的 STM
图像：（a）132 nm×136 nm，（b）68 nm×65 nm

为突出 SiC 缓冲层和外延石墨烯的交界位置在 Ag 原子形核时的作用，将 Ag 束流的蒸发温度降低至 500 ℃。如图 8-7（a）和（b）所示，表面 Ag 颗粒的数量较少，但 Ag 的沉积位置勾勒出 SiC 缓冲层区域，用黑色虚线标明。SiC 缓冲层与石墨烯交界处 Ag 颗粒的分布密度远大于 SiC 缓冲层内部 Ag 颗粒的密度，说明交界位置的确对 Ag 原子的吸附能力更强，故在沉积时 Ag 原子率先在交界位置形核生长。

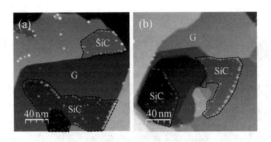

图 8-7   在 SiC 缓冲层和外延石墨烯共存表面以 500 ℃ Ag 束流沉积后的 STM 图像：（a）200 nm × 200 nm，（b）200 nm × 200 nm

由图 8-3 可知，当裂解温度为 1350 ℃时，共存表面上单个 SiC 缓冲层区域的横向尺寸已缩减至数十纳米。图 8-8（a）为粒径约几纳米的 Ag 颗粒在此共存表面生长的模型图，单层石墨烯的 C 原子用黑色圆球表示，Ag 颗粒用紫色圆锥表示，SiC（0001）衬底和 SiC 缓冲层分别用灰色和蓝色矩形块表示。Ag 颗粒选择分布在 SiC 缓冲层表面及其与石墨烯的交界处等吸附能较高的位置，说明 SiC 缓冲层的存在不利于小粒径 Ag 颗粒在石墨烯表面的生长。

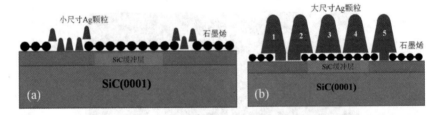

图 8-8   在 SiC 缓冲层和外延石墨烯共存表面沉积 Ag 颗粒的模型图：（a）小粒径 Ag 颗粒，（b）大粒径 Ag 颗粒

随束流沉积时间的延长，图 8-2（c）中 Ag 颗粒的粒径已增大至 24.22 nm。图 8-8（b）为粒径约几十纳米的 Ag 颗粒在共存表面生长的模型图。由于 Ag 颗粒粒径已与 SiC 缓冲层区域的横向尺寸相比拟，故存在部分 Ag 颗粒（标为 1 和 2）同时位于 SiC 缓冲层和石墨烯表面，甚至有 Ag 颗粒（标为 5）跨越了 SiC 缓冲层区域，此两种 Ag 颗粒的吸附能远高于石墨烯表面 Ag 颗粒（标为 3 和 4）的吸附能。所以，图 8-8（b）中 Ag 颗粒所组成薄膜的稳定性优于纯石墨烯表面 Ag 薄膜的稳定性。

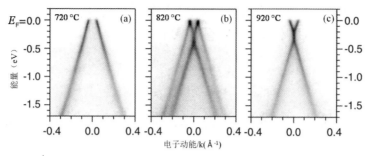

图 8-9　不同温度退火获得的 Ge 插层石墨烯的 ARPES 图像[178]

石墨烯具有独特的二维结构和优异的电学性能,但其用于晶体管沟道材料时也存在载流子浓度不高、开关比低等不足,故需调控石墨烯的结构。理论和实验研究均表明金属插层可调控石墨烯的电子结构[171,172,387-389]。第一性原理模拟计算、低能电子显微镜(Low-energy electron microscopy, LEEM)、角分辨光电子能谱、STM 图像等方式综合证明 Li 原子插入至石墨烯层且发生电子注入效应[177,390-392]。Varykhalov 等人基于角分辨光电子能谱发现,石墨烯与 Ni(111)衬底之间的 Cu 和 Ag 插层对石墨烯有电子注入效应,且使石墨烯分别打开约 180 MeV 和 320 MeV 的带隙[172]。但 STM 测试结果表明,石墨烯中 Co、Cu、Au、Na、Mn 等金属原子插层具有各异的晶格结构,且对石墨烯本征结构影响较大[171,174,175,393,394]。此外,石墨烯中金属插层的热稳定性较差。如图 8-9 所示,在 720 ℃和 920 ℃退火温度下 Ge 在石墨烯分别形成两种插层相,ARPES 图像显示其分别对石墨烯有电子注入和空穴注入效应,且在 820 ℃时两相共存[178]。

石墨烯中金属原子的掺杂亦可调控其电子结构。模拟计算结果证明,Mn、Bi、Mo 等金属原子替位 C 原子掺杂至石墨烯后发生电子注入效应[181,182,195]。Krasheninnikov 等人模拟计算发现,多种金属原子替位掺杂至石墨烯后均与邻近的 C 原子形成共价键,形成能高且石墨烯晶格变形小[180]。但实验方面的相关研究报道非常少。离子注入容易在石墨烯中产生大量缺陷[183,184]。浙江大学王宏涛课题组以高能粒子轰击石墨烯表面生成空位点缺陷,然后沉积金属原子实现掺杂,但仍包含单、双和三原子空位等多种缺陷[176]。本章针对 SiC 外延石墨烯表面沉积有金属的样品,优化退火工艺,探索制备金属原子替位掺杂的外延石墨烯,阐述内在的形成机制,为调控石墨烯的结构和优化其在器件中的应用提供重要的技术指导。

8.3　外延石墨烯的金属 Ag 原子掺杂结构及形貌

图 8-10(a)为 Ag 沉积至外延石墨烯表面再经 1350 ℃ 退火 5 min 后的 STM 图像,以白色虚线标明的台阶为边界分为两个区域:左下侧区域的表面光洁平整,说明该区域的 Ag 原子基本全部挥发;右上侧区域的表面同样未存在 Ag 颗粒,出现细小的孔洞缺陷。图 8-10(c)和(d)为图 8-10(a)左下和右上区域的 STM 原子像,分别为单层和双层石墨烯。图 8-10(b)为图 8-10(a)中的轮廓线,高度差约为 3.3 Å,与单双层石墨烯之间的高度差相吻合[395]。双层石墨烯区域分布的孔洞平均深度约为 1.7 Å。

图 8-10(e)为图 8-10(a)中单、双层交界区域的放大图像,使用的偏压值为 +3.5 V。图 8-10(f)为采用 –2.5 V 负偏压时的 STM 图像。对比图 8-10(e)和(f)可知,在正偏压时双层石墨烯中的缺陷结构显示为凹陷的孔洞,而在负偏压时演变为凸起。从理论上分析,STM 是将样品的电子态信息反馈成形貌结构信息的测量方式[195]。STM 的针尖接地,当样品上施加正偏压时,隧穿电子从针尖流向样品。如果样品中的缺陷结构提供自由电子,隧穿电流部分受到阻碍,在恒流模式下针尖不得不更加靠近样品以达到预设的隧穿电流值,使 STM 图像中缺陷的高度低于真实情况。反之,当样品上施加负偏压时,隧穿电子从样品流向针尖。如果缺陷结构提供自由电子,隧穿电流变大,针尖必须更加远离样品以达到预设的隧穿电流值,STM 图像中缺陷的高度高于真实情况。所以,缺陷结构在图 8-10(e)和(f)中分别为凹陷和凸起。

图 8-11 显示了在不同偏压下双层石墨烯中缺陷结构的 STM 原子分辨像,缺陷位置用黑色圆圈标明。图 8-11(a)采用的偏压值为 –600 mV,缺陷呈凸面三角形;图 8-11(b)采用的偏压值为 –400 mV,缺陷演变为凹面三角形;图 8-11(c)中,偏压值为 -300 mV,缺陷变为

类三叶草的形状；如图 8-11（d）所示，当偏压值变为 –200 mV 时，三叶草图案也变得模糊了。STM 图像的右下角分别展示了缺陷结构的几何模型，可见随施加偏压绝对值的降低缺陷形貌变得越来越不明显。图 8-11（e）~（h）中采用正偏压值，分别为 400 mV、300 mV、200 mV 和 100 mV，缺陷形貌同样发生了从凸面三角形到凹面三角形的变化，再转换成清晰和模糊的类三角草形状。说明当施加正偏压时，缺陷形貌同样随偏压值的降低变得越来越不明显。理论分析发现，STM 探测到样品的电子态信息的深度随施加偏压的绝对值的增大而加深，说明小偏压时 STM 更多反映样品的表层信息，而大偏压时 STM 更多反映样品的深层信息。所以，双层石墨烯中的缺陷结构位于表层石墨烯的下方。

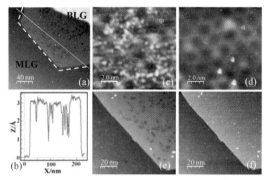

图 8–10　外延石墨烯表面沉积 Ag 再退火的 STM 图像：（a）200 nm × 200 nm,（b）图（a）轮廓线,（c）图（a）左下区域的原子分辨像,（d）图（a）右上区域的原子分辨像,（e）正偏压下图（a）中交界区域的放大图像,（f）负偏压下图（a）中交界区域的放大图像

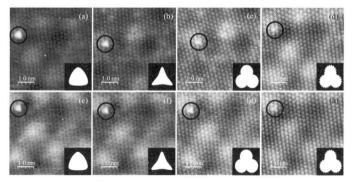

图 8–11　在不同偏压下外延石墨烯替位掺杂的 Ag 原子的 STM 原子分辨像：（a）–600 mV,（b）–400 mV,（c）–300 mV,（d）–200 mV,（e）400 mV,（f）300 mV,（g）200 mV,（h）100 mV

Ag/ 石墨烯高温退火后的缺陷结构主要有两种：C 原子缺失而出现的空位和 Ag 原子掺杂结构。在 STM 图像中缺陷结构周围未出现 $\sqrt{3} \times \sqrt{3}$ 干涉条纹[396]，排除其为 C 原子空位，推测此缺陷为形成的 Ag 原子掺杂结构。缺陷位于表层石墨烯下方，Ag 原子要么插入到双层石墨烯的上下层之间，要么取代双层石墨烯下层中的 C 原子，实现替位掺杂。第一性原理计算发现，插入到石墨烯层间的 Ag 原子不稳定，可推断 Ag 原子替位掺杂到外延双层石墨烯的下层。Mo 或 N 原子在石墨烯中替位掺杂时，STM 或 DFT 的衍生图像中也出现类三叶草的形貌结构[195,397]。

Ag（1.34 Å）比 C（0.77 Å）的原子半径大，Ag 掺杂位置石墨烯晶格隆起。采用正偏压时，STM 针尖需更加靠近缺陷位置以达到预设的隧穿电流值，所以 Ag 掺杂的位置为孔洞结构（图 8-10（e））。同时，随偏压值的减小 Ag 原子对隧穿电流的影响削弱，采用较小的正偏压时，针尖下移的距离较小，不足以抵消 Ag 原子替位掺杂所引起的凸起结构，所以 STM 图像中缺陷位置仍为凸起（图 8-11（e）~（h））。

8.4 外延石墨烯的金属 Ag 原子掺杂形成机制分析

8.4.1 掺杂结构形成机制

Ag 原子在外延石墨烯中替位掺杂的形成机制，其中 Ag、C 和 Si 原子分别用紫色、黑色和绿色圆球表示，SiC（0001）基体和 SiC 缓冲层分别用灰色和蓝色矩形块表示。Ag 在石墨烯表面的吸附能很小，沉积到外延石墨烯表面的 Ag 在缺陷处形核生长，形成 Ag 颗粒团簇。在 1350 ℃退火时，SiC 基体中的 Si 原子继续挥发，C 原子重新排布，原 SiC 缓冲层演变成新石墨烯层，在新石墨烯层的下方形成新的 SiC 缓冲层。同时，大部分 Ag 原子在高温中挥发，少部分 Ag 原子（如图中的 A 和 B 原子）从缺陷处迁移至 SiC 缓冲层，替代部分 C 原子参与到新石墨烯层的结晶过程中。因此，高温退火后，单层石墨烯演变成双层石墨烯,而 Ag 原子替位掺杂到下层石墨烯中,与周围的 C 原子相结合。Ag 原子与 C 原子以强的共价键结合,且原有的表层石墨烯起保护作用,使进入到 SiC 缓冲层的 Ag 原子不易挥发。相比之下,进入到裸露 SiC 缓冲层区域的 Ag 原子更易在退火时挥发,故很难形成 Ag 原子替位掺杂的单层石墨烯。因此,图 8-10(a)中的缺陷主要分布在双层石墨烯区域。

根据掺杂机制可合理推测在更高的退火温度下,当双层石墨烯演变成三层石墨烯或 n 层石墨烯演变成 $n+1$ 层石墨烯时,Ag 原子均可替位掺杂到最下层的石墨烯中。但 Ag 原子不能从石墨烯的网状晶格中穿过,只能通过石墨烯层的边界、孔洞等缺陷位置迁移至 SiC 缓冲层区域,参与到新一层石墨烯的形成。随石墨烯层数的增加,Ag 原子迁移至 SiC 缓冲层区域变得越来越困难,所以替位掺杂 Ag 原子的浓度随石墨烯增厚而减小。不同金属在石墨烯表面的扩散势垒存在较大差异,但在 1350 ℃的高温环境下,金属原子可获得足够的能量,使其迁移至 SiC 缓冲层进而实现掺杂。此外,模拟结果表明,多种金属替位掺杂至石墨烯的形成能较大[180],说明稳定性强。据此可认为,本书所提出的掺杂机制对不同金属存在一定的普适性,但目前有关研究仍鲜有报道,有待深入探索。

8.4.2 掺杂效应理论计算

石墨烯的原胞包含两个 C 原子,在 AB 堆垛的双层石墨烯中不等价,所以单、双层石墨烯具有不同的 STM 原子分辨像。双层石墨烯的下层 C 原子可分为:α 原子,位于顶层 C 原子的下方;β 原子,位于顶层碳六元环中心位置的下方。第一性原理的计算结果表明,Ag 原子替代 α 原子比取代 β 原子的形成能要小 0.46 eV,说明 α 位置更为稳定。图 8-12(a)和(b)分别为 Ag 原子掺杂 4×4 双层石墨烯模型的俯视图和侧视图,其中 Ag 替换 α 原子。图 8-12(c)为 Ag 原子在石墨烯层中替位后的 STM 图像,呈类三叶草形状。根据双层石墨烯的三角形周期推断出 α 和 β 原子的位置,分别用黑色和蓝色圆球表示。如图所示,Ag 原子替代 α 原子,与模拟结果吻合。

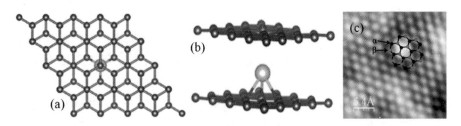

图 8-12　石墨烯替位掺杂 Ag 原子的结构模型图和 STM 原子分辨像：（a）模型俯
视图，（b）模型侧视图，（c）STM 原子分辨像

图 8-13（a）为 4×4 双层石墨烯掺杂 Ag 原子的自旋极化能带结构，红色和蓝色分别代表自旋向上和自旋向下的能带结构。自旋向下的能带中出现了 0.1 eV 的带隙，而自旋向上的能带穿过了费米能级（紫色曲线），说明体系呈半金属态。图 8-13（b）为体系的态密度及分波态密度。由于 Ag 4d 轨道和 C 2p 轨道的杂化，自旋向上的态密度在费米能级附近出现了峰值，但在自旋向下的态密度中并未出现，说明体系具有磁性。体系的总磁矩为 1.06 μ_B，其中 0.15 μ_B 源于 Ag 原子的贡献，而 0.91 μ_B 源于周围最邻近 C 原子的贡献。图 8-13（c）为体系的自旋电荷密度，主要分布在 Ag 原子周围。本征石墨烯不具有磁性，Ag 原子掺杂使石墨烯产生磁性，为石墨烯晶体管在磁存储集成电路的应用提供了有效路径。

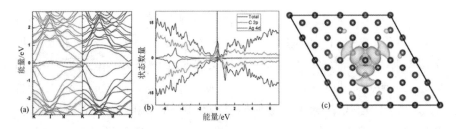

图 8-13　石墨烯替位掺杂 Ag 原子的模拟计算：（a）能带结构，（b）态密度，
（c）自旋电荷密度

8.5　本章小结

　　结果表明,在 SiC 衬底/石墨烯表面沉积 Ag 等金属原子时,由于 SiC 衬底表面大量悬挂键的存在,表面吸附能和扩散激活能均大于光滑的石墨烯表面。相比于石墨烯,金属原子更易于在 SiC 衬底上形核长大,呈现出选择性生长模式。尺寸较小且密集的金属小岛往往形成于 SiC 缓冲层,而一旦在石墨烯上形核的金属原子比较容易形成尺寸较大的金属岛。采用分子束外延法将金属沉积至 SiC 外延石墨烯表面,对比研究了金属在石墨烯及其与 SiC 缓冲层共存表面的生长行为及主控因素。本章采用退火工艺分别制备出替位掺杂的外延石墨烯,借助于扫描隧道显微镜表征其原子结构并分析形成机制,通过模拟计算考察了金属掺杂原子对石墨烯电子结构的调控作用。

　　(1)由于在石墨烯表面 Ag 的吸附能远小于 Pb,因此 Pb 在石墨烯表面稳定存在,而 Ag 多以弱的结合力聚集在孔洞边缘附近。在石墨烯表面 Ag 的吸附能与内聚能比值较小,生长成颗粒状结构。理论计算结果表明,Ag 在石墨烯表面的吸附能和扩散势垒均小于在 SiC 缓冲层表面,故 Ag 在石墨烯和 SiC 缓冲层的共存表面发生选择性生长,倾向于在 SiC 缓冲层上沉积。提示我们,吸附能和扩散势垒是影响 SiC 外延石墨烯表面金属生长行为的制约因素,优化石墨烯表面金属的生长形貌时应予以考虑。

　　(2)针对沉积有 Ag 的外延石墨烯进行 1350 ℃退火处理导致 Ag 原子替位掺杂结构,基于 STM 表征揭示了掺杂机制。发现 Ag 原子进入 SiC 缓冲层,与 C 原子以共价键结合,演变为结构稳定且晶格畸变小的新石墨烯层。模拟结果表明,Ag 原子倾向取代 α 位置的 C 原子,且 Ag 4d 轨道和 C 2p 轨道的杂化导致体系自旋向上和向下的轨道发生劈裂,产生 1.06 μ_B 的磁矩,为新型石墨烯电子器件的开发与应用提供了重要参考。

9

金属 Ag 原子与石墨烯交互作用及机制

　　根据场效应晶体管所施加栅压的正负性,石墨烯沟道分别以空穴或电子为载流子进行导电。若金属接触电极对石墨烯产生电子或空穴注入效应,将改变石墨烯晶体管载流子的浓度甚至类型,进而影响器件的电学性能。诸多文献进行了相关探究[153,398,399]。Johll 等人基于第一性原理模拟计算发现,Fe、Co 和 Ni 原子均对接触的石墨烯有电子注入效应[400]。Liu 等人计算了多种金属原子在石墨烯表面吸附后的电荷转移量,其差别较大,如 Na 为 0.52 e,而 Fe 为 1.12 e[185]。Lee 等人借助于拉曼光谱发现,在石墨烯表面沉积 Ag 或 Au 颗粒后其 2D 峰分别向低波数或高波数方向移动,说明分别发生电子或空穴注入效应[186],与理论结果一致[154]。Gierz 借助于角分辨光电子能谱发现,石墨烯表面沉积的 Bi 原子对其有空穴注入效应,且注入程度随 Bi 原子密度的增大而加深[187]。但 Huang 等人基于同步加速光电子谱发现,石墨烯表面沉积 Bi 原子后其电子结构变化不明显[167]。两者结果存在明显差异。

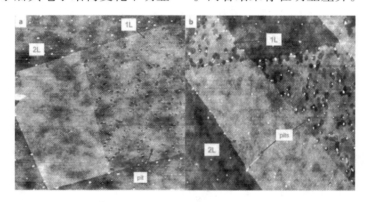

图 9-1　单层和双层石墨烯共存表面氧化刻蚀后的 AFM 图像[401]

　　从机制上分析,随裂解温度升高石墨烯逐渐增厚,而单、双及多层石墨烯具有各异的物理性质。例如,在 STM 原子分辨像中双层石墨烯呈三角形周期,而单层石墨烯呈六边形周期。如图 9-1 所示,在同样工艺下进行氧化刻蚀时,单层石墨烯的反应速度最快,双层石墨烯的反应速度高于三层石墨烯[401]。Koehler 等人发现,单层石墨烯与有机盐的反应速度远快于双层石墨烯[189]。Gierz 和 Huang 等人研究了 Bi 含量对石墨烯电子结构的影响,但未对石墨烯的层数进行精细表征,是否由于石墨烯层数变化导致结果的差异性仍亟待予以澄清。

在 STM 图像中,双层石墨烯比多层石墨烯的莫尔条纹明暗度大,但其均呈三角周期结构,较难辨别层数。拉曼光谱常用以表征石墨烯的层数 [402,403],且通过拉曼特征峰较易获取石墨烯电子结构的变化 [404]。此外,贵金属 Ag 表现独特的表面增强拉曼(SERS)效应,沉积至基底表面后显著增强其拉曼信号 [405]。所以,本章将 Ag 沉积至不同层数的外延石墨烯表面,通过分析石墨烯拉曼峰的峰强、峰形、峰位等的变化,从电子结构角度探究石墨烯与金属的界面交互作用 [406]。

9.1　外延石墨烯表面 Ag 的生长形貌

如图 9-2 中的扫描电子显微镜(SEM)图像所示,为探究 Ag 与石墨烯之间的界面交互作用,将 Ag 沉积至 SiC 在不同温度裂解后的表面,Ag 束流的蒸发温度和沉积时间均为 680 ℃和 30 min,SiC 的裂解温度分别为(a)和(b)1250 ℃、(c)和(d)1300 ℃、(e)和(f)1350 ℃、(g)和(h)1400 ℃,其中图 9-2(a)、(c)、(e)和(g)的放大倍数均为 130 000 倍,而图 9-2(b)、(d)、(f)和(h)的放大倍数均为 250 000 倍。

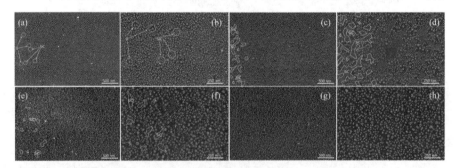

图 9-2　Si 面 SiC 在不同温度裂解后的表面沉积 Ag 的 SEM 图像:(a)1250 ℃,放大 130 000 倍,(b)1250 ℃,放大 250 000 倍,(c)1300 ℃,放大 130 000 倍,(d)1300 ℃,放大 250 000 倍,(e)1350 ℃,放大 130 000 倍,(f)1350 ℃,放大 250 000 倍,(g)1400 ℃,放大 130 000 倍,(h)1400 ℃,放大 250 000 倍

表 9-1　在不同温度裂解的外延石墨烯表面 Ag 颗粒的粒径、密度、间距等统计数据

裂解温度 /℃	石墨烯覆盖 度 /%	Ag 颗粒数 目 / 个	颗粒粒径 / nm	颗粒密度 / μm^{-2}	颗粒间距 / nm
1300	66.45	616	21.97	576.8	41.64
1350	96.33	876	23.75	565.9	42.04
1400	100.00	921	23.29	573.1	41.77

图 9-2（c）和（d）中存在两种 Ag 颗粒：一种分布较为稀疏，粒径偏大；另一种粒径较小，但密集团簇在一起，其中一些聚集区域在图中用黄色曲线标明。Ag 在石墨烯与 SiC 缓冲层的共存表面倾向于 SiC 缓冲层区域形核生长，故密集的 Ag 颗粒位于 SiC 缓冲层表面，而分布较为稀疏的 Ag 颗粒位于石墨烯表面。Ag 在石墨烯表面的扩散势垒小于其在 SiC 缓冲层上的扩散势垒，故石墨烯表面的 Ag 颗粒生长得更大。此两种颗粒也同时出现在图 9-2（e）和（f）中，但热解温度的升高使 SiC 缓冲层区域缩减，小粒径颗粒所占的比例随之减少。SiC 在 1400 ℃热解后的表面完全被石墨烯所覆盖，所以图 9-2（g）和（h）中未见小颗粒的聚集分布区域。因此，通过 Ag 颗粒的分布估算石墨烯在表面的覆盖度，数值如表 9-1 所列。图 9-2（a）和（b）中一些大颗粒和小颗粒分布的区域分别用黄色的圆圈标明，但 SiC 在 1250 ℃热解后表面的石墨烯覆盖区域太少，所以两种颗粒分布区域的界限并不明显。

如图 9-3 所示，借助于 Nanomeasure 软件，得到石墨烯表面 Ag 颗粒的粒径统计柱状图，其平均粒径分别为 21.97 nm、23.75 nm 和 23.29 nm，数值非常接近。假设 Ag 颗粒均匀分布，计算出颗粒的平均间距，分别为 41.64 nm、42.04 nm 和 41.77 nm，数值也较为接近。Zhou 等人发现，微机械剥离法制备的不同层数石墨烯表面沉积的 Ag 颗粒的粒径和分布密度也较接近，但样品经 100 ℃退火后，相对于双层石墨烯，单层石墨烯表面 Ag 颗粒的粒径更小且分布更为密集[405]。说明不同层数的石墨烯与 Ag 之间存在不同的界面交互作用，但只有给予样品适当温度的退火，Ag 颗粒方有足够动力以达到热力学平衡状态。

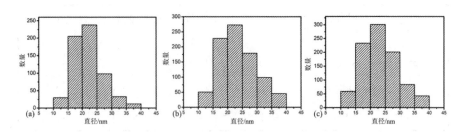

图 9-3　不同温度裂解石墨烯表面 Ag 颗粒的粒径统计柱状图：(a)1300 ℃,
(b)1350 ℃,(c)1400 ℃

9.2　Ag 对外延石墨烯拉曼光谱的增强作用

　　6H-SiC 的原胞含有 6 层 Si-C 双原子结构,其分子振动模式较多部分含有拉曼活性。图 9-4 为 Si 面 6H-SiC 拉曼光谱,一阶和二阶特征峰分别分布在 0-1000 cm^{-1} 和 1000-2000 cm^{-1} 的波数范围。表 9-2 列出了 Si 面 6H-SiC 的主要一阶拉曼特征峰的峰位、所属色散关系和振动模式 [407],其二阶拉曼特征峰中比较重要的有 1513 cm^{-1} 峰和 1716 cm^{-1} 峰。

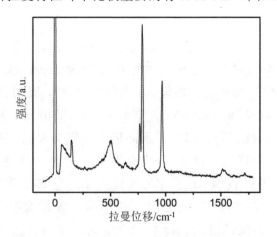

图 9-4　Si 面 6H-SiC 的拉曼光谱

表 9-2　Si 面 6H-SiC 的主要一阶拉曼峰的峰位、色散关系及振动模式 [407]

拉曼峰位 / cm⁻¹	146	262	503	765	787	967
色散关系	声学支	声学支	声学支	光学支	光学支	光学支
振动模式	E2	E2	A1	E2	E2	A1

　　Si 面 SiC 经 1250 ℃以上的高温热解后,表面生成外延石墨烯。由于石墨烯层的厚度远小于拉曼测试的深度,外延石墨烯的拉曼光谱中仍含有明显的 SiC 基体的拉曼信号。图 9-5 展示了在 1250、1300、1350 和 1400 ℃热解的外延石墨烯的拉曼光谱, SiC 晶体的拉曼光谱作为参照。图 9-5 仅显示了石墨烯拉曼峰附近 1250~1738 cm⁻¹ 和 2512~2760 cm⁻¹ 的波数范围,在 1513 cm⁻¹ 的 SiC 的二阶拉曼峰用黑色虚线框标明。外延石墨烯覆盖在 SiC 基体表面,减弱了 SiC 拉曼峰的强度,用参数 S 描述衰减程度:

$$S = I_{SiC}^{EG} / I_{SiC}^{bare} \qquad (9-1)$$

式中, I_{SiC}^{bare} 和 I_{SiC}^{EG} 分别为 SiC 基体热解生成外延石墨烯前后的拉曼光谱中 SiC 的 1513 cm⁻¹ 峰的强度值。

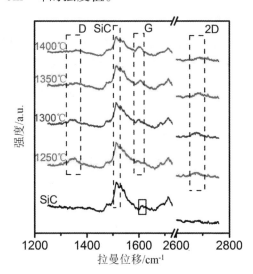

图 9-5　在不同温度裂解的外延石墨烯的拉曼光谱

图 9-6（a）展示了在不同温度裂解的外延石墨烯的 S 值，随温度升高而减小。借助于一个简单的覆盖模型公式可计算外延石墨烯的平均层数[408]：

$$t = (-\ln S/2\alpha) - 1 \qquad (9\text{-}2)$$

式中，α 为吸收常数（0.020）；"-1"用以排除 SiC 缓冲层对 SiC 拉曼信号的遮盖作用。

图 9-6（b）为在不同温度裂解的外延石墨烯的平均层数 t，随温度升高而逐渐增加，与第 3 章中 STM 的测试结果一致。外延石墨烯多为不同层数的共存结构，故 t 值均不为整数。在 1250 ℃和 1300 ℃裂解的外延石墨烯的平均层数分别为 0.44 和 0.87，数值均小于 1，表明在样品表面 SiC 缓冲层和石墨烯共存。在 1350 ℃和 1400 ℃裂解的外延石墨烯的平均层数分别为 3.84 和 5.34，说明其为多层石墨烯。

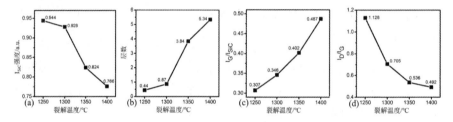

图 9-6　在不同温度裂解的外延石墨烯的层数和拉曼峰的强度比值：（a）SiC 的 1513 cm⁻¹ 峰的衰减比值，（b）外延石墨烯的平均层数，（c）G 峰与 SiC 的 1513 cm⁻¹ 峰的强度比值，（d）D 峰与 G 峰的强度比值

图 9-5 标明了石墨烯的主要拉曼峰，G 峰、D 峰和 2D 峰。外延石墨烯的 G 峰来自于 sp^2 杂化的 C-C 键在面内的振动模式，峰位在 1590 cm⁻¹ 附近[409]。图 9-6（c）展示了经过 SiC 的 1513 cm⁻¹ 峰校准后的 G 峰强度值 I_G/I_{SiC}，其随温度升高而增大，证明 G 峰的强度与石墨烯的层数正相关。图 9-5 中 SiC 晶体的拉曼光谱在 1620 cm⁻¹ 附近存在一个小峰，用黑色小方框标明，源于 SiC 基体中的 C=C 二聚物缺陷[289]，在外延石墨烯生成后此峰被 G 峰掩盖。石墨烯的 D 峰仅出现在缺陷位置，峰位在 1360 cm⁻¹ 附近，根据 D 峰与 G 峰的强度比值 I_D/I_G 可估算石墨烯样品中缺陷的含量[410]。图 9-6（d）展示了在不同温度裂解的外延石墨烯的 I_D/I_G 值，随温度升高而减小，说明在 1250~1400 ℃的区间，外延石墨烯的缺陷密度随热解温度的升高而减少，与第 3 章中的形貌观测结果相

吻合。

　　图9-7中的黑色和红色曲线分别代表外延石墨烯在Ag沉积前和沉积后的拉曼光谱,外延石墨烯的裂解温度分别为(a)1250 ℃、(b)1300 ℃、(c)1350 ℃和(d)1400 ℃。红色的拉曼曲线均远高于黑色曲线,说明Ag增强了石墨烯的拉曼信号。

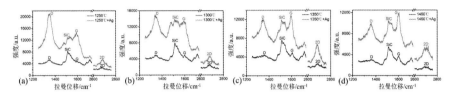

图9-7　在不同温度裂解的外延石墨烯表面沉积 Ag 前后的拉曼光谱:
(a)1250 ℃,(b)1300 ℃,(c)1350 ℃,(d)1400 ℃

　　通过两步计算可获得石墨烯 D 或 G 峰的 SERS 增强因子(F_D 或 F_G)[411]:(1)分别用各自曲线中的 SiC 的 1513 cm⁻¹ 峰的强度值校正 D 或 G 峰的强度值;(2)Ag 沉积后石墨烯的 D 或 G 峰的强度值除以沉积前的强度值。计算公式如下:

$$F_{D(G)} = \frac{I_{D(G)}^{SERS} / I_{SiC}^{SERS}}{I_{D(G)}^{Normal} / I_{SiC}^{Normal}} \quad (9\text{-}3)$$

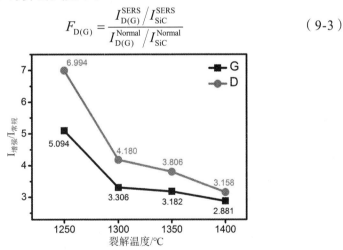

图9-8　在不同温度裂解的外延石墨烯的拉曼峰的增强因子

　　如图 9-8 所示,F_D 和 F_G 在 1250 ℃时存在最大值,且均随裂解温度的升高而逐渐减小。诸多报道表明,SERS 增强因子的强弱主要决定于两方面:所沉积金属的结构特征及金属与基底的界面交互作用[412-414]。例如,Qiu 等人在石墨烯表面分别制备出多边形、树枝状、团簇状的 Au

纳米结构,发现石墨烯拉曼峰的增强倍数相差很大[415]。Niu 等人保持
Au 纳米结构一致,在 Au 与石墨烯之间插入不同厚度的 Al_2O_3 层,发现
石墨烯拉曼峰的增强因子随 Al_2O_3 插层增厚而逐渐减小[411]。针对本书
所研究的 SiC 外延石墨烯 /Ag 体系,表 9-1 表明在不同温度裂解的石墨
烯表面 Ag 颗粒的粒径和晶粒间距非常相近,故 F_D 和 F_G 的变化起因于
Ag 与石墨烯的界面作用,其随石墨烯层数增加而逐渐减小。

图 9-8 中同一温度下的 F_D 值均大于 F_G 值。G 峰来源于石墨烯中
的 C–C 键振动,而 D 峰仅存在于石墨烯的缺陷区域。所以,Ag 颗粒并
不完全均匀分布在石墨烯表面,而是倾向于分布在缺陷位置。石墨烯的
缺陷结构主要包括点缺陷和边界,正常条件下裂解的外延石墨烯的点缺
陷极少,所以 Ag 颗粒更多聚集分布在边界位置,与上一章的形貌观测
结果相吻合。

9.3   Ag 对外延石墨烯电子结构的影响

石墨烯拉曼峰的峰形、峰位等反映其电子结构的信息,但如图 9-7
所示,SiC 基体的拉曼峰影响外延石墨烯的拉曼信号,所以,需合理扣除
SiC 的拉曼信号[416],其计算公式如下[417]:

$$R_{Dif} = R_{EG} - S \times R_{SiC} \tag{9-4}$$

式中,R_{EG} 为 SiC 外延石墨烯的拉曼光谱;R_{SiC} 为 SiC 基体的拉曼光谱;
R_{Dif} 为扣除 SiC 拉曼信号后的外延石墨烯拉曼光谱;S 为公式(9-1)中
的衰减因子,以 SiC 的 1513 cm^{-1} 峰校准 R_{EG} 和 R_{SiC}。

图 9-9 中的黑色和红色曲线分别代表沉积 Ag 前后的 R_{Dif},外延石
墨烯的裂解温度分别为(a)1250 ℃、(b)1300 ℃、(c)1350 ℃和(d)
1400 ℃。相对于图 9-7,石墨烯的 D 和 G 峰均显示出明显的峰形。

图 9-10 的上下部分分别展示了沉积 Ag 前后 R_{Dif} 曲线中石墨烯
的 G 峰,外延石墨烯的裂解温度分别为(a)1250 ℃、(b)1300 ℃、(c)
1350 ℃和(d)1400 ℃。与微机械剥离法制备的石墨烯不同,外延石墨
烯的 G 峰并不对称,可拟合成两个子峰:1600 cm^{-1} 附近的 G1 峰(绿色

曲线）和 1570 cm⁻¹ 附近的 G2 峰（蓝色曲线）。在石墨烯的声子谱中，LO 和 TO 声子在布里渊区的 Γ 点处双重间并，当对称性被打破，G 峰劈裂成两个子峰。打破晶体对称性的方法主要包括施加单轴应力应变[418] 或改变电子结构[419]。SiC 基体对外延石墨烯施加双轴压应力，不能使 G 峰劈裂[288]。所以，SiC 基体与石墨烯的交互作用在一定程度上改变了其电子结构，使 G 峰发生劈裂。

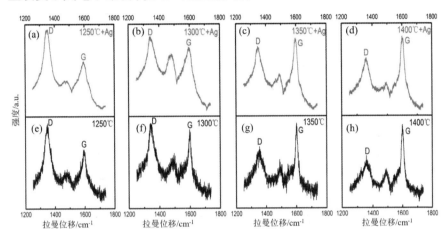

图 9-9　在不同温度裂解的外延石墨烯表面沉积 Ag 前后的拉曼光谱（扣除 SiC 基体拉曼信号）

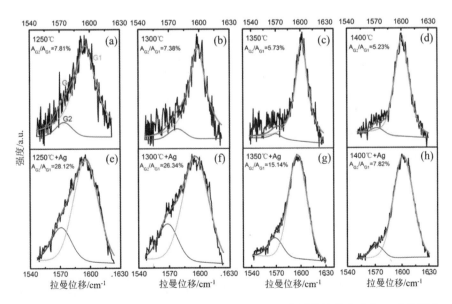

图 9-10　在不同温度裂解的外延石墨烯表面沉积 Ag 前后的拉曼光谱中 G 峰的拟合

当 Ag 沉积至外延石墨烯表面后，G 峰峰形的不对称程度明显增强。图 9-10 中每幅图的左上角统计了 G2 峰与 G1 峰的积分面积比值（A_{G2}/A_{G1}），沉积 Ag 后其值明显增大，说明 Ag 颗粒影响石墨烯的电子结构，增强了 G 峰的劈裂程度。Lee 等人发现，当在微机械剥离法制备的石墨烯表面沉积 Ag 或 Au 时，G 峰也发生劈裂[420]。Dong 等人在石墨烯表面沉积芳香族大分子，G 峰同样劈裂为两个峰，并通过模拟计算进行了验证[419]。

图 9-10 中 A_{G2}/A_{G1} 的具体增量分别为：（a）20.31 %、（b）18.96 %、（c）9.41 % 和（d）2.59 %。随裂解温度的升高增量值减小，说明 Ag 对石墨烯电子结构的影响随石墨烯层数的增加而减小。文献表明，当 Ag 沉积至石墨表面，发现石墨的 G 峰未劈裂[186]，说明 Ag 对石墨或较多层石墨烯电子结构的影响可忽略不计。

图 9-11 的上下部分分别展示了沉积 Ag 后和沉积 Ag 前 R_{Dif} 曲线中石墨烯的 2D 峰，外延石墨烯的裂解温度分别为（a）1250 ℃、（b）1300 ℃、（c）1350 ℃ 和（d）1400 ℃。2D 峰为 D 峰的二阶峰，但特有的双声子量子干涉效应使其并不仅仅局限于晶格缺陷处，而是普遍存在于石墨烯各位置[402]。不同层数的 SiC 外延石墨烯的 2D 峰均为单峰[421]，与图 9-11 相吻合。

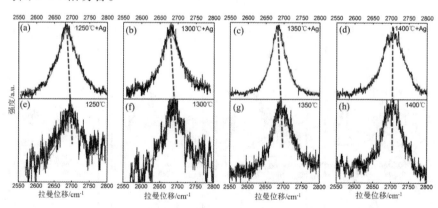

图 9-11   在不同温度裂解的外延石墨烯表面沉积 Ag 前后的拉曼光谱中 2D 峰的拟合

如图 9-11 虚线所示，Ag 沉积后，图（a）、（b）和（c）中石墨烯 2D 峰向低波数方向移动（红移），而图（d）中 2D 峰移动不明显。图 9-12（a）中黑色方块和红色圆圈分别代表沉积 Ag 前后 2D 峰的峰位，发现沉积

Ag 后,2D 峰均发生红移。引起 2D 峰峰位移动的因素主要有应变效应[422]和电子结构变化[423]。Ag 在石墨烯表面的吸附能力很弱,模拟计算表明吸附 Ag 原子后石墨烯晶格几乎未发生变形[424],故排除应变效应。对石墨烯进行电子或空穴注入后,2D 峰分别向低波数或高波数方向移动,即红移和蓝移[423]。所以,Ag 对外延石墨烯进行电子注入。图 9-12(b)展示了 2D 峰位的偏移量,分别为 11.19 cm⁻¹(1250 ℃)、8.70 cm⁻¹(1300 ℃)、6.62 cm⁻¹(1350 ℃)和 0.83 cm⁻¹(1400 ℃),其值随裂解温度的升高而减小。再次证明,随石墨烯层数的增加,Ag 对外延石墨烯电子注入的程度减小,对其电子结构的影响削弱。

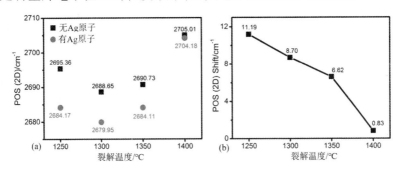

图 9-12　在不同温度裂解的外延石墨烯表面沉积 Ag 前后的拉曼光谱中 2D 峰的峰位统计

　　通过第一性原理计算验证 Ag 对外延石墨烯电子结构的影响。图 9-13(a)和(b)分别为 SiC 缓冲层堆叠在 Si 面 6H-SiC 表面的模型正视图和俯视图,用绿色虚线标明 SiC 基体的原胞。SiC 缓冲层的原子结构极为复杂,周期性的 Si 原子凸起组成骨架,周围散布着一层富集的 C 原子。此模型主要考虑石墨烯层数的影响,所以将 SiC 缓冲层简化为石墨烯结构,与 SiC 基体形成 $\sqrt{3} \times \sqrt{3}\ R30°$ 的匹配关系,错配度为 7.6 %。如图 9-13(b)所示,SiC 基体、SiC 缓冲层和 $\sqrt{3} \times \sqrt{3}\ R30°$ 周期的原胞分别用绿色、蓝色和黑色菱形标明。

　　图 9-13(c)和(d)分别为 SiC 外延单层石墨烯模型的正视图和俯视图,石墨烯层与石墨烯结构的 SiC 缓冲层形成 AB 堆垛模式。黄白色、灰色、红色和黄色的圆球分别代表 SiC 基体的 Si 原子和 C 原子、SiC 缓冲层的 C 原子和石墨烯的 C 原子。石墨烯表面有三个高对称的吸附位置:C 原子上方(顶位)、C-C 键的中心(桥位)和 C 六元环的中心(空位)。

计算发现 Ag 在顶位的吸附能最大,最为稳定。如图 9-14(d)所示,石墨烯层中的 C 原子分为四类:(1)下方有 SiC 缓冲层中的 C 原子(标为1和5);(2)下方无 SiC 缓冲层中的 C 原子和 SiC 晶体中的 Si 原子(标为2和4);(3)下方有 SiC 缓冲层中的 C 原子和 SiC 晶体中的 Si 原子(标为3)和(4)下方有 SiC 晶体中的 Si 原子(标为6)。结果发现,Ag 原子在类型(1)的 C 原子上方吸附时最为稳定。在外延单层石墨烯表面叠加一层石墨烯可得外延双层石墨烯,再叠加一层可得外延三层石墨烯,石墨烯层间为 AB 堆垛模式。

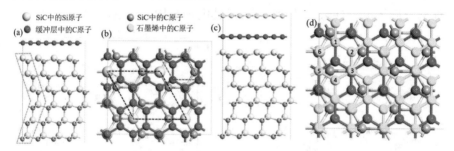

图 9-13 SiC 外延石墨烯的结构模型图:(a)SiC 缓冲层的正视图,(b)SiC 缓冲层的俯视图,(c)外延单层石墨烯的正视图,(d)外延单层石墨烯的俯视图

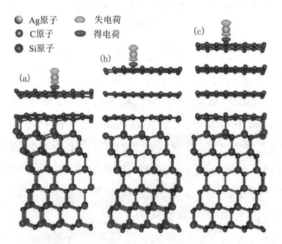

图 9-14 不同层数的 SiC 外延石墨烯表面吸附 Ag 原子的电荷密度图

如图 9-14 所示,基于 Bader 分析,获得 SiC 外延石墨烯表面吸附 Ag 原子的电荷密度图,石墨烯层数分别为(a)单层、(b)双层和(c)三层。红色代表电子获得,青蓝色代表电子失去,故部分电荷从 Ag 原子转移至石墨烯层,说明 Ag 对不同层数的石墨烯均有电子注入效应。此

外,图中电荷分布显示 Ag 原子与石墨烯之间的电荷转移基本局限于表层,计算得 Ag 在单层、双层和三层石墨烯表面的电荷转移量分别为 0.317 e、0.347 e 和 0.393 e,数值较为接近。表层下方石墨烯的电荷分布受 Ag 影响极小,说明其与 Ag 之间的交互作用很弱,故 Ag 对石墨烯总体电子结构的影响随石墨烯层数的增加而逐渐减弱。

9.4 等离子体注入对石墨烯的影响

本节研究了金属等离子体对外延石墨烯的轰击作用。图 9-15(a)为真空快闪外延石墨烯的 AFM 图像,与前期的结果相似。尽管样品表面较为粗糙,但拉曼测试结果却显示石墨烯层数较少,趋向于单层。图 9-15(b)为 15 kV 加速电压下采用 Ag 等离子体注入 2 min 改性后的石墨烯 AFM 图像,外延石墨烯的形貌变化不大,但亮点增多。图 9-15(c)为同样注入能量下注入 15 min 后的 AFM 图像,均匀分布的亮点是残留在表面的注入离子形成的金属颗粒。图 9-15(d)为图 9-15(c)的处理结果,只显示出残留的金属颗粒,证实金属已经注入但在石墨烯表面有残留。

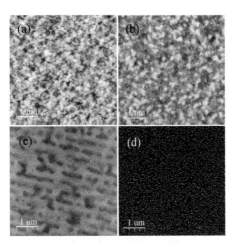

图 9-15 (a)、(b)快闪外延石墨烯金属注入前和注入后的 AFM 图像;(c)、(d)
注入金属在石墨烯表面的残留分布

图 9-16 为金属等离子体注入前后的拉曼光谱,黑色曲线为快闪石墨烯 [图 9-15 (a) 所示样品] 的拉曼光谱,2D 峰较窄,对称性高,且与 G 峰强度接近,表明获得的外延石墨烯质量高。绿色曲线为金属等离子体注入后样品的拉曼光谱,在 ~1200 cm^{-1}~~1700 cm^{-1} 出现一个较大的峰包。拟合结果显示,此峰包可归因于类金刚(DLC)结构。因此,金属等离子体注入可能诱导石墨烯转变为 DLC 结构。分析认为石墨烯六角晶体结构在金属粒子的轰击作用,使得部分 sp^2 杂化键转化为 sp^3 键,从而实现结构的转变。

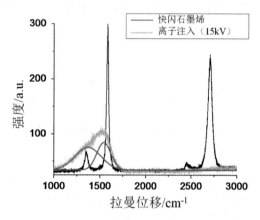

图 9-16　金属等离子体注入前 / 后的拉曼光谱

9.5　本章小结

本章将 Ag 沉积至外延石墨烯表面,根据拉曼光谱特征峰的变化,探究石墨烯与金属之间的界面交互作用及层厚效应。

（1）提出根据 SiC 拉曼特征峰衰减程度估算石墨烯平均层数的方法,发现 Ag 的沉积导致外延石墨烯拉曼信号大幅增强,但 D 和 G 峰的增强因子随层数增加而减小。经统计发现,Ag 在不同层数石墨烯表面的形貌特征如颗粒粒径、晶粒间距等极为接近,据此说明拉曼增强因子变化的本质原因为 Ag 与石墨烯之间的界面交互作用。

（2）阐明了石墨烯 G 峰劈裂和 2D 峰向低波数方向移动的电子注入机制，发现 G 峰劈裂和 2D 峰偏移的程度均随石墨烯层数的增加而减小。原因在于 Ag 对石墨烯电子结构的影响局限在表层，石墨烯与 Ag 之间的交互作用随层数增加而减弱。提示我们，调控石墨烯层数是改善其与金属界面交互作用的有效方法。

（3）当金属 Ag 等离子体的注入时外延石墨烯会转变成类金刚石（DLC）膜。这些研究结果增强了我们对外延石墨烯与金属间相互作用的理解，为石墨烯的金属化及改性提供了重要参考。

10

金属 Pb 原子的生长与插层现象

本章将着重研究金属与外延石墨烯的相互作用,主要有金属 Pb、Ag 和 In 在外延石墨烯 /SiC 衬底上的选择性生长,金属 Ag 和 In 在外延石墨烯表面的自滑移现象以及金属等离子体对外延石墨烯的轰击作用。研究结果有助于增强对外延石墨烯与金属相互作用的了解,为石墨烯的金属化提供参考。

10.1　石墨烯金属原子插层及意义

石墨烯已经在微电子领域展现出巨大的应用潜力[132,133]。2010 年 IBM 公司 Lin 等人基于 SiC 基体上的外延石墨烯成功地制备出了场效应晶体管,其截止频率为 100 GHz 的[48],而在 2012 年制备出的晶体管中,该值可以达到 300 GHz[425]。倘若作为沟道材料应用于半导体电子器件中,石墨烯应通过金属电极与外电路连接,以此传递信息。因此,石墨烯表面的金属化及石墨烯与金属的交互作用是其在电子器件应用领域所必须考察的问题。目前,已有研究结果表明,不同的金属在石墨烯表面往往呈现出不一样的生长行为[382,426-428]。比如,Pb 与石墨烯的相互作用非常弱,而 Dy 与石墨烯的作用则很强[427],Eu 与 Fe、Gd、Dy 在石墨烯表面上的热稳定性差距较大[426]。此类研究工作关注的是石墨烯表面上金属生长的选择性和敏感性,事实上,外延石墨烯通常与 SiC 衬底共存[116],这种种多畴表面为研究同种金属原子在不同基体上的竞争性生长行为提供天然平台。此外,金属原子还可以作为插层原子,插入外延石墨烯和 SiC 基体之间,以此自由化外延石墨烯,达到金属剥离外延石墨烯的效果[157,345]。同时少量的插入,还可以实现外延石墨烯的金属化。也有研究表明,金属粒子如 Ag、Ni 和 Fe 等对石墨烯有一定的刻蚀效应,该刻蚀发生的条件是在 H_2 或者 O_2 气氛的退火实现的,金属颗粒是作为催化剂参与气体(H_2 和 O_2)与石墨烯中 C 原子的化学反应,通过此方法可以实现石墨烯纳米条带及不同图案的制备[150-152,156],但是这种自发刻蚀是由化学反应引起的,对于其刻蚀取向的控制是比较困难的。

作为晶体管沟道材料的石墨烯需通过源极、漏极等金属电极与外电路连接[4]。石墨烯表面金属的可控沉积是石墨烯与金属电极界面接触的首要问题。有大量研究工作从理论和实验两个方面系统研究在石墨烯表面金属的生长特征。Liu 等人计算发现，金属原子在石墨烯表面的吸附能、扩散势垒和内聚能等相差大[154]。具有较大吸附能与内聚能比值（E_a/E_c）的金属原子在石墨烯表面沉积易形成薄膜[164]，而 E_a/E_c 较小的金属原子易形成离散的颗粒[165]，与理论结果吻合[154]。但理论计算难以模拟金属在石墨烯表面生长的诸多影响因素，例如石墨烯所在基底的影响。SiC 外延石墨烯下方的 SiC 缓冲层诱导其表面形成规则起伏。如图 10-1 所示，基于外延石墨烯起伏的凸起和凹陷位置的吸附能差值，在低温环境下（4.8 K）分布密度分别为 1 ML（1 ML 约为 $3.4 \times 10^{13} \cdot cm^{-2}$）（图 10-1（a））和 0.33 ML（图 10-1（b））的 Cs 原子均实现了周期性排布[169]。但在 SiC 外延单层石墨烯生成时，部分 SiC 缓冲层外露于表面而与石墨烯共存。石墨烯表面不存在悬挂键，SiC 缓冲层表面的 Si 原子凸起有悬挂键，必然影响邻近的石墨烯表面金属的生长特性，但当前文献几乎均忽略了 SiC 缓冲层对石墨烯区域金属生长的影响。因此，金属在石墨烯表面的生长行为不仅仅取决于其热力学参量，还有赖于 SiC 外延石墨烯的结构特征。有必要从实际生长条件和生长过程来系统深入考察外延石墨烯表面金属的生长行为及其制约因素。

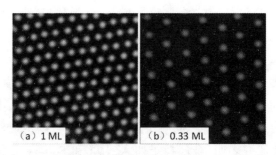

图 10-1　在 SiC 外延石墨烯表面不同分布密度 Cs 原子的 STM 图像[169]

插层这种方法可轻松使"层"与块状基体材料分离。对于 SiC 外延石墨烯来说，当 Si 原子从 SiC 表面升华的同时富余的 C 原子会在 SiC 表面重新结合。这一过程不仅生成了石墨烯，也导致了缓冲层（Buffer Layer，BL）的出现，缓冲层与石墨烯之间会形成强共价键，这会影响到石墨烯层的电子传输效率[15,95]。因此利用插层技术在其间插入金属原子，使缓冲层与 SiC 基底分离，形成准独立外延石墨烯层。除此之外有报道指出，利用这种方法产生的大面积金属层是一种全新的二维材料，它们被表面石墨烯层的保护，免于受到环境的影响[96]。二维材料具有强的平面内键合与弱的层间相互作用，在未来的材料研究进程中这种石墨烯二维材料可以作为新型系统进行研究。

　　有人提出相邻二维材料之间或者二维材料与基底之间的界面为化学反应提供了封闭的空间，起到二维纳米反应器的作用[97]，如图 10-2 所示。并且二维覆盖层对催化等反应存在很强的调节作用，使得反应进一步增强。这些新想法的提出为新型二维材料反应容器的研究提供了思路，在多相催化、电化学、能量转换等过程中表现出优异的性能。此外，基于二维材料与异质结构的迅速发展，通过机械组装或外延生长等方式制备新型的异质结构器件，如图 10-3 所示，隧穿晶体管、共振隧穿二极管和发光二极管都开始出现，这些器件可以借助这些新兴的二维材料的特性创造出其他异质结构所不能达到的功能[98]。

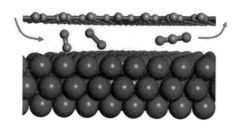

图 10-2　二维覆盖层下的封闭化学反应系统模型

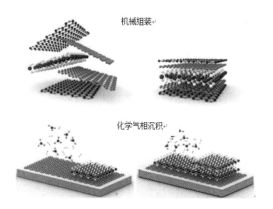

图 10-3　范德瓦尔斯异质结构的不同制备方法示意图

10.2　金属 Pb 原子在石墨烯表面的生长

图 10-4 为 Pb 在外延石墨烯表面沉积后的 STM 图像，Pb 束流的蒸发温度和沉积时间分别为（a）330 ℃和 3 min，（b）330 ℃和 30 min，（c）420 ℃和 3 min，（d）420 ℃和 30 min。Pb 在外延石墨烯的平整台面上形核生长成稳定的岛状结构，说明在石墨烯表面 Pb 的吸附能力强于 Ag，与表 4-1 所列理论计算结果相吻合。对比发现，随 Pb 束流蒸发温度的升高和沉积时间的延长，Pb 岛的横向尺寸和覆盖度均增大。

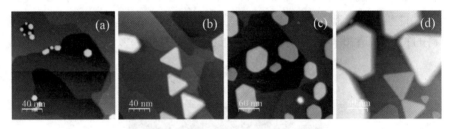

图 10-4　外延石墨烯表面沉积不同蒸发温度和时间 Pb 束流的 STM 图像：
（a）330 ℃，3 min（b）330 ℃，30 min，（c）420 ℃，3 min，（d）420 ℃，30 min

此外，当沉积时间为 3 min 时，Pb 岛呈六边形结构（图 10-4（a）和（c））；当沉积时间为 30 min 时，Pb 岛多呈三角形结构（图 10-4（b）和（d））。从形成机制上分析，Pb 为面心立方金属，密排面为（111）晶面。图 10-5 为 Pb 原子堆垛的结构模型图，其中白色和黑色圆球分别代表下层和上层的 Pb 原子。当上层 Pb 原子在下层 Pb 原子表面生长时，初始时原子沿各方向的扩散速度相同，形成正六边形结构。

根据原子堆垛构型，正六边形的边界分为两类[429]：A 边界即原子 1、3 和 5 所处的边界，每个原子与下层原子的最近邻数为 1；B 边界即原子 2、4 和 6 所处的边界，每个原子与下层原子的最近邻数为 2。模拟结果显示[430]，原子在垂直于 A 边界方向（红箭头）的扩散势垒小于其在垂直于 B 边界方向（绿箭头）的扩散势垒，故 Pb 原子在垂直于 A

边界方向的扩散速度更快，Pb 岛形成边长不等的六边形结构，在足够的动力学条件下将形成三角形结构（红色虚线）。所以，Pb 束流沉积时间较长时（30 min），Pb 岛多呈三角形结构，而采用较短的沉积时间时（3 min），Pb 岛未达热力学平衡态，故仍呈六边形结构。

图 10-5 Pb 原子堆垛的结构模型图

图 10-6（a）展示了外延石墨烯表面的两个 Pb 岛，图 10-6（b）为相应的 3D 图像，Pb 岛的表面极其平整，侧面与基底基本保持垂直，也清晰体现在图 10-6（c）的轮廓线上。金属的传统生长模式一般分为层状生长和颗粒状生长[154]；当金属在基底表面的吸附能与内聚能的比值（E_a/E_c）较小时，倾向于颗粒状生长，如 Ag 颗粒；当 E_a/E_c 的值较大时，金属易生长成层状结构。但图中 Pb 呈表面平整、侧面陡峭的柱状岛屿结构，称为电子生长模式，归结于量子尺寸效应（Quantum size effects，QSE）[431]。

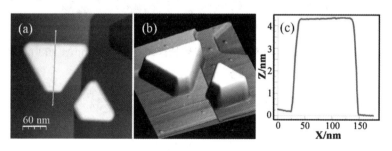

图 10-6 外延石墨烯表面 Pb 岛的电子生长模式：（a）STM 图像，（b）3D 图像，（c）图（a）中左侧 Pb 岛轮廓线

从机制上分析,当金属外延生长至基底表面时,真空势垒和衬底带隙的存在使之成为理想的一维势阱,导带电子沿纵向的运动被限制在金属势阱中。当金属层厚度减薄至与导带电子的费米波长相比拟时,电子的量子效应非常明显,形成一系列驻波形式的分立能级,称为"量子阱态"(Quantum well states, QWS)[432]。其随系统的尺寸改变而变化,使金属层表现诸多奇异的物理特性。因此,虽然表面自由能的作用驱使 Pb 演变为颗粒状结构,但量子效应对金属层厚度的依赖使 Pb 保持平整表面的岛状结构,实现电子生长模式。

Pb 为面心立方金属,(111)密排晶面的层间距为 2.86 Å[196],故以 Pb 岛的高度除以其层间距可获得其层数。计算图 10-7(a)和(b)中外延石墨烯表面各个 Pb 岛的层数,并用数字标明。统计结果发现,Pb 岛层数均为偶数,称为双层生长模式。从量子效应的角度考虑,石墨烯表面的 Pb 岛可看做理想的一维势阱,其波函数在 Pb 岛的顶部和底部均应满足周期边界条件:

$$Nd = s\lambda_F/2 \qquad (10\text{-}1)$$

式中,N 为 Pb 岛的层数;d 为 Pb(111)面的间距(2.86 Å);λ_F 为 Pb 在垂直于表面方向的费米波长(3.66 Å);s 为整数。

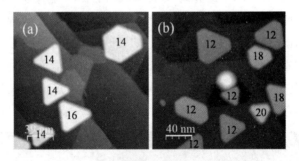

图 10-7 外延石墨烯表面 Pb 岛的双层生长模式:(a)195 nm × 193 nm,(b)
200 nm × 200 nm

由于 Pb 岛的层间距与其费米波长存在 $2d \approx 3\lambda_F/2$ 的特殊数学关系,Pb 岛的高度与量子肼态形成良好的对应关系,即波函数每增加三个节点,Pb 岛的高度增加两层。所以,偶数层 Pb 岛的能量低于层数相邻的奇数层 Pb 岛的能量,各个 Pb 岛之间的层数差为两层的倍数。Dil 等人发现,Pb 在石墨表面也呈偶数层生长模式[433]。由于 Si(111)表面存在大量悬挂键,对 Pb 的吸附能力较强,并生成 Pb 润湿层[434],影响 Pb 的电子结构及其生长特性。所以,虽然 Si(111)表面 Pb 岛的层数差也多为双层,但每隔九层,Pb 岛的倾向性生长层数发生一次奇偶转变[435]。

图 10-8(a)中右侧的 Pb 岛跨越了一个台阶,Pb 岛的顶部平面出现与台阶相对应的起伏,在图 10-8(b)的 3D 图像中表现更为明显。图 10-8(c)为图 10-8(a)中右侧 Pb 岛的轮廓线,显示出台阶高度约为 3.5 Å,而 Pb 岛在台阶上下部分的高度差同样为 3.5 Å,从定量角度证明 Pb 岛的顶部平面的确随台阶变化而发生起伏。

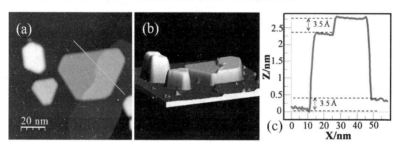

图 10-8　石墨烯层台阶处 Pb 岛的地毯式生长:(a)STM 图像,(b)3D 图像,(c)图(a)中右侧 Pb 岛轮廓线

从轮廓线中 Pb 岛的高度计算其层数,为 8 层。由于台阶高度(3.5 Å)仅比 Pb 岛的晶面间距(2.86 Å)稍大,如果 Pb 岛表面基本保持平整,那么在台阶上 Pb 岛部分的层数应为 7 层。虽然降低了表面自由能,但打破了量子尺寸的周期边界条件,提高了量子化的电子能量,体系的总能量增加,所以 Pb 岛在台阶处进行地毯式生长以维持偶数层生长模式。薛其坤课题组证明偶数层的 Pb 岛之间具有相近的电子态特性和表面化学反应活性,而奇数层 Pb 岛与偶数层 Pb 岛之间的特征却差别较大[436]。在石墨烯表面 Pb 多为偶数层,故其物化性能及电子特征等应较为均一。

10.3　金属 Pb 原子在石墨烯 /SiC 缓冲层共存表面的生长

表 10-1　SiC 缓冲层表面 Pb 岛的粒径及覆盖度等统计数据

Pb 蒸发温度 $T/℃$	Pb 岛数目 $n/$ 个	Pb 岛粒径 $d/$ nm	Pb 岛平均面积 $A/$ nm^2	Pb 岛覆盖度 $S/$%
330	246	6.25	25.37	15.60
380	205	9.26	55.69	28.54
420	101	16.62	179.41	45.30

图 10-9 为在 SiC 缓冲层表面沉积 Pb 束流的 STM 图像, 沉积时间均为 3 min, 蒸发温度分别为 (a) 330 ℃、(b) 380 ℃ 和 (c) 420 ℃。观察到, 每幅图中 Pb 均生长成大小均一、分布较为均匀的六边形岛状结构。图 10-9 (d)、(e) 和 (f) 分别为图 10-9 (a)、(b) 和 (c) 中 Pb 岛的粒径统计柱状图, 粒径指六边形的对角线长度。如表 10-1 所示, 平均粒径值 d 分别为 6.25 nm、9.26 nm 和 16.62 nm, 说明 Pb 岛的粒径随蒸发温度的升高而增大; Pb 岛的平均面积分别为 25.37 nm^2、55.69 nm^2 和 179.41 nm^2, 计算得 SiC 缓冲层表面 Pb 的覆盖度分别为 15.60 %、28.54 % 和 45.30 %。

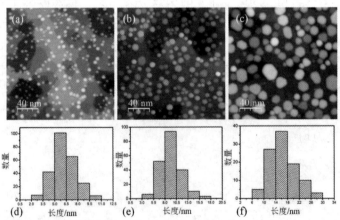

图 10-9　SiC 缓冲层表面沉积不同蒸发温度 Pb 束流的 STM 图像和相应 Pb 岛的粒径统计: (a) 330 ℃, (b) 380 ℃, (c) 420 ℃, (d) 图 (a) 粒径统计, (e) 图 (b) 粒径统计, (f) 图 (c) 粒径统计

图 10-9（a）与图 10-4（a）、图 10-9（c）与图 10-4（c）分别对应着同样的 Pb 沉积工艺。对比图像可知：Pb 在石墨烯表面的覆盖度远小于在 SiC 缓冲层表面的覆盖度，说明 Pb 在 SiC 缓冲层表面的吸附能较大；SiC 缓冲层表面 Pb 岛的平均粒径小于石墨烯表面 Pb 岛的平均粒径，比如从图 10-9（c）的 16.62 nm 增加至图 10-4（c）的 49.16 nm，说明 Pb 原子在石墨烯表面的扩散势垒更小，扩散距离较大。

SiC 经 1300 ℃ 裂解后呈石墨烯和 SiC 缓冲层共存的表面，图 10-10 为沉积 Pb 后的 STM 图像，Pb 束流的蒸发温度均为 330 ℃，沉积时间分别为（a）3 min、（b）15 min 和（c）60 min。随沉积时间的延长，Pb 岛明显长大。三幅图像均清晰表现出，Pb 岛并未均匀分布，仅存在于白色虚线框所包围的部分区域，说明虽在石墨烯表面 Pb 的吸附能高于 Ag，但在共存表面 Pb 同样呈选择性生长模式。类比推测出 Pb 岛聚集的区域为 SiC 缓冲层，而几乎未有 Pb 岛分布的区域为石墨烯。

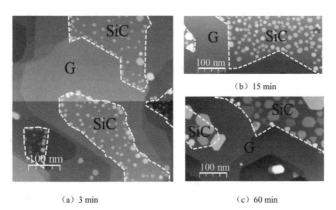

(a) 3 min　　　　(b) 15 min　　　　(c) 60 min

图 10-10　1300 ℃ 裂解的外延石墨烯表面沉积不同时间 Pb 束流的 STM 图像

图 10-11（a）为在 1300 ℃ 裂解的外延石墨烯的 RHEED 图像，观察到 6 条圆环，代表 SiC 缓冲层的 6×6 重构，石墨烯层太薄而未在图像中展现出来。图 10-11（b）为 Pb 束流在其表面沉积后（图 10-10（b））的 RHEED 图像，出现平行排列的亮点，代表岛状结构[435]，从宏观角度证明了 Pb 岛的生成。RHEED 在样品表面的探测深度有限，仅为几个原子层。Pb 岛的存在阻碍了 SiC 缓冲层在 RHEED 中的反映，所以，图像中代表 6×6 重构的圆环消失。

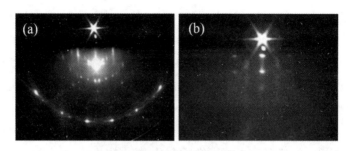

图 10-11　1300 ℃裂解的外延石墨烯表面沉积 Pb 前后的 RHEED 图像：
（a）沉积前，（b）沉积后

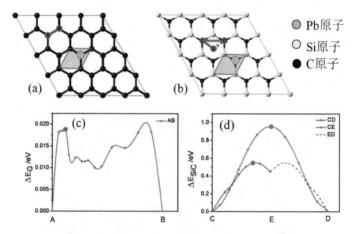

图 10-12　石墨烯和 SiC 表面吸附 Pb 原子的第一性原理计算：（a）石墨烯表面吸
附 Pb 的模型，（b）SiC 表面吸附 Pb 的模型，（c）石墨烯表面 Pb 的扩散势垒，
（d）SiC 表面 Pb 的扩散势垒

　　为验证在石墨烯和 SiC 缓冲层共存表面 Pb 的选择性生长模式，
基于第一性原理计算分析 SiC 缓冲层和石墨烯表面 Pb 的吸附能。图
10-12（a）为 Pb 吸附在单层石墨烯表面的模型，其中黑色和绿色圆球
分别表示 C 和 Pb 原子。Pb 在石墨烯表面可能的吸附位为：C 原子上
（顶位）、C-C 共价键的中心位置（桥位）和六元环的中心位置（空位）。
计算发现，Pb 在石墨烯表面最稳定的吸附位为顶位，吸附能为 0.604 8 eV。
SiC 缓冲层的结构极其复杂，提供悬挂键的 Si 原子凸起形成骨架结
构，是 Pb 原子吸附的位置，所以将其简化成具有周期性 Si 原子排列的
6H-SiC 结构。图 10-12（b）为 Pb 原子吸附在 SiC 表面的原子模型，其

中黄色、黑色和绿色圆球分别表示 Si、C 和 Pb 原子。石墨烯和 SiC 的模型均采用 4×4 超胞。计算结果显示,Pb 原子在 SiC 表面的最低吸附能为 4.41 eV。所以,SiC 缓冲层对 Pb 的吸附能力远大于石墨烯,Pb 在共存表面发生选择性生长。

还计算了 Pb 岛的扩散势垒,即 Pb 原子从一个稳定吸附位置迁移到另一个稳定位置所需要的最小能量。图 10-12(a)中 A 和 B 之间的连线为 Pb 在石墨烯表面最可能的迁移路径。沿 AB 路径选取均匀间隔的 16 个点,计算 Pb 原子在每个点所需要的能量,结果如图 10-12(c)所示,其最高能量为 0.018 79 eV,即 Pb 原子在单层石墨烯表面扩散所需的能量。这个能量值较小,所以落在石墨烯区域的 Pb 原子扩散至 SiC 缓冲层,形成在共存表面的选择性生长。

图 10-12(b)中的 C 和 D 为 Pb 原子在 SiC 表面近邻的两个最稳定吸附位置,Pb 原子沿 C 到 D 路径迁移存在两种可能:C-D 和 C-E-D。沿两种路径分别选取均匀间隔的十几个点,计算 Pb 原子在每个点的能量,结果如图 10-12(d)所示。由于路径 E-D 和 C-E 对称,所以只计算了路径 C-E,而路径 E-D 在图中用虚线标明。沿 C-D 和 C-E-D 路径迁移所需的能量分别为 0.954 3 eV 和 0.545 8 eV,故 Pb 原子将沿路径 C-E-D 扩散,扩散势垒为 0.545 8 eV,约为石墨烯表面 Pb 的扩散势垒的 30 倍。所以,当采用同样的 Pb 束流沉积工艺时,石墨烯表面 Pb 岛的粒径(图 10-4)大于 SiC 缓冲层表面 Pb 岛的粒径(图 10-9)。

图 10-13 为蒸发温度为 330 ℃的 Pb 束流沉积至 1350 ℃裂解的外延石墨烯表面的 STM 图像,沉积时间分别为(a)3 min 和(b)30 min,部分 Pb 岛聚集的区域用白色虚线标出。图 10-13(a)中 Pb 岛的粒径较小,由于裂解温度的升高使 SiC 缓冲层区域缩减,故大部分 Pb 岛聚集在 SiC 缓冲层与外延石墨烯的交界处,证明交界位置对 Pb 原子的吸附能力更强。图 10-13(b)中 Pb 岛的粒径增大至数十纳米,已与 SiC 缓冲层的横向尺寸相比拟,故出现诸多同时占据 SiC 缓冲层和石墨烯区域甚至跨越 SiC 缓冲层的 Pb 岛。进一步说明,横向尺寸较小的 SiC 缓冲层的存在可在一定程度上提高外延石墨烯表面金属的结合力。

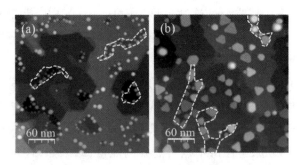

图 10-13　1350 ℃裂解石墨烯表面沉积不同时间 Pb 束流的 STM 图像：
（a）3 min,（b）30 min

10.4　Pb 原子的选择性生长

首先选择金属 Pb 作为研究对象,如图 10-14 所示,为 SiC 衬底 / 外延石墨烯表面上两种不同覆盖度下的金属 Pb 岛的分布情况,插图是对应的高能电子衍射图样,用以证明 Pb 岛的生成。其中,图 10-14（a）所示为较大覆盖度下,金属 Pb 岛在样品表面以薄膜或较大岛状的形式存在,并且覆盖了 SiC 台阶和微孔洞,其高能电子衍射图案中的斑点呈现为亮条状,证实了二维金属薄膜的生成 [437]。图 10-14（b）所示为较小覆盖度下,金属 Pb 则呈现为各种形状的多边形小岛。可以看出,金属 Pb 岛主要集中在样品表面的局部区域,同时还能比较清晰地观察到 SiC 的原始台阶和孔洞,其高能电子衍射图案中的斑点呈现为不连续的亮点,证实了岛状结构的形成 [438]。由于金属 Pb 薄膜或者 Pb 岛的生成,衬底 6×6 重构被掩盖,所以在高能电子衍射图案中没有 6×6 重构的电子衍射斑点信息。

缩短金属 Pb 的生长时间,样品表面小岛更少,其 STM 形貌如图 10-15（a）所示。SiC 衬底区域和外延石墨烯区域分别标记为"SiC"和"EG",它们之间的界限较为明显,如图中的黑色虚线所示。可以看出,金属 Pb 在此 SiC 衬底和外延石墨烯共存表面存在着明显的选择性生长,Pb 岛主要集中在 SiC 衬底、台阶边缘及微孔洞周围等区域,在外延石墨烯表面则相对比较少。图 10-15(b)为图 10-15(a)对应的三维形貌像,更直观的分辨出金属 Pb 的生长区域。图 10-15(c)为图 10-15(a)中绿色方框标示区域的放大图像,右上方是 SiC 衬底畴区,左下方为单层外延石墨烯[116],6×6 结构周期清晰可见,由此也可以说明 Pb 原子在 SiC 衬底上的生长过程中没有润湿层的形成,有别于 Pb 原子在 Si 基体上的生长[439]。

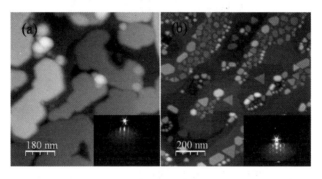

图 10-14　两种不同覆盖度的 Pb 在外延石墨烯及 SiC 衬底共存区域的分布:(a)较大覆盖度(900 nm×900 nm);(b)较小覆盖度(1 μm×1 μm),插图为电子衍射图案

　　金属 Pb 原子的这种选择性生长现象可以用来判断外延石墨烯和 SiC 衬底的交替区域,如图 10-15(d)所示。事实上,金属原子的这种选择性生长与外延石墨烯和 SiC 衬底表面的吸附能密切相关。由上分析可知,SiC 衬底表面是由 Si 团簇组成的,其表面存在着大量的 Si 悬挂键[116],所以其吸附能较大[154,258],是金属原子吸附的理想区域。同时,样品表面的台阶及孔洞处也有一些缺陷或者悬挂键,其周围的吸附也能较大[153,427]。这些区域都是金属 Pb 原子容易形核生长的表面。也正是因为悬挂键的存在,SiC 表面上金属原子的扩散势垒较高,原子扩散较为困难,因而容易形成高密度的小岛。对外延石墨烯表面而言,因为二维六角晶格的形成,其表面除了少量的缺陷以外几乎没有悬挂键,不利于金属原子的形核生长,并且金属原子和 C 原子的耦合作用较弱[382],也不利于金属原子在此外延石墨烯表面形核。但是,由于石墨烯表面没有悬挂键,所以其表面扩散势垒较小[440],

所以,金属原子一旦在其表面的缺陷处形核,很容易生长成面积较大的金属岛[379]。图 10-15(d)中的外延石墨烯表面上就有较大的金属 Pb 岛的形成,其密度明显小于 SiC 衬底表面的 Pb 岛,但面积相对比较大。

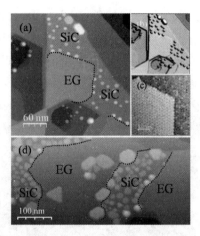

图 10-15 (a)Pb 原子的优先形核(300 nm×300 nm);(b)为(a)的三维形貌;(c)为(a)中绿色方框所示区域的放大像(40 nm×40 nm);(d)Pb 岛的区域选择(500 nm×235 nm)

除了 STM 形貌分析,还利用扫描隧道谱(STS)对金属 Pb 岛作进一步的谱学分析,如图 10-16(a)所示。其中,图 10-16(a)为 Pb 岛在 SiC 衬底上的分布形貌,左上方为外延石墨烯区域,没有 Pb 岛。可以看出,Pb 岛表面平整,且形态规则,呈现为不规则的多边形。不同高度的 Pb 岛明暗程度不同,较亮 Pb 岛(B、D)的厚度大于较暗的(A、C),通过对应的轮廓线可以证实,如图 10-16(b)所示。得到的 Pb 岛的高度为 ~3.0 nm 和 ~2.1 nm 两类。Pb 岛沿密排(111)面生长,其面间距为 0.285 nm[441]。由此可以计算出 Pb 岛 B 和 D 的原子层数约为 10 层(偶数层),A 和 C 约为 7 层(奇数层)。它们的高度差为 3 个原子层,即 0.285×3=0.855 nm,与 10-16(b)中轮廓线测试结果(0.85 nm)相近。因此,可以说明奇偶层 Pb 岛在 SiC 衬底上都存在,与 Si 基体上 Pb 岛的生长情况不同[442,443]。

STS 分析可以进一步证实 Pb 岛的这种奇偶生长模式。因为量子限域效应,Pb 岛的电子态对其层数非常敏感[444-446],同奇或者同偶层 Pb 岛的 STS 特征峰峰位相同[98,447,448]。图 10-16(c)为 A、B、C、D 四个

Pb 岛的 STS 测试结果。其中,A 和 C 为 7 层 Pb 岛,其 STS 特征峰位于 1.0 V 附近;而 B 和 D 为 10 层 Pb 岛,STS 特征峰位于 ~1.3~1.4 V 附近,由此也可以证实 Pb 岛的奇偶性[449]。Pb 岛的这种量子态特征与 Si 基体上的 Pb 岛的电子态特征类似[379]。

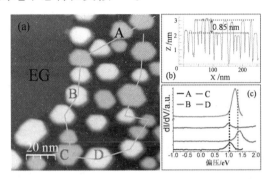

图 10-16　(a)Pb 岛形貌(100 nm × 100 nm);(b)为(a)中灰线所示 Pb 岛的
高度轮廓线;(c)Pb 岛 A、B、C 和 D 的 STS 谱

　　结果表明,在 SiC 衬底 / 石墨烯表面沉积 Pb 金属原子时,由于 SiC 衬底表面大量悬挂键的存在,表面吸附能和扩散激活能均大于光滑的石墨烯表面。相比于石墨烯,金属原子更易于在 SiC 衬底上形核长大,呈现出选择性生长模式。尺寸较小且密集的金属小岛往往形成于 SiC 缓冲层,而一旦在石墨烯上形核的金属原子比较容易形成尺寸较大的金属岛。采用分子束外延法将金属 Pb 沉积至 SiC 外延石墨烯表面,对比研究了金属在石墨烯及其与 SiC 缓冲层共存表面的生长行为及主控因素。

10.5　金属 Pb 原子的插层制备工艺

　　为成功实现 SiC 外延石墨烯金属 Pb 插层,利用金属沉积会引起 SiC(0001)/ 石墨烯表面缺陷增多原理,实验采取多次沉积退火的方式制备 Pb 插层。首先将单晶 SiC 衬底在 1350 ℃退火 5 min 后形成外延石墨烯与缓冲层共存表面,随后将该衬底在 0 ℃保持 30min 以上,随后打开金属 Pb 束流源挡板进行 Pb 原子沉积。大量 Pb 原子沉积在该表面形成 Pb 岛后在低温进行较长时间退火,反复多次,SiC 表面形成大量缺陷,如图 10-17 中密密麻麻的黑点所示。最终在该衬底表面进行沉积,沉积温度与时间分别为 700 ℃、15 min。此时 Pb 岛的覆盖度达到 72%,粒径可达 100 nm 以上,如图 10-18（a）所示。随后在 1500 ℃进行退火,3 min 后 Pb 岛完全消失,同时在台阶边缘、凹坑等处出现了新的形貌相,如图 10-18（b）、（c）所示,10-18（d）为（c）图的高分辨 STM 图像。

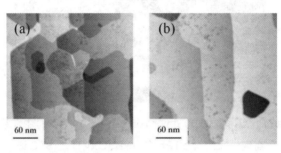

图 10-17　经过反复沉积退火表面形成大量缺陷的 SiC 表面:
（a）300 nm × 300 nm（Bias=4.2 V）,（b）300 nm × 300 nm（Bias=4.2 V）

这些新的形貌相有的呈点状,有的呈条纹状,它们被称为莫尔条纹。晶格常数不匹配的不同材料重叠后便会出现莫尔条纹。通过化学沉积法制备石墨烯时通常使用的是金属衬底,通过 STM 进行观察,石墨烯会与金属衬底发生晶格错配形成莫尔条纹[120]。研究表明当石墨烯分别沉积在 Ni（111）与 Ni（110）表面时,分别会形成点状莫尔条纹与条状莫尔条纹[121]。因此初步推测图 10-18 中出现的斑点状及条纹状莫尔条纹就是表层石墨烯与插入的 Pb 原子叠加所形成的[450]。

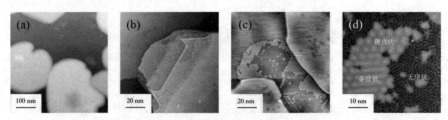

图 10-18　金属 Pb 沉积及 1500 ℃退火后得到的 STM 图像:（a）700 ℃沉积 15 min STM 图像,（b）1500 ℃退火后 STM 图像,（c）1500 ℃退火后 STM 图像,（d）Pb 插层区域 STM 图像

　　图 10-18（d）表明当 Pb 原子插入到石墨烯层之下时，会同时形成三种不同结构的插层区域分别是具有点状莫尔条纹的 Pb 插层区域、具有条状莫尔条纹的 Pb 插层区域以及无莫尔条纹的 Pb 插层区域。根据高度剖面图 10-19 所示，插层区域与非插层区域的高度差为 3 Å，与 Pb 原子直径 3.5 Å 十分接近，不仅进一步证实了 Pb 原子的插入，更说明了该插层是单层 Pb 原子插入外延石墨烯所形成的。

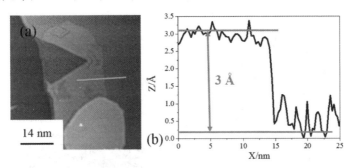

图 10-19　SiC 外延石墨烯 Pb 插层 STM 图像及直线对应的轮廓线：（a）Pb 插层区域 STM 图像，（b）图（a）中的绿线的高度剖面图

10.6　三种不同 Pb 插层区域的微观结构

　　Zhang 等人发现当氧分子插入到石墨烯和 Ru 衬底之间后可以形成规则有序的 $2 \times 12 \times 1$ 重构，此时所对应的退火前衬底表面的化学吸附覆盖度为 0.5 ML[122]。当增加覆盖度时，最终会形成 $2 \times 22 \times 2$ 重构。这说明当插层原子或分子覆盖度不同时，对插层原子层或分子层的排布是有影响的。覆盖度越高，即提供的原子或分子越多，能够插层原子或分子数越多，插层原子或分子更倾向于紧密排列。简单来说，就是插层原子或插层分子的密度会导致不同形貌的插层区域产生，这也就进一步解释了为什么 Pb 插层会有三种不同的插层形貌。下面对这三种插层区域的宏观形貌及微观结构做详细介绍。

10.6.1 斑点状莫尔条纹 Pb 插层区域

规则的点状莫尔条纹如图 10-20（a）、（b）、（c）所示，图 10-20（d）为点状莫尔条纹插层区域高分辨 STM 图像，可以清晰地观察到两套斑点，周期为 0.246 nm 的石墨烯的蜂窝状结构和周期为 2.5 nm 的莫尔条纹，它们的周期单元分别由蓝色和绿色的菱形所表示。

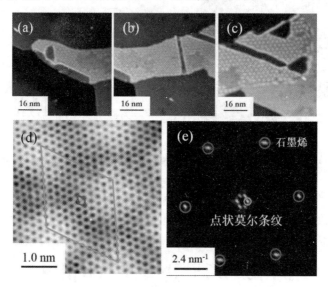

图 10-20　点状莫尔条纹 Pb 插层区域 STM 图像及其对应快速傅里叶变换图：（a）80 nm×80 nm（Bias=3.8 V），（b）80 nm×80 nm（Bias=3.8 V），（c）80 nm×80 nm（Bias=3.6 V），（d）点状莫尔条纹微观结构，（e）FFT 图像

可以利用傅里叶变换分析与周期性相关的一些性质，将实空间的图像变换到倒空间。图 10-20（e）所示相对应的快速傅里叶变换（FFT）包含了两组衍射点，每一组亮点都是六个点且为六重对称。其中外圈亮点（蓝色圆圈）代表石墨烯结构，内圈亮点（绿色圆圈）代表莫尔条纹。两套斑点形成的六边形方向一致无角度差，代表点状莫尔条纹的方向与石墨烯 zigzag 的方向一致，这一点从高分辨的 STM 图中两个菱形的方向相同也可以看出。同时，在 Pb 插层之后，石墨烯仍具有完整的晶格结构，说明当金属 Pb 原子插入到石墨烯层之下后并不会破坏石墨烯层的完整性。

在不同偏压下,点状莫尔条纹区域的形貌是不同的,如图 10-21 中两组 STM 图像所示。当偏压为 −800 mV 或 −2.8 V 时,插层区域的"点"呈现豹纹状,而在 −1.8 V 或 −1.6 V 时,呈现出实心点状。这是因为 STM 图像其实反映的不仅仅是样品表面的形貌,还反映了表面一定能量内的局域电子态密度。在不同的偏置电压下,样品的局域电子态密度是不同的,所以得到的 STM 图像是不同的。

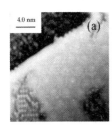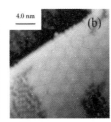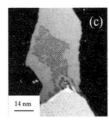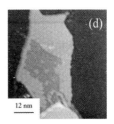

图 10-21　不同偏压条件下得到的点状莫尔条纹 Pb 插层区域 STM 图像:
(a)20 nm×20 nm (Bias=−800 mV),(b)20 nm×20 nm (Bias=−800 mV),
(c)70 nm×70 nm (Bias=−2.8V),(d)60 nm×60 nm (Bias=−1.6V)

10.6.2 条纹状莫尔条纹 Pb 插层区域

SiC 基外延石墨烯的 Pb 插层不仅会出现点状莫尔条纹,还会出现条纹状莫尔条纹,如图 10-22 (a)、(b)所示。(a)图清晰地展示出条纹状莫尔条纹三种不同方向,它们之间的角度差为 60°。图 10-22 (c)为条状莫尔条纹区域的高分辨 STM 图像,从中可以清晰地看到 Pb 插层与石墨烯形成的条纹状莫尔条纹与石墨烯晶格。该条状莫尔条纹的平均间距大约为 2 nm。图 10-22 (d)为其相对应的快速傅里叶变换(FFT)图,两个亮点代表的是条纹状莫尔条纹的信息,其余六个对称亮点表示石墨烯晶格,条纹状莫尔条纹的方向与石墨烯的 zigzag 方向保持一致。

在不同的偏压下得到的条状莫尔条纹的形貌也不尽相同,原因如前文所述,与点状莫尔条纹一致。如图 10-23 中 STM 图像所示。当偏压为 −800 mV 时,"条纹"呈现山脊状,而在 −1.8 V 时,呈现出沟道状图案。

图 10-22　条状莫尔条纹 Pb 插层区域 STM 图像及其对应快速傅里叶变换图：
（a）100 nm×100 nm（Bias=3.4 V），（b）50 nm×50 nm（Bias=2.3 V），
（c）条纹状莫尔条纹微观结构，（d）FFT 图像

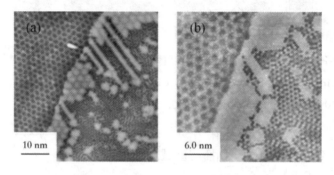

图 10-23　不同偏压条件下得到的条状莫尔条纹 Pb 插层区域 STM 图像：
（a）50 nm×50 nm（Bias=−800 mV），（b）30 nm×30 nm（Bias=−1.8 V）

10.6.3 无莫尔条纹 Pb 插层区域

　　除点状及条状莫尔条纹，Pb 原子插入也可无莫尔条纹的插层区域，如图 10-24（b）所示（图 10-24（a）白色方框区域的放大图）。该区域无明显的莫尔条纹，但通过变换偏压、图像处理等手段，可以透过石墨烯层观察到中间 Pb 原子层真实排列情况如图 10-24（c）所示。中间区域为点状莫尔条纹 Pb 插层区域，左下角为无莫尔条纹的 Pb 插层区域。在该区域观察到许多亮点并非连续排列，推测该区域为 Pb 原子的非密排插层区域。相对应的快速傅里叶变化为图 10-24（d），从中可以观察到两套斑点，均由六个点组成且六重对称，测量其周期大小分别为 0.55 nm 及 2.5 nm，分别对应着无莫尔条纹的 Pb 插层区域中真实 Pb 原

子排列周期及点状莫尔条纹周期。

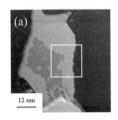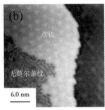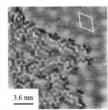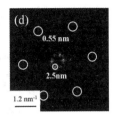

图 10-24　无莫尔条纹 Pb 插层区域 STM 图像及其对应快速傅里叶变换图：
（a）60 nm×60 nm（Bias=-1.6 V），（b）30 nm×30 nm（Bias=-500 mV），
（c）无莫尔条纹区域微观结构，（d）FFT 图像

10.7　插层 Pb 原子结构特征

当 Pb 束流的蒸发温度和沉积时间分别为 420 ℃和 30 min 时，外延石墨烯表面形成粒径约 100 nm 的 Pb 岛。图 10-25（a）为 Pb/ 石墨烯在 500 ℃退火 30 min 后表面的 STM 图像，Pb 岛基本消失，说明 Pb 原子在表面解吸附。表面大部分区域呈 6×6 重构的亮暗斑点，代表外延石墨烯层，但黑色实线包围的区域却呈斑点状（Mottling）或条纹状（Striation）的特殊图案。如图 10-25（b）所示，当 Pb 束流的蒸发温度升高至 450 ℃时，Pb/ 石墨烯在退火后其大部分表面区域为斑点状或条纹状图案，仅用黑色虚线包围的小部分区域为外延石墨烯层。所以，可推测斑点状或条纹状图案为 Pb 原子参与组成的新结构。如图 10-25（a）和（b）所示，偏压影响 Pb 原子组成新结构的 STM 图像：当偏压为 -20 mV 时，斑点状和条纹状图案分别呈花瓣状和山脊状图案；当偏压为 -3 V 时，其分别呈龟壳状和沟道状图案。

图 10-26（a）和（b）分别为斑点状和条纹状图案的 STM 原子分辨像。两种图案的表层均为晶格连续的单层石墨烯，说明 Pb 原子位于表层石墨烯的下方。化学气相沉积法制备的石墨烯通常生长在金属基底表面，例如 Ru（0001）、Ir（111）、Pt（111）等，STM 图像中石

墨烯和金属层相堆叠形成莫尔条纹[168,451,452]。因此,可推测斑点状和条纹状的周期图案为石墨烯层与下方的 Pb 原子层叠加所形成的莫尔条纹。

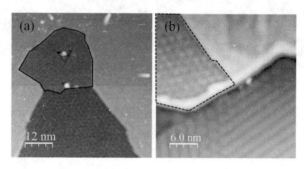

图 10-25　石墨烯表面沉积不同温度的 Pb 束流再退火的 STM 图像:
(a)420 ℃,(b)450 ℃

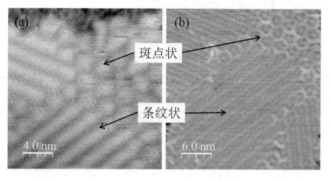

图 10-26　在不同偏压下斑点状和条纹状图案的 STM 图像:(a)-20 mV,(b)-3 V

图 10-27（a）和（c）分别为周期性斑点状和条纹状莫尔条纹的 STM 原子分辨像。斑点状图案的原胞用菱形标明,测量周期约为 2.5 nm;条纹状图案的平均间距约为 2.0 nm。图 10-28（b）和（d）分别为图 10-28（a）和（c）的 FFT 图像,其中外围六边形虚线框的六个亮点代表石墨烯的信息,而中心处的亮点代表莫尔条纹。斑点状莫尔条纹的 FFT 格子为六边形,绿色的对角延长线通过外围六边形的对角点,意味着其与石墨烯的 zigzag 边界方向基本保持一致。条纹状莫尔条纹的 FFT 格子为两个亮点。

借助于 Atomistix Toolkit 软件,建立石墨烯层间插入 Pb 的模型,推测 Pb 原子的排列方式。Pb 为面心立方金属,如图 10-29（a）所示,密排面为（111）晶面,其原胞用红色菱形标明。如图 10-29（b）所示,将石墨烯叠加至 Pb（111）表面上,可获得斑点状的莫尔条纹结构。图 10-29（c）为 Pb（110）晶面的原子结构模型图,其原胞用红色矩形标明。如图 10-29（d）所示,将石墨烯叠加至 Pb（110）表面上,可获得条纹状的莫尔条纹结构。Murata 等人发现,石墨烯沉积至 Ni（111）和 Ni（110）表面时,也分别形成斑点状和条纹状的莫尔条纹[453]。

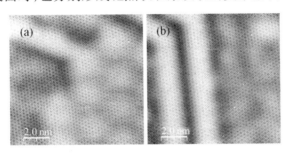

图 10-27　斑点状和条纹状图案的 STM 原子分辨像:(a)斑点状,(b)条纹状

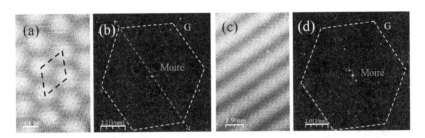

图 10-28　斑点状和条纹状莫尔条纹的 STM 图像和 FFT 图像:(a)斑点状 STM 图像,(b)图(a)的 FFT 图像,(c)条纹状 STM 图像,(d)图(c)的 FFT 图像

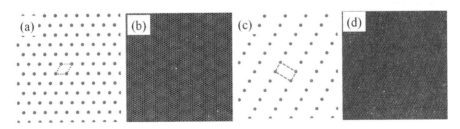

图 10-29　Pb（111）和（110）晶面及其表面叠加石墨烯后的结构模型图:
(a)Pb（111）晶面,(b)Pb（111）晶面表面叠加石墨烯,(c)Pb（110）晶面,
(d)Pb（110）晶面表面叠加石墨烯

图 10-30（a）的右上和左下部分分别呈斑点状和条纹状的莫尔条纹图像，说明表层石墨烯下方的 Pb（111）和 Pb（110）晶面相交并存在一定的取向关系。根据面心立方金属（111）和（110）晶面原子的排列及相交方式，作出图 10-30（b）的结构模型图，表示图 10-30（a）中插入至石墨烯层下方的 Pb 原子的排列方式。其中，右上和左下部分的 Pb 原子分别以（111）和（110）晶面排列，原胞分别用黑色菱形和红色矩形表示，其交界处原子的晶向用红色虚线标明，属于 <110> 晶向族。

图 10-30（c）的右侧部分呈斑点状的莫尔条纹图案，左下和左上部分呈两种取向的条纹状莫尔条纹图案，经测量两图案取向之间的夹角为60°。图 10-30（d）为相应的石墨烯层下方 Pb 原子的结构模型图，右侧以（111）晶面排列的 Pb 原子及左侧的两种以（110）晶面排列的 Pb 原子的原胞分别用黑色菱形、红色和绿色的矩形表示。Pb（111）晶面与左下、左上 Pb（110）晶面的交界处原子的晶向分别用红色和绿色虚线标明，其夹角为120°，故均属于 <110> 晶向族。所以，插入至表层石墨烯下方的 Pb 原子以密排面（111）晶面或非密排面（110）晶面进行排布，且易形成两种晶面共存的插层[454]。

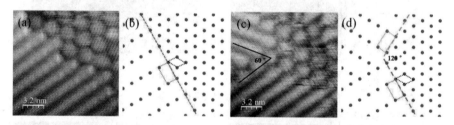

图 10-30   斑点状和条纹状莫尔条纹共存 STM 图像及其 Pb 插层原子结构模型
图：（a）斑点状和条纹状莫尔条纹共存 STM 图像，（b）图（a）中 Pb 插层原子结构
模型图，（c）斑点状和两种取向的条纹状莫尔条纹共存 STM 图像，（d）图（c）中
Pb 插层原子结构模型图

10.8　插层 Pb 原子性能分析

10.8.1 针尖引起插层 Pb 原子重排

上文提到，由于插层 Pb 原子在不同区域密度有所不同，导致不同 Pb 插层区域 Pb 原子不同的稳定排列结构，最终形成了三种不同形貌的 Pb 插层区域。图 10-31 为同一区域获得的 STM 图像，按照扫描图片的时间顺序排列。在扫图过程中设置偏压不变，均为 3.4 V。可以清晰地看到图 10-31（a）中 Pb 插层区域内均为点状莫尔条纹。随后，部分点状莫尔条纹区域转变为条状莫尔条纹，如图（b）所示。并且条状莫尔条纹的方向还会在扫图过程中有所改变，如图 10-31（c）、（d）所示。推测这种情况的产生是由于针尖的扰动导致。在扫图过程中，试样与针尖之间会施加一定的电压脉冲，这种脉冲会对石墨烯下的 Pb 原子造成影响，引起 Pb 原子的重排，使得某一区域内 Pb 原子的密度发生改变，引起稳定结构变化，最终得到形貌在不停改变的 Pb 原子插层区域的 STM 图像。

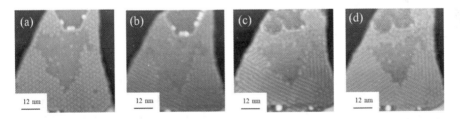

图 10-31　按扫图时间顺序排列的同一 Pb 插层区域 STM 图像：（a）60 nm×60 nm（Bias=3.4 V），（b）60 nm×60 nm（Bias=3.4 V），（c）60 nm×60 nm（Bias=3.4 V），（d）60 nm×60 nm（Bias=3.4 V）

10.8.2 Pb 插层对石墨烯性能的优化

Pb 原子插入到石墨烯与 SiC 基底之间，与石墨烯发生晶格失配，导致晶格扭转产生应力,并且 Pb 原子与表面石墨烯层相互作用,这些均会引起局部电子态信息的变化。实验利用扫描隧道电子谱(STS)对有莫尔条纹铅插层区域及非插层区域的电子态信息进行分析。为确保电子谱的精准度,需严格确保实验环境稳定及良好的针尖状态。控制样品温度维持在 77 K,针尖已稳定扫图时间大于 5 h,可以获得具有原子分辨的 STM 图像后,选中图 10-32(a)中区域,分别在 SiC 外延石墨烯(红点)及有莫尔条纹 Pb 插层区域(黑点)选点做谱。偏压设定在 600 mV,通过锁向放大技术获得 dI/dV 谱,如图 10-32(b)所示。其中红色曲线代表 SiC 外延石墨烯电子态信息,黑色曲线代表有莫尔条纹 Pb 插层区域电子态信息。

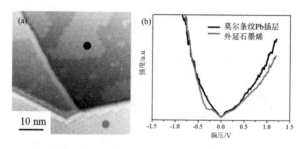

图 10-32　SiC 外延石墨烯及 Pb 插层区域 STS 谱:(a)50 nm × 50 nm
(Bias=-1.7 V),(b)图(a)中红黑两点处对应 STS 谱

首先,在费米能级附近(-50 mV~ +50 mV)两条谱线线性分布表示石墨烯的狄拉克椎能带结构,说明两处都由石墨烯存在。由于表面石墨烯受到基底表面态影响,SiC 外延石墨烯的电子谱在 -0.25 V 处出现极值,此时石墨烯为重 n 型掺杂,如图红色曲线电子态信息所示。当在石墨烯与基底之间插入部分 Pb 原子时,这种影响会减弱。足量的 Pb 原子插入后,曲线变得更加对称,如图黑色曲线电子态信息所示,代表着石墨烯恢复了本征特性,说明 SiC 基底对于表面石墨烯的影响可忽略不计。并且黑色曲线并未出现峰值,表明足量 Pb 原子插入石墨烯与 SiC 衬底之间后无掺杂效应产生,石墨烯呈电中性。根据文献报道,单层 Pd 原子插入后,也同样与石墨烯层没有电荷转移[77],不同于金属 Li(n 型掺杂)[67]、Fe(n 型掺杂)等[82]。所以说,金属 Pb 插层在一定程度上有去耦合效应,使 SiC 基体对石墨烯影响减弱,调控了石墨烯的能带结构,使其更接近自由状态。

10.9　Pb 插层的插层机制

目前还没有明确且直观的证据能够证明金属 Pb 的插层机制。文献中提到很多插层通道,例如石墨烯的边缘、皱纹等等缺陷可以帮助原子的插入及扩散[123-125]。2013 年有实验表明,金属 Pb 在石墨烯/Ru(0001)衬底上进行插层时就是通过石墨烯的边缘进入衬底与石墨烯之间,随后 Pb 原子慢慢向石墨烯区域中间扩散[126]。并且前文提到过金属 Pb 原子优先选择在石墨烯及缓冲层交界处聚集初步推测,金属 Pb 的插层可能与石墨烯的边缘有关。

由 Pb 原子在外延石墨烯的插层机制可知,Pb/石墨烯样品经500 ℃退火时,大部分 Pb 原子挥发,由于 Pb 在石墨烯表面的扩散势垒较小,部分 Pb 原子在石墨烯表面发生自由扩散。石墨烯层间以弱的范德华力结合,在退火环境下迁移至石墨烯边界等缺陷位置的 Pb 原子进入表层石墨烯下方,继续扩散并相互结合形成 Pb 插层,表层石墨烯的限制作用导致 Pb 插层不易挥发而出。

10.10　本章小结

本章研究了外延石墨烯的金属化及石墨烯与金属间的相互作用。采用退火工艺分别制备出金属原子插层,借助于扫描隧道显微镜表征其原子结构并分析形成机制。

(1)Pb 在石墨烯表面稳定存在,量子尺寸效应导致 Pb 在石墨烯表面呈电子生长模式,形成表面平整而边缘陡峭的岛状结构,且均为偶数层。理论计算结果表明,Pb 在石墨烯表面的吸附能和扩散势垒均小于在 SiC 缓冲层表面,故 Pb 在石墨烯和 SiC 缓冲层的共存表面发生选择性生长,倾向于在 SiC 缓冲层上沉积。提示我们,吸附能和扩散势垒是影响 SiC 外延石墨烯表面金属生长行为的制约因素,优化石墨烯表面金属的生长形貌时应予以考虑。

（2）针对沉积有 Pb 的外延石墨烯进行 500 ℃退火处理可致 Pb 插层结构形成,且与表层石墨烯形成莫尔条纹,并进一步证实条纹类型与插层晶面取向存在关联性,（111）和（110）晶面分别对应斑点状和条纹状图案。在金属 Pb 的沉积过程中对 Pb 岛大小影响最大的两种因素分别是蒸发时间与温度。当沉积时间越长、沉积温度越高时,Pb 岛越大,在衬底上覆盖度越高。金属 Pb 沉积时会选择优先吸附在悬挂键较多的缓冲层区域,并且两种衬底的交界处 Pb 团簇的直径更大更密集。

（3）当 Pb 原子插入到石墨烯层之下时,会同时形成三种不同结构的插层区域分别是具有点状莫尔条纹的 Pb 插层区域、具有条状莫尔条纹的 Pb 插层区域以及无莫尔条纹的 Pb 插层区域。造成这种区别的原因在于插层原子的密度不同。金属 Pb 的插层与石墨烯的边缘有关,会从石墨烯的边缘、皱纹等缺陷处实现 Pb 原子的插入及扩散。

（4）扫图过程中,针尖的扰动会使插层区域之间相互转变。这是因为试样与针尖之间会施加一定的电压脉冲,这种脉冲会引起石墨烯下的 Pb 原子重排。金属 Pb 插层在一定程度上有去耦合效应,导致基体的电子态对石墨烯影响减弱,使 SiC 基外延石墨烯恢复其本征电子结构,同时调控了石墨烯的能带结构,使其更接近自由状态。

11

金属 In 原子的生长与插层现象

　　近年来,石墨烯基微电子器件的制备离不开金属,了解金属与石墨烯接触特性是十分必要及迫切的,金属 In 与石墨烯的接触也引起了广泛的关注 [127]。作为一种优良的电极材料,金属 In 已经广泛应用于太阳能电池 [128]、整流器、热敏电阻等器件中。并且金属 In 可在石墨烯与衬底之间形成二维 InN 材料,类似于 2D-GaN [129],这种二维材料对可见光到红外光谱范围内的光电子器件来说是一种理想材料。因此成功地在石墨烯与 SiC 基底之间插入 In 原子极具意义。金属 In 位于元素周期表中第五周期Ⅲ A 族,原子直径为 3.3 Å,是一种银灰色,质地极软的易熔金属。其具有非常优良的物化性能,在军事领域及高科技产业有着重要地位。半数产量的 In 用于加工铟锡氧化物（ITO）靶材,制造透明电极等。下面详细介绍金属 In 在 SiC 外延石墨烯沉积及插层过程 [455]。

11.1　金属 In 在共存衬底上的生长

　　图 11-1 展示在不同温度及时间下沉积了 In 原子的缓冲层与石墨烯共存的 SiC（0001）表面。从（a）、（b）、（c）图中直观地看到 In 团簇沉积的吸附位点是具有选择性的:在粗糙的缓冲层表面更容易聚集 In 原子。并且分布在边缘的 In 团簇更加密集,相对于沉积在中间的 In 团簇更大、更亮一些。这是因为沉积在石墨烯表面的 In 原子由于表面光滑缺少悬挂键从而"迁移"到两种衬底的交界处,此处更容易吸附 In 原子。

　　根据图 11-2 中的粒径分布图,当沉积温度不变,随着沉积时间的增加, In 团簇平均粒径从 5.31 nm、5.65 nm,增加到 8.46 nm,分布范围从 4~6 nm 增加到 5~10 nm。并且对图 11-1 纵向分析发现,当沉积温度增加到 700 ℃时, In 原子更加倾向于聚集在一起形成 In 岛,很少出现均匀分布的小团簇颗粒。由此可见,温度和时间都是 In 沉积过程中非常重要的条件。

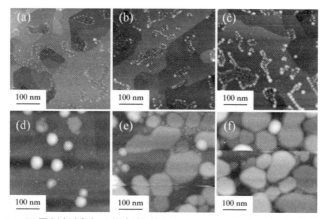

图 11-1　石墨烯与缓冲层共存衬底上不同沉积温度与时间 In 的生长形貌

（a）600 ℃ 5 min（Bias=6.1 V），（b）600 ℃ 10 min（Bias=5.8 V），

（c）600 ℃ 15 min（Bias=6.2 V），（d）700 ℃ 5 min（Bias=6.3 V），

（e）700 ℃ 10 min（Bias=8.3 V），（f）700 ℃ 15 min（Bias=6.1 V）

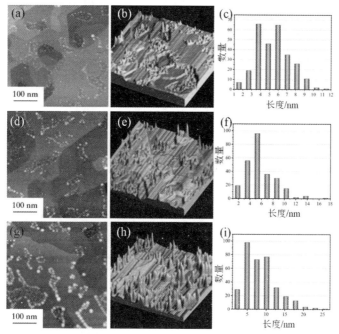

图 11-2　金属 In 蒸发温度为 600 ℃、时间分别为 5 min、10 min 及 15 min 时
在共存衬底上的沉积形貌、相对应的三维图像与粒径统计图:（a）600 ℃ 5 min
（Bias=6.1 V），（b）图（a）的 3D 图像，（c）图（a）的粒径统计，（d）600 ℃
10 min（Bias=5.8 V），（e）图（d）的 3D 图像，（f）图（d）的粒径统计,（g）600
℃ 15 min（Bias=6.2 V），（h）图（g）的 3D 图像，（i）图（g）的粒径统计

表 11-1 展示了不同沉积温度及时间下 In 团簇所对应的覆盖度。当沉积时间、沉积温度分别为 15 min、700 ℃时，其覆盖度可达到衬底面积的 88%，已经完全满足了实现 In 插层所需要的 In 原子量。因此，选取该沉积温度与时间作为本实验在制备 In 插层过程所使用的沉积工艺。

表 11-1 不同的蒸发时间及温度下 In 岛的覆盖度

沉积温度	沉积时间		
	5 min	10 min	15 min
600 ℃	7%	12%	20%
700 ℃	15%	54%	88%

与 Pb 沉积在共存衬底上的 STM 图像对比。当温度及时间均为 600 ℃、10 min 时，Pb 岛的平均粒径（27.47 nm）要明显大于 In 岛的平均粒径（5.65 nm），且 In 岛的密度要更大一些。出现这种情况的影响因素有很多，例如熔点、蒸发源等，其中最重要的原因是：金属 In 的键级大于金属 Pb 的键级，其共价键程度增加，其吸附能与扩撒势垒都大于 Pb。扩散势垒控制着岛的密度，势垒越高，所以岛的密度越高。

11.2 In 插层的制备工艺

与制备 Pb 插层不同的是，我们在两种不同的衬底上均成功得到了 In 插层。首先打开 Si 束流，于 1100 ℃热解 SiC 后，分别将两个单晶 SiC 衬底在 1350 ℃退火 5 min 及 15 min 后得到外延石墨烯与缓冲层共存的衬底。退火时间越长，石墨烯形核生长的时间越长，石墨烯面积也就越大。由上可知，退火时间较短的衬底缓冲层占比较多，如图 11-3（a）、（b）所示；相对地，退火时间较长的衬底石墨烯占比较多，如图 11-3（c）、（d）所示。

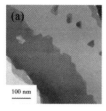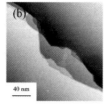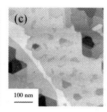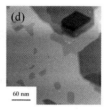

图 11-3　1350 ℃温度热解不同时间得到的石墨烯与缓冲层共存衬底：
（a）1350 ℃ 5 min（Bias=−4 V），（b）1350 ℃ 5 min（Bias=−3 V），
（c）1350 ℃ 10 min（Bias=5 V），（d）1350 ℃ 10 min（Bias=4.5 V）

随后将制备完成的两种衬底分别传入 STM 腔室，均在液氮温度（0 ℃）下保持 30 min 以上。接着打开 In 束流，沉积工艺保持一致，在低温衬底表面上沉积 15 min，沉积温度为 700 ℃。In 原子在两种衬底表面形成团簇，覆盖度达到了 90%，几乎覆盖了整个表面，此时还没有发现 In 插层，如图 11-4 所示。在扫描金属岛的过程中，金属原子会附着在针尖上，发生轻微碰撞或抖动时会造成金属原子脱落，隧穿电流发生突变，直观地反应在图片上就是形貌的突变。

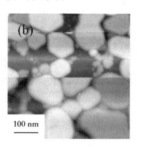

图 11-4　金属 In 蒸发温度与时间分别为 700 ℃、15 min 时在两种共存衬底上的
沉积形貌：（a）700 ℃ 15 min，500 nm×500 nm，（b）700 ℃ 15 min，
500 nm×500 nm

采用同样的退火工艺，最终在 600 ℃退火 25 min 后均出现新的形貌相，如图 11-5 及图 11-6 所示。与此同时，大面积金属 In 覆盖层已经完全消失。通过高分辨 STM 图像可以观察到石墨烯的晶格，初步可以判断 In 原子已经插入到石墨烯层下面形成了金属 In 插层。对比不同衬底上 In 插层的形貌，发现缓冲层占比较大的衬底沉积 In 原子退火后得到 In 插层面积大且形貌单一，而石墨烯占比较大的衬底沉积 In 原子退火后得到的 In 插层面积较小且具有两种不同的形貌，缓冲层区域的

面积与插层面积呈正相关。与此同时原来的缓冲层区域与插层处理后的插层区域形貌极为相似,如图 11-3(d)与图 11-6(b)所示。根据最近一项模拟研究表明,Li 原子和 Cu 原子可以穿过缓冲层上由 C 原子构成的的八元环或双空位,在 SiC(0001)衬底与石墨烯层之间形成插层,与此同时富集的 C 原子排列成六元环结构形成石墨烯[89,126],由此初步推测 In 原子的插层区域为缓冲层区域。

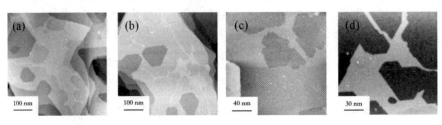

图 11-5 缓冲层占比较多衬底金属 In 沉积后 600 ℃退火 25 min 得到的 STM 图
像:(a)500 nm×500 nm,(b)500 nm×500 nm,(c)200 nm×200 nm,
(d)150 nm×150 nm

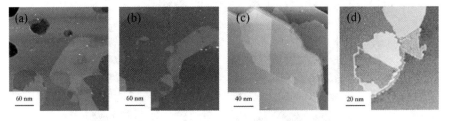

图 11-6 石墨烯占比较多衬底金属 In 沉积后 600 ℃退火 25 min 得到的 STM 图
像:(a)300 nm×300 nm,(b)300 nm×300 nm,(c)200 nm×200 nm,
(d)100 nm×100 nm

11.3 In 插层区域宏观形貌及微观结构

11.3.1 In 原子插层区域宏观形貌

图 11-7(a)为缓冲层占比较大衬底插层处理后的 STM 图像,图 11-7(b)为其相对应沿图中绿线的高度剖面图。这个高度差约为

3.3 Å,与 In 原子直径(3.3 Å)一致,说明在这种衬底上得到的 In 插层为单层 In 原子插层。图 11-7(b)为石墨烯与缓冲层共存的 STM 图像,可以从其相对应的高度剖面图图 11-7(e)中看出两种区域的高度差约为3.4 Å,与 C 原子直径非常接近,也是单层石墨烯的高度,说明该高度差表示的是缓冲层与单层外延石墨烯的界面距离。图 11-7(c)是石墨烯占比较大衬底上金属 In 插层后的高分辨 STM 图像,图 11-7(f)是沿着图 11-7(c)中的绿线的高度剖面图,可以看到两种 In 插层区域与石墨烯区域的高度差分别为 0.3 Å 与 3 Å。当单层 In 原子与双层 In 原子在缓冲层插入后便会与石墨烯区域形成这样的高度差,因此推测,这两种不同结构的 In 插层区域分别为 SiC 外延石墨烯单层 In 原子插层与双层 In 原子插层。在插层区域中,当插入的 In 原子数量足够多时,石墨烯下方的二维 In 岛上可以生长第二层插层。

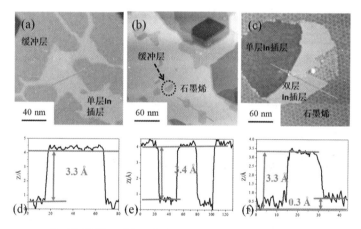

图 11-7　SiC 外延石墨烯 In 插层前后 STM 图像及折线对应高度剖面图:(a)单一形貌 In 插层,(b)SiC 衬底 1350 ℃退火 10 min,(c)两种形貌 In 插层区域,(d)图(a)绿线的高度剖面图,(e)图(b)绿线的高度剖面图,(f)图(c)绿线的高度剖面图

11.3.2In 原子插层区域微观结构

当金属锗作为插层金属时,会出现两种不同的插层区域:单层锗原子插层及双层锗原子插层,它们分别为 n 型掺杂区与 p 型掺杂区。表明在 SiC 衬底上可以制备具有不同性质的非均匀石墨烯,在面内晶体管方

面具有巨大的潜在应用价值 [25,71,130,131]。对于金属 In 来说也有两种插层区域：单层 In 原子插层及双层 In 原子插层。下面对这两种插层区域的形貌进行详细表征。

单层 In 原子插层会和石墨烯层相互作用形成莫尔条纹,如图 11-8 (a)所示,周期为 3.15 nm,其周期单元由红色的菱形表示。其对应的快速傅里叶变换(FFT)如图 11-8 (d)所示。六个对称点由红色的圆圈表示,说明了莫尔条纹的周期性特征。图 11-8 (b)和图 11-8 (c)是图 11-8 (a)中白色方框区域的高分辨 STM 图像,偏压分别是 600 mV 与 30 mV,发现在不同的偏压下会得到不同的花纹形貌,其中红色的菱形仍代表的是周期为 3.15 nm 的莫尔条纹。除此之外,在 600 mV 偏压下还可以得到周期为 0.56 nm 的斑点,其相对应的快速傅里叶变换(FFT)如图 11-8 (e)所示,由黄色圆圈表示,其中左下角插图中黄色菱形表示其周期单元。当偏压为 30 mV 时,可以清晰地看到石墨烯的晶格。已知偏压越小,扫描隧道显微镜探测到的信息深度越浅,这更进一步说明了 In 原子已经插入到石墨烯层以下,其对应的快速傅里叶变换(FFT)如图 11-8 (f)所示。外侧的六个对称点代表石墨烯的晶格,内侧的六个对称点对应的是周期为 0.56 nm 的倒格子。这两套斑点没有相对转角为同方向。

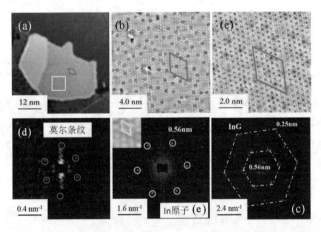

图 11-8　单层 In 原子插层区域 STM 图像及其对应 FFT 图：(a)60 nm×60 nm (Bias=1.4 V),(b)20 nm×20 nm (Bias=600 mV),(c)20 nm×20 nm (Bias=30 mV),(d)图(a)的 FFT 图像,(e)图(b)的 FFT 图像,(f)图(c)的 FFT 图像

为了系统地了解由于单层 In 原子插层与表层石墨烯晶格失配在不同的偏置电压下形成的不同花纹形貌,在同一个 In 插层区域不停地变化偏压并反复扫描得到了如图 11-9 及图 11-10 所示的一系列高分辨 STM 图像。它们的偏置电压分别为 −100 mV, −400 mV, −600 mV, −800 mV, −1 V, −1.8 V, 100 mV, 400 mV, 600 mV, 800 mV, 1 V, 1.8 V。可以发现,偏压绝对值越小,其探测的信息深度越浅,石墨烯的晶格也就越明显。随着偏压的大小、正负的改变形貌虽没有呈现出特别的规律,但可以确认的是偏压对单层 In 插层区域的形貌影响是非常大的。

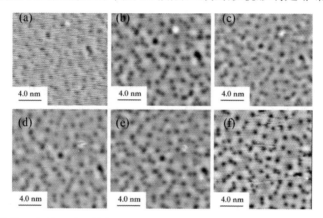

图 11-9 负偏压条件下得到的单层 In 原子插层区域 STM 图像:(a)Bias=−100 mV, (b)Bias=−400 mV,(c)Bias=−600 mV (d)Bias=−800 mV,(e)Bias=−1 V, (f)Bias=−1.8 V

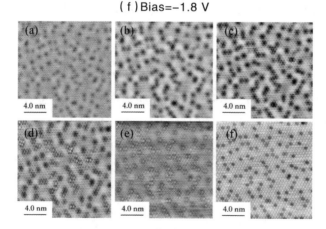

图 11-10 正偏压条件下得到的单层 In 原子插层区域 STM 图像:(a)Bias=100 mV, (b)Bias=400 mV,(c)Bias=600 mV,(d)Bias=800 mV,(e)Bias=1 V, (f)Bias=1.8 V

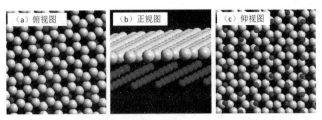

图 11-11 单层 In 原子插层区域 STM 图像及模拟结果 STM 图像

为了进一步探究单层 In 原子插层的结构特性,即单层 In 原子的真实排列情况,我们进行了模拟计算。本实验中所有的计算都是基于密度泛函理论(DFT)及投影缀加平面波势(PAW)进行的,计算软件 MedeA 所用到的计算引擎为 VASP,计算中选用 Perdew-Burke-Ernzerhof(PBE)函数来描述基态。经过收敛性测试以后,选取平面波截断能为 450 eV,布里渊区 k 点网格为 $3\times3\times1$。体系中能量变化的收敛标准取为 10^{-5} eV/atom。与此同时,规定该体系在达到优化时被束缚的原子的 Hellman-Feyman 力小于 0.01 eV/Å。并且在二维平面的垂直方向增加一个 15 Å 的真空,消除层与层之间的相互作用,但该值不宜过大,避免庞大复杂的计算。

图 11-11 是本实验的计算模型图,其中白色小球代表的是 C 原子,蓝色小球代表的是 In 原子。单层 C 原子层与单层 In 原子层上下排列,不断改变 In 原子层排列结构。经过多次尝试,最终在 In(001)面成功模拟出实验上得到的 STM 图像,如图 11-12(c)、(d)所示。图中红色菱形所对应的就是莫尔条纹的周期,大小为 3.15 nm,对比图 11-12(a)可以看出莫尔条纹的周期与方向均与实验得到的 STM 图像一致。并且变化偏置偏压时,模拟 STM 图形貌随机改变,出现的花纹与实验所得相同,如图 11-12(d)所示出现了周期为 0.56 nm 的斑点。初步确定单层 In 原子插层的原子排列结构就是 In(001)面原子排列结构。

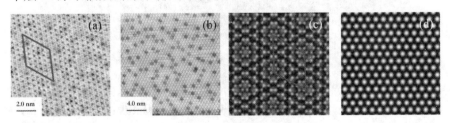

图 4-12 单层 In 原子插层区域 STM 图像及模拟结果:(a)10 nm × 10 nm
(Bias=20 mV),(b)20 nm × 20 nm(Bias=−1.8 V),(c)图(a)STM 图像模拟结果,
(d)图(b)STM 图像模拟结果

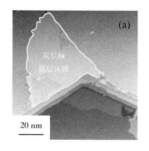 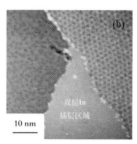

图 11-13　双层 In 原子插层区域 STM 图像：（a）100 nm×100 nm（Bias=2.8 V）
（b）50 nm×50 nm（Bias=−1.6 V）

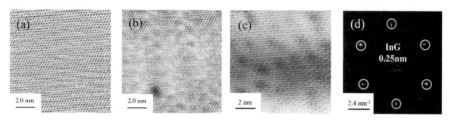

图 11-14　双层 In 原子插层区域高分辨 STM 图像及快速傅里叶变换：
（a）Bias=−70 mV,（b）Bias=−600 mV,（c）Bias=−60 mV,（d）FFT 图像

　　Mao 等人研究发现，在制备金属单晶薄膜外延石墨烯 Si 插层时，如果在衬底上沉积更多 Si 原子或者增加插层次数时，可以得到双层甚至更厚的 Si 插层 [132]。因此推测，当插入到石墨烯层下面的 In 原子数量足够多时，在二维的 In 岛上面可以生长第二层 In 岛，形成双层 In 插层区域，如图 11-13（a）和（b）所示。该区域的高分辨 STM 及快速傅里叶变化如图 11-14 所示，对应的扫描偏压为 −70 mV、−600 mV、−60 mV，它们的 FFT 图相同，如 11-14（d）所示。与 SiC 外延石墨烯及单层 In 插层石墨烯区域相比，更容易得到清晰的石墨烯晶格，表面也更加平整。推测是因为双层 In 原子的插入大大削弱了石墨稀与基底之间相互作用，使得石墨烯更加自由，说明插入双层 In 原子去耦合作用效果更优。这种石墨烯 / 双层 In 原子 /SiC 异质结结构的成功构建为未来石墨稀 /In 异质结结构的应用打下了坚实基础。

11.4 In 插层对石墨烯形貌与性能的优化

11.4.1In 插层对石墨烯的"修补"作用

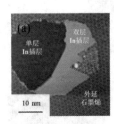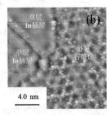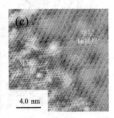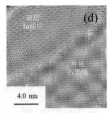

图 11-15 SiC 外延石墨烯插层区域边界高分辨 STM 图像:(a)50 nm×50 nm

(Bias=2.8 V),(b)20 nm×20 nm(Bias=40 mV),(c)10 nm×10 nm

(Bias=50 mV),(d)10 nm×10 nm(Bias=30 mV)

图 11-15(b)、(c)、(d)分别是图 11-15(a)中不同插层区域与 SiC 外延石墨烯交界处的高分辨 STM 图像。可以看到,无论是单层 In 插层石墨烯层,还是双层 In 插层都与外延石墨烯完美连接,无角度偏差或缺陷产生。根据前面分析可知,In 插层是发生在缓冲层区域的,由于 In 原子的插入,原本缓冲层区域的 C 原子重新排列形成单层石墨烯,与 SiC 基外延单层石墨烯完美连接。因此,In 插层的这一作用可以减少 SiC 基外延石墨烯上缓冲层区域面积,起到"修补"SiC 基外延石墨烯的作用,使表面石墨烯面积增大的同时不产生双层甚至多层石墨烯。对制备大面积、层数均匀的石墨烯具有重大意义与指导作用。

11.4.2In 插层制备大面积单层石墨烯

根据之前的实验发现,In 原子并不会对外延石墨烯区域进行插层,于是我们对衬底的制备工艺进行了优化。首先,打开 Si 束流,1 100 ℃ 热解 SiC,平整其表面。然后将单晶 SiC 在 1 200 ℃中退火 15 min,此过程中要精准控制温度,避免由于温度过高而产生石墨烯,如图 11-16(a)所示。随后用相同的沉积工艺在纯缓冲层表面的 SiC 单晶上沉积金属 In,沉积温度保持在 700 ℃,沉积时间为 15 min,此时,In 岛的覆盖度可以达到 100%,如图 11-16(b)所示。随后在 600 ℃退火 15 min 后便得到图 11-16(c)所示的大面积的 In 插层。图 11-16(d)为对应的高分辨 STM 图像,从中清晰地看到 In 插层所形成的独特晶格结构与莫尔条纹,与单层 In 插层区域的微观结构相同。利用该优化工艺不仅获得了大面积单层 In 插层区域,为石墨烯/单层 In/SiC 这样的异质结的应用提供了可能性,也获得了大面积的单层石墨烯,克服了 SiC 晶体热解获得的石墨烯层厚不均匀,在衬底上同时存在零层、单层、双层石墨烯这样的缺点。与此同时,还在低于 1 200 ℃的温度下成功制备出了大面积的石墨烯,降低了外延生长石墨烯的温度要求,因此更有利于工业化生产,降低成本,具有十分重要的意义。并且有望在其他富碳层表面低温制备石墨烯,从而实现石墨烯基电子器件的制备及其在微电子、超导性和应变工程中的应用。

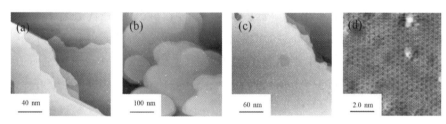

图 11-16 优化后 In 插层制备工艺:(a)热解 200 nm × 200 nm,(b)沉积 500 nm × 500 nm,(c)退火后宏观形貌 300 nm × 300 nm,(d)退火后微观结构 10 nm × 10 nm

11.4.3 In 插层对石墨烯性能的优化

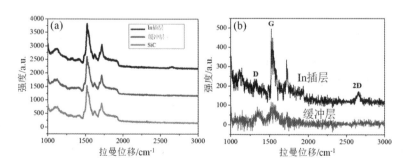

图 11-17 SiC 及 In 插层前后与 SiC 衬底的拉曼光谱图:(a)SiC、缓冲层表面、In 插层后的拉曼光谱 (b)In 插层前后与 SiC 衬底的拉曼差谱图

我们对 In 插层前后的样品表面进行了拉曼表征,如图 11-17（a）所示,红色线、蓝色线、黑色线分别代表没有经过表面处理的 SiC（0001）面、缓冲层表面、In 插层后的拉曼光谱。由图可见,表面为缓冲层的样品的拉曼光谱与 6H-SiC 单晶的拉曼光谱图基本一致,没有什么变化,说明此时并没有石墨烯产生。在插入 In 原子之后,拉曼光谱出现了 D 峰与 2D 峰,证明此时已经有石墨烯产生。通过 In 插层前后与 SiC 衬底的拉曼差谱图 [图 11-17（b）] 可以更加明显地看到石墨烯的特征峰 G 峰与 2D 峰。对比来看,插入 In 原子之后,石墨烯的 2D 峰位于 2 661.9cm^{-1},其位置相对于 SiC 外延石墨烯 2D 峰的位置（2 700 cm^{-1}）发生了红移,这说明了 In 原子的插入消减了石墨烯与衬底之间原本存在的双轴压应力。同时对 In 插层后的石墨烯 2D 峰进行拟合,发现只能拟合出一个单峰（半高宽约为 60 cm^{-1}）。对于 SiC 单层外延石墨烯来说,其 2D 峰半高宽为 59 cm^{-1},这从另一个角度说明了通过 In 插层得到的石墨烯为单层石墨烯。石墨烯有三个特征峰,D 峰代表着石墨烯缺陷数量,G 峰是由于石墨烯的晶格振动所引起的,说明的是其有序化的程度。在实验过程中观察到了比较微弱的 D 峰（1 350 cm^{-1}）,说明 In 原子插入后新形成的石墨烯只存在少量缺陷,质量较高,均一性较好。

11.5 In 插层位置及其形貌改变

11.5.1 In 插层 X 射线光电子能谱表征

为了进一步确认 In 原子在插层工艺条件优化后的存在及影响,我们制备了缓冲层衬底及 In 原子插层石墨烯两种衬底表面,并且对其进行 X 射线光电子能谱检测,结果如图 11-18 所示。其中黑色曲线为实验数据,浅蓝色曲线为拟合后的数据。图 11-18（a）为全谱图,插入 In 原子之后出现了金属 In 的特征峰。放大之后如图 11-18（b）所示,得到 In3d 的峰位图。其特征峰分别位于 444.0 eV、451.4 eV（与 XPS 手册中特征峰位置 448.0 eV 及 451.4 eV 一致）。而在纯缓冲层的衬底上无法探测到金属 In 的信号。说明通过上述优化插层工艺已经成功地将 In 原子插入。根据文献报道，金属 Cu 在插入到缓冲层与 SiC 衬底之间后，Cu2p 峰位图上也出现了 Cu 的特征峰，代表已经成功插入 Cu 原子，与本实验结果一致[90]。对于图 11-18（c）来说，峰强最大的峰位于 284.2 eV（宝蓝色曲线），代表的是 SiC 基底，同时在插入 In 原子之后出现了两个新的峰。一个峰位于 284.6 eV，这是石墨烯的特征峰（绿色曲线），说明当插入 In 原子之后，原本不存在石墨烯的衬底表面在 In 原子的作用下，C 原子重新排列形成了石墨烯层。另一个峰位于 283.7 eV（红色曲线），这是由插层下方的 SiC 衬底中的 C 原子提供的，从块状 SiC 组分特征峰位置向较低结合能移动了 0.6 eV，被认为是表层 SiC 中的 C 原子与 In 原子形成的 C-In 键。其中 S1、S2 是由于缓冲层中两种不同的 C 原子的存在导致的。S1 对应 SiC 中与 Si 原子结合的 3 个 C 原子，S2 对应的是其余 C 原子[133]。

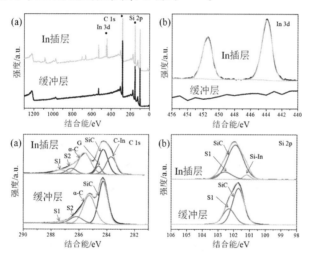

图 11-18　金属 In 插层前后 X 射线光电子能谱图：（a）In 插层前后的 XPS 全谱图，（b）In 插层前后的 In3d XPS 谱（c）In 插层前后的 C1s XPS 谱，（d）In 插层前后的 Si2p XPS 谱

如图 11-18（d）所示，结合能大小为 101.17 eV 的主峰（大红色曲线）代表块状 SiC，结合能最大的峰（粉红色曲线）S1 指的是表层 SiC 中的 Si 原子与缓冲层 C 原子的共价键。可以看到，在插入 In 原子之后，该峰的峰强有所减弱，意味着 In 原子的插入破坏了部分 SiC 与缓冲层之间的共价连接。插层后出现的新峰（绿色曲线）位于 101.1 eV，代表表层 SiC 中的 Si 原子与 In 原子的成键。综上所述，In 原子的插入位置是

在 SiC 基底与石墨烯层之间,与 SiC 基体表面的 C 原子、Si 原子分别形成 C-In 键、Si-In 键。

11.5.2 针尖对 In 插层形貌的影响

图 11-19 是 In 插层工艺优化后在同一区域得到的 STM 图像。台阶及缺陷的位置均无改变,不同的是三幅图中的插层形貌。图 11-19(a)图中的亮点分布地非常均匀,被认为是单层 In 原子插层与石墨烯层之间富余的一些 In 原子。由于针尖与样品表面的相互作用,这些 In 原子聚集在一起,形成一个 In 岛,如图 11-19 (b)中所示亮片区域。这些富余的 In 原子聚集在一起导致了双层 In 原子插层区域的产生。随着扫描次数的增加,更多地 In 原子聚集在一起,亮片区域逐渐扩大,如图4-19 (c)所示。通过图 11-19 (f)高分辨 STM 图像可以在亮片区域清晰地看到石墨烯的晶格结构,进一步证明表层石墨烯的存在,与之前所得到的双层 In 原子插层的 STM 图像一致,证实前面推论。这种现象在多次试验中得到验证,表明反复扫图确实会影响到 In 插层的结构与形貌。

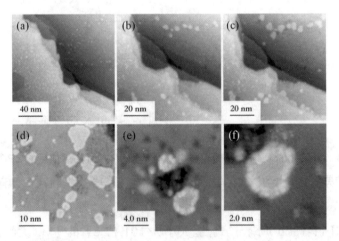

图 11-19　按扫图时间顺序排列的 In 插层域 STM 图像:(a)200 nm × 200 nm
(Bias=−2.6 V),(b)100 nm × 100 nm (Bias=−2.1 V),(c)100 nm × 100 nm
(Bias=−2.1 V),(d)50 nm × 50 nm (Bias=−1 V),(e)20 nm × 20 nm
(Bias=−100 mV),(f)10 nm × 10 nm (Bias=−60 mV)

11.6　In 插层的插层机制

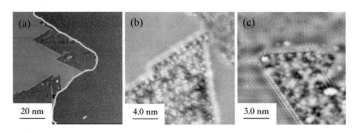

图 11-20　In 原子插层后插层区域边界 STM 图像：(a) Bias=-1.5 V，
(b) Bias=-600 mV，(c) Bias=-600 mV

　　图 11-20（a）表示的是 In 原子插层后插层区域边界 STM 图像，放大图如图 11-20（b）、（c）所示。根据前文分析，In 原子首先选择沉积在表面为缓冲层的单晶 SiC 衬底上，退火过程中，高温使具有很多缺陷的缓冲层的插入通道变得活跃，In 原子通过缓冲层的缺陷插入到缓冲层与 SiC 衬底之间，形成均匀排列的 In 插层原子，弱化了缓冲层与 SiC 衬底之间的共价连接，促使缓冲层中离化的 C 原子重新排列形成规则结构的石墨烯。与此同时，在插层区域的边缘观察到了由于散射引起的 $\sqrt{3} \times \sqrt{3}$ R30°（R3）的超结构图案，这与石墨烯缺陷引起的离域 π 电子谷间散射有关，这种量子干涉现象进一步表明插入 In 原子之后表层石墨烯更加自由[134]。

11.7　小结

　　（1）金属 In 在沉积过程中会受到沉积温度与沉积时间两个因素的影响。温度越高、时间越长，In 岛越大，覆盖度越高。与金属 Pb 一样，金属 In 沉积时会选择优先吸附在悬挂键较多的缓冲层区域,并且两种衬底的交界处 In 团簇的直径更大更密集。

(2)In 插层后会同时形成两种不同结构的插层区域:一种是单层 In 原子插层,莫尔条纹的周期为 3.15 nm,会在不同的偏压条件下形成不同的花纹。根据计算结果,推测此时 In 原子的排列结构与 In(110)面原子排列结构相同;另一种为双层 In 原子,该区域变偏压不会产生莫尔条纹,同时表层石墨烯更加清晰。In 原子的插层机制为:In 原子通过缓冲层的缺陷插入到缓冲层与 SiC 衬底之间,形成均匀排列的 In 插层原子,促使缓冲层中离化的 C 原子重新排列形成规则结构的石墨烯。

(3)扫图过程中,针尖的拖曳使得单层 In 原子插层区域富余的 In 原子慢慢聚集,形成小面积的双层 In 原子插层区域。根据拉曼表征可知 In 原子的插入可以弱化基体电子态对石墨烯的影响,调控石墨烯性能。

12

金属原子的滑移与刻蚀

在石墨烯电子器件中,当石墨烯作为导电区域的沟道材料使用时,电流通过金属电极导入石墨烯。两者之间交互作用的实验与模拟探究为实现石墨烯复合功能材料在电子器件中的应用提供了理论指导。Giovannetti 以及 Khomyakov 等人研究了不同金属与石墨烯之间的接触问题,金属在石墨烯表面的物理吸附与化学吸附不同程度上使石墨烯的态密度提高,接触电阻减小 [456,457]。此外,以往研究表明,沉积的金属粒子在一定气氛和温度条件下与 C 原子之间的相互作用可破坏衬底表面的原有连续结构,对石墨烯产生刻蚀效应,为石墨烯在半导体纳米电子学中的集成提供支持。例如,在 H_2 氛围下退火时 Ni 导致石墨烯表面的各向异性刻蚀,其中 Ni 颗粒作为催化剂,促使石墨烯与 H_2 发生反应,$Ni+C_{graphene}+2H_2 \rightarrow Ni+CH_4$,通常沿石墨烯扶手椅方向或者锯齿形方向刻蚀,Fe、Co 等金属粒子也可以产生类似刻蚀效应。本章首先利用 STM 以及 AFM 等表征手段探究了 Bi 与外延石墨烯之间的相互作用,而后表征了沉积 Bi 的外延石墨烯退火后的生长形貌及刻蚀现象,并尝试揭示其物理机制 [458]。

12.1　金属的自滑移现象

以往研究发现,在退火条件下,以金属颗粒作为催化剂,H_2 和 O_2 气体可与石墨烯发生化学反应 [152],从而形成了对石墨烯的各向异性刻蚀的作用,该刻蚀且与石墨烯表面的缺陷状态有关 [459]。不同气氛对刻蚀方向也有影响,在 H_2 气氛下,金属颗粒的刻蚀方向往往沿着扶手椅方向或者锯齿形方向 [150,151,156];在 O_2 气氛下,金属颗粒的刻蚀方向不固定 [152]。通过本实验观察发现,在 570 K 真空(无气氛)退火条件下,金属 Bi、Ag 和 In 颗粒沿外延石墨烯表面发生自滑移,并在其表面产生平直的沟道,与气氛下的刻蚀沟道极为相似。

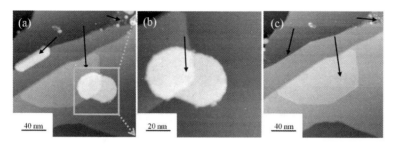

图 12-1 Bi 在外延石墨烯表面的针尖拖拽效应：(a)Bi 岛所在区域的 STM 图,(b)
图(a)中方形的放大图像,(c)第二次扫描时图(a)对应区域

如图 12-1 所示,在 STM 扫图过程中,常会出现 Bi 岛被针尖带走的现象。针对石墨烯表面的 Pb 岛与 Ag 岛的研究发现了类似情况[382,460]。图 12-1(a)中存在两个较大面积的 Bi 岛 A、B,同时在右上角区域存在一些 Bi 纳米颗粒,但当 STM 针尖再次扫过该区域后 Bi 岛已经不存在。

石墨烯表面单个 Bi 岛的覆盖面积大约为 200~300 nm²,针尖重复扫描的时间间隔仅仅为数分钟,体系温度一直保持在 77 K 低温条件下,并不会产生温飘,由于针尖状态实时变化,对金属的拖拽效应随机出现,扫描过程中一部分 Bi 原子吸附于针尖上,或从针尖脱落掉在样品表面,造成了图示同个区域 Bi 岛的消失;同时,如图 12-1(a)中箭头所指代 C 处 1450 ℃热解制备的外延石墨烯表面出现的 Bi 纳米颗粒与第 4 章中该衬底表面 Bi 的生长形貌不同,极有可能是该位置处原有的平整 Bi 岛被针尖"擦碰"所导致的结果。因此,Bi 岛在外延石墨烯表面出现的针尖拖拽效应从侧面说明了 Bi 与石墨烯之间相互作用较弱,Bi 与石墨烯仅仅是物理吸附。

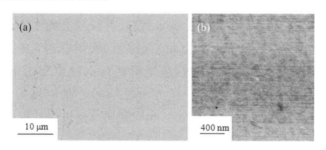

图 12-2 退火前外延石墨烯表面 Bi 的形貌：(a)50 μm×35 μm(SEM),
(b)2 μm×2 μm(AFM)

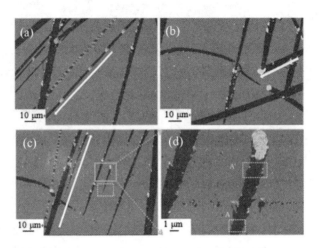

图 12-3　退火后外延石墨烯表面 Bi 的 SEM 图像：(a)110 μm×80 μm，
(b)110 μm×80 μm,(c)110 μm×80 μm,(d)17 μm×12 μm

为了探究 Bi 在外延石墨烯表面的热力学稳定性，对石墨烯表面沉积的 Bi 进行退火，加热电流为 0.1 A，退火时间为 0.5 h，观测退火前后由于金属岛衰减或者粗粒化而引起的生长形貌变化。未退火之前的生长形貌如图 12-2 所示，外延石墨烯表面沉积了大量的 Bi，沉积时间为 450 ℃，沉积时间为 20 min。从 SEM 表征结果可看出，Bi 呈膜状并覆盖了整个石墨烯表面，已无法分辨衬底上的台阶。

由于金属覆盖度较大，低温短时间退火后，基本在石墨烯表面平铺成膜。值得注意的是，退火后 Bi 颗粒发生了滑移，在衬底表面形成了很多平直的沟道。如图 12-3 中白色箭头指代方向为 Bi 颗粒沿衬底表面的滑移方向，图 12-3（d）对应为图 12-3（c）中绿色矩形区域的放大图像，在沟道顶部发现了微米颗粒，其粒径大约为 1.5 μm，长度约为 2.8 μm。从形成沟道的运动轨迹来看，在滑移过程中 Bi 颗粒逐渐聚集长大，如图 12-3（c）中黄色矩形区域沟道宽度由下至上逐渐增大，尾部呈锥形，图 12-3（d）下方黄色矩形 A 处沟道的宽度为 1.3 μm，A' 处沟道的宽度为 1.6 μm，Bi 颗粒在向前推进的过程中尺寸不断增大。

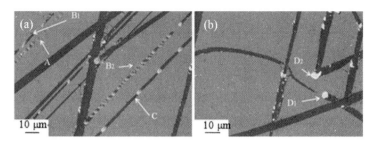

图 12-4　Bi 在外延石墨烯表面沟道的形成过程：(a)110 μm×80 μm，
(b)110 μm×80 μm

进一步分析沟道的形成过程，如图 12-4 所示。实验选取退火温度为 400 K，较 Bi 在真空中的熔点(~860 K)低，故在低温退火进程中，Bi 膜表面部分金属融化汇聚形成纳米颗粒，沿着衬底表面某个方向移动，破坏了衬底表面原有 Bi 膜的连续性。如图 12-4(a)，A 处箭头所指区域出现了一系列聚集的 Bi 颗粒，这是沟道形成的第 I 阶段；第 II 阶段 Bi 颗粒沿着聚集方向开始滑移，形成了间断的平直沟道，如图 12-4(a)中 B_1 和 B_2 箭头所指区域；在第 III 阶段，由于滑移方向后端 Bi 颗粒的路径与前端的 Bi 颗粒滑移路径方向相同，其滑移路径前方的 Bi 膜已经遭到破坏，滑移速率较快，间断的沟道演变为连续的沟道；在第 IV 阶段，由于滑移方向后端 Bi 颗粒的滑移速率大于前端的金属颗粒，在逐步滑移过程中，两者相遇并聚集成更大的 Bi 颗粒，如图 12-4(b)中 D_1 所指代区域，故滑移过程中金属颗粒的不断长大一方面来自于新沟道的形成，类似于"滚雪球"效应，另一方面来自于后方 Bi 颗粒的聚集。在 SEM 的宏观形貌中同样观察到了不同沟道之间的交叉，如图 12-4(b)中 D_2 所指代区域。

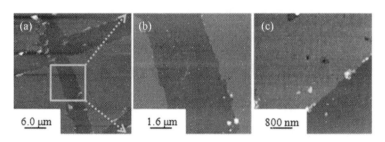

图 12-5　沟道处的 AFM 图像(a)30 μm×30 μm，(b)8 μm×8 μm，
(c)4 μm×4 μm

实验利用 AFM 对沟道交叉处的形貌进行了观测，图 12-5（b）对应图 12-5（a）中沟道交叉处下方的形貌图，从中可明显观察到显露的衬底台阶，在沟道边缘存在少量 Bi 颗粒。向石墨烯表面沉积 Ag、In，退火后均出现了类似现象，此过程仅在升温退火条件下发生，没有任何外力与气氛作用，故可将其称为"自滑移"。外延石墨烯衬底易发生金属"自滑移"现象，也说明了 Bi 与石墨烯之间弱的相互作用，衬底对 Bi 颗粒的滑移行为并没有强的阻碍作用。

图 12-6（a）和（b）是表面覆盖有 Ag 颗粒的外延石墨烯经退火后的 SEM 照片。金属 Ag 的覆盖度较大，基本已成膜，但在退火过程中 Ag 颗粒会自发的滑动，从而形成沟道，且主要沿两个方向进行滑动，如图中蓝色和绿色箭头所示。图 12-6（a）中白色虚线表示 SiC 的原始台阶位置，也是外延石墨烯的扶手椅方向[170]，据此可粗略判断 Ag 颗粒滑移的方向。绿色箭头所指示方向与白色虚线成 66° 夹角，可推断此方向也是扶手椅方向。同样，与绿色箭头所指示方向成 127° 夹角度的方向也为扶手椅方向。蓝色箭头和绿色箭头的夹角为 ~36° 或者 ~150°，说明也有部分沿着锯齿形方向滑移的 Ag 颗粒。图 12-6（b）是同一样品的其他表面区域，以白色虚线标示的扶手椅方向为参考，蓝色箭头和白色虚线呈 35° 夹角，说明此区域的 Ag 颗粒主要沿锯齿形方向滑移。这些滑移的沟道可以相互平行，也可以相互交叉，还可以发生转向。整个滑移过程是在真空退火中自发形成的。

图 12-6　Ag 颗粒滑移及形貌：（a）、（b）Ag 颗粒滑移及取向；（c）滑移的转向；（d）–（f）Ag 颗粒滑移后的聚集；（g）、（h）滑移样品在大气中弛豫后的形貌

很显然，Ag颗粒的滑移主要沿着扶手椅和锯齿形方向。图12-6（c）-（h）展示了更多关于颗粒滑移的细节。从图12-6（c）可以看出，Ag颗粒在滑移过程中是可以转向的，如绿色虚线箭头所示，这与石墨烯表面的缺陷及吸附物有关。还可以推动附近颗粒的平行滑移，如白色虚线箭头下方的滑移沟道。图12-6（d）-（f）是关于滑移过后金属颗粒聚集的形貌，有明显的褶皱，是滑移过程中受到挤压所致。图12-6（g）和（h）是颗粒滑移后将样品置于大气中一段时间后的形貌，已形成沟道变化不大，而未形成沟道区域有大量颗粒析出。值得注意的是，金属Ag颗粒的滑移仅发生在真空退火过程中，且无任何气氛的参与。实验采用的退火温度为570 K，远低于Ag的熔点（~1 234 K）。通常情况下，金属的熔点在真空中会大大降低[154,461]，所以，在加热退火过程中会有少部分Ag融化，融化的Ag颗粒沿着石墨烯表面移动，从而形成沟道[151,156]。Ag颗粒还会逐渐聚集形成更大的颗粒，类似于"滚雪球"效应，所以在沟道最前端均观察到较大的Ag颗粒。

对于金属In来说，也能观察到与Ag类似的自滑移现象。图12-7为外延石墨烯表面的In经过退火后的SEM照片。图12-7（a）中的白色虚线代表外延石墨烯的扶手椅方向。绿色箭头所示方向与白线呈67°夹角，说明此滑移方向也为扶手椅方向。据此，还可以判断与绿色箭头呈~118°和~116°的沟道也是沿扶手椅方向。如图12-7（a）右上角所示，也有少数滑移方向与扶手椅方向呈35°夹角，即沿锯齿形方向滑移。所以，金属In颗粒的滑移同样以扶手椅和锯齿形两个方向为主。图12-7（b）所示为同一样品的不同区域，其中也能观察到大量相互平行的滑移沟道形貌，与白色虚线呈7°夹角，近似于沿扶手椅方向滑移。图12-7（c）和（d）是In沟道及表面形貌的放大图像，当遇到缺陷时也会转向，如图12-7（e）所示。

In的熔点为430 K，实验采用的退火温度为570 K，大部分In颗粒融化并在降温后球形化，如图中的白色亮点。因此，In颗粒的滑移相对比较容易。由于In颗粒的融化，所以在其滑移的前端不会聚集成大颗粒，与金属Ag颗粒的滑移不同，如图12-7（f）所示。图12-7（g）是图12-7（b）中白色方框所示区域的放大图像，可以看出，已滑移沟道中还会有平直的二次滑移沟道，图12-7（h）的放大图像进一步证实这一观点，由此也可以说明In颗粒滑移较为容易。

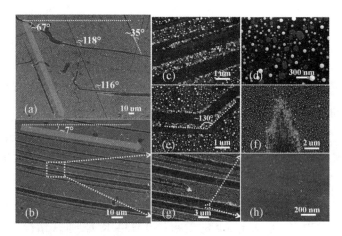

图 12-7　In 颗粒滑移及形貌：(a)、(b) In 颗粒滑移及取向；(c)-(f) In 颗粒滑移沟道和表面形貌；(g)、(h) 二次滑移沟道的放大图像

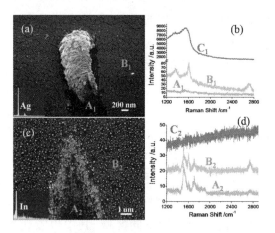

图 12-8　(a)、(b) Ag 自滑移表面及拉曼光谱；(c)、(d) In 自滑移表面及拉曼光谱；A_1（A_2）为 Ag（In）沟道，B_1（B_2）为 Ag（In）表面未滑移区，C_1（C_2）为 Ag（In）沟道前端，插图是对应的 EDS 结果

　　金属 Ag 和 In 颗粒沿石墨烯表面的滑移现象与表面刮擦极为相似，但在此过程中无外力的参与，仅仅是在超高真空原位退火的条件下形成，所以称为"自滑移"。这种自滑移在石墨烯表面容易发生，可以越过台阶和微孔洞，取向性强。尽管相互间有交错、转向或平行的关系，但主要以沿着石墨烯的扶手椅和锯齿形取向为主。这种自滑移现象有一定的"刻蚀"效果，类似于橡皮擦除过程，对外延石墨烯表面有一定的破坏作用，与气氛下金属颗粒刻蚀的效果相似，通过拉曼表征分析可以证

实,如图 12-8 所示。图 12-8（a）和（b）是 Ag 颗粒滑移表面的 SEM 照片以及相应的拉曼光谱，A_1、B_1 和 C_1 分别为沟道、Ag 表面和沟道最前端聚集的 Ag 颗粒，插图 EDS 结果证实了 Ag 的存在。图 12-8（c）和（d）是 In 颗粒滑移表面的 SEM 照片及其拉曼光谱，A_2、B_2 和 C_2 代表沟道、In 表面和沟道前端，EDS 结果证实了 In 的存在。如图 12-8（b）和（d）所示，在金属表面未滑移区域（B_1 和 B_2），石墨烯的拉曼特征峰明显，在沟道中（A_1 和 A_2 处）几乎测不到石墨烯的拉曼特征峰（~1350 cm^{-1}、~1590 cm^{-1} 和 ~2700 cm^{-1}）。很显然，金属颗粒滑移对石墨烯产生的破坏作用，与气氛下金属颗粒的刻蚀效果类似。如图 12-8（b）中的蓝色（B_1）和红色曲线（C_1）所示，在 Ag 表面还观测到了表面增强拉曼信号（SERS）[462,463] 以及石墨烯向类金刚石（DLC）的转化特征 [464,465]。In 不具有拉曼增强效应，所以，未观察到类似的表面增强拉曼光谱。由于 In 的熔点低于退火温度，In 颗粒融化，在滑移过程中对石墨烯的破坏作用比 Ag 颗粒小，也未见类似的 DLC 转化特征。

12.2 Bi 在外延石墨烯表面的刻蚀现象

12.2.1 刻蚀形貌

将加热电流设定为 0.2 A，对沉积 Bi 的外延石墨烯进行低温 24 h 退火，退火前后样品的表面形貌如图 12-9 所示。

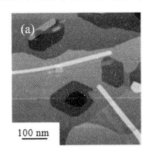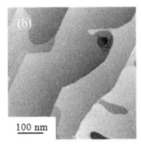

图 12-9　低温长时间退火前后的样品宏观形貌（500 nm × 500 nm）：（a）低温长时间退火前的样品形貌，（b）低温长时间退火后的样品形貌

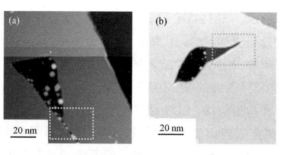

图 12-10　低温长时间退火后外延石墨烯表面残留的 Bi 及沟道：
（a）100 nm×100 nm，（b）100 nm×100 nm

　　一般情况下，低温长时间退火过程中 Bi 不断在 MBE 腔室蒸发，退火后衬底表面较为光滑，基本无 Bi 存在，如图 12-9（b）所示。但在极个别区域，少量 Bi 颗粒残留在衬底表面，且主要集中在石墨烯的孔洞周围。由于孔洞区域存在缺陷，悬挂键多于平整台阶表面，低温加热过程中，Bi 原子的蒸发缓慢，少量 Bi 原子并未随基体温度升高离开而是附着在孔洞周围。值得注意的是，在这些孔洞周围存在极小沟道，甚至有 Bi 颗粒嵌入在沟道中，如图 12-10 所示，黄色矩形区域石墨烯表面出现了宽度小于 2 nm 的沟道。

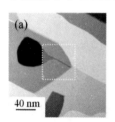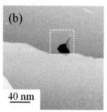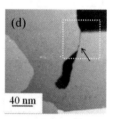

图 12-11　低温长时间退火后外延石墨烯表面的沟道：（a）平直沟道，
200 nm×200 nm，（b）平直沟道，200 nm×200 nm，（c）转向沟道，
200 nm×200 nm，（d）转向沟道，200 nm×200 nm

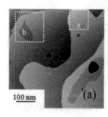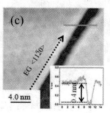

图 12-12　刻蚀沟道处的微观形貌：（a）500 nm×500 nm，
（b）100 nm×100 nm，（c）20 nm×20 nm，（d）10 nm×10 nm

通常情况,热解 SiC 制备的外延石墨烯表面会由于热解温度和气氛差异产生或多或少的缺陷和孔洞,但在外延石墨烯的制备过程中绝不会在孔洞边缘出现细小的沟道,且实验观察到的沟道多为平直状,缺陷引入的可能性极小。如图 12-11 所示,为了验证 Bi 对外延石墨烯的刻蚀作用,实验对多个沉积 Bi 的外延石墨烯样品进行低温长时间退火。如图 12-11(a)、(b)所示,在孔洞边缘出现了平直的沟道,而在图 12-11(c)、(d)中沟道发生了转向。图 12-11(c)中的沟道首先从石墨烯的孔洞中平直延伸,而后在箭头指代 A 处发生了 120° 转向,在继续向前刻蚀的过程中,又发生了 2 次转向,箭头指代 B 处的沟道夹角为 150° 。在图 12-11(d)中,沟道在 C 处同样产生了 150° 的转向。

如图 12-12 所示,对刻蚀处的微观形貌进行表征,得到了原子分辨图像。图 12-12(b)为图 12-12(a)中左侧白色方形区域的放大图像,在其矩形区域原本连续的石墨烯台阶边界被刻蚀沟道中断,对绿色方形区域扫描放大,得到图 12-12(c),可清楚观察到缓冲层的 6×6 结构及石墨烯的晶格结构,沟道的刻蚀方向与外延石墨烯 <$01\bar{1}2$> 方向一致,宽度约为 1.5 nm。由原子分辨图像可见,沟道两侧为双层石墨烯,沟道处为单层石墨烯,沟道上方的高度高出 0.4 nm,与石墨烯的层间距(0.34 nm)相近,刻蚀破坏了表层石墨烯结构。在图 12-12(a)中右上方存在一个不太明显的沟道,对应字母 e 标识区域,对该区域扫描放大,得到了图 12-13。从图 12-13(b)发现,转向沟道之间的夹角为 150° ,其沟道深度约为 0.4 nm,沟道左下方的刻蚀方向同样与外延石墨烯 <$01\bar{1}2$> 方向保持一致,而沟道右上方的刻蚀方向则与外延石墨烯 <$10\bar{1}0$> 方向保持一致,即分别与石墨烯 armchair 方向与 zigzag 方向一致。从图 12-13(e)中的轮廓线可看出,沟道右侧石墨烯的高度略高于周围区域,由于刻蚀将原本连续的石墨烯表面破坏,谷间散射作用导致石墨烯边界处产生了明显的干涉图案[466]。

12.2.2 刻蚀机理

以往研究发现,石墨烯表面的金属纳米颗粒的刻蚀与一种氢化氧化机制相关。在氢化机制中,石墨烯作为碳源,金属粒子作为催化剂,促使体系发生了 $C(s) + 2H_2(g) \xrightarrow{\text{Metals}} CH_4(g)$ 反应[467],从而在石墨烯表面产生了平直的刻蚀沟道,研究还通过无氢环境验证刻蚀现象与氢化的必然联系。在氧化机制中,氧原子在石墨烯边缘的扩散过程中与 C 原子形成了 CO 或 CO_2,其沟道既存在平直状也存在螺旋状,这是由于金属颗粒的污染导致的非均相催化行为[468]。

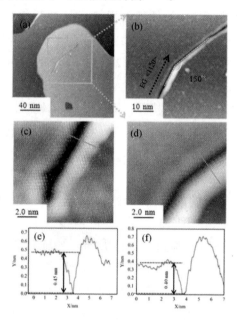

图 12-13　刻蚀沟道处的微观形貌:(a)200 nm×200 nm,(b)50 nm×50 nm,(c)10 nm×10 nm,(d)10 nm×10 nm,(e)图(c)中直线对应的轮廓线,(f)图(d)中直线对应的轮廓线

表 12-1　金属粒子在石墨烯 / 石墨表面的刻蚀

纳米颗粒	刻蚀材料 / 衬底	气氛	温度 /℃
Ni	HOPG	Ar/H_2	750~1 000
Ni	Graphene/SiO_2	Ar/H_2	1 100
Fe	FLG/ SiO_2	Ar/H_2	900
Co	HOPG	N_2/H_2	700
Co	HOPG	H_2	400~900
Ag	HOPG	Ambient air	650
SiO_x	FLG/ SiO_2	H_2	850~1 000

　　然而,本实验中并没有引入任何气氛,且金属粒子退火的温度较低(以往研究中的退火温度多集中在 500~1 000 ℃),时间较长,如表 12-1 显示的是部分金属粒子在石墨烯表面的刻蚀条件。观察发现,虽然退火后外延石墨烯表面存在极少量残留的 Bi 颗粒,但周围并无刻蚀沟道存在,几乎所有的沟道都与石墨烯的孔洞相连,说明孔洞对微观刻蚀现象的触发举足轻重,Bi 在外延石墨烯表面的刻蚀起始于石墨烯孔洞的边缘并逐渐以特定方向向石墨烯内部延伸。相较于外延石墨烯表面,由于孔洞周围缺陷和悬挂键较多,其 C 原子更为活跃,也更容易聚集金属粒子,在缓慢退火过程中,残留在孔洞周围的 Bi 颗粒与 C 原子之间的相互作用使得金属颗粒在外延石墨烯表面发生了刻蚀,石墨烯孔洞边缘与其平整表面存在的反应活性差异最终引发了 C 原子从特定位点的移除。

　　针对 Bi 在外延石墨烯表面的刻蚀机理,可能的解释是:在低温长时间退火下,Bi 原子与 C 原子之间的强相互作用弱化了 C 原子之间的键合,促使 Bi/石墨烯界面处 C–C 键的断裂,脱离了共价键束缚的 C 原子被周围的 Bi 原子所包围,悬挂键的扭曲变形导致 C 原子脱离石墨烯并溶解到 Bi 纳米颗粒中。实验中虽然未引入任何气氛,但系统环境中不可避免的有少量氧,样品在加工前进行了 800 ℃ 5 h 除气预处理,氧化物等杂质解吸附,超高真空条件也不能完全隔离环境中的氧,被溶解的 C 原子与环境中的 O 原子在 Bi 纳米颗粒的表面反应,从而生成了碳氧化物。Bi 纳米颗粒在外延石墨烯表面的各向异性刻蚀与石墨烯扶手椅方向和锯齿形方向 C–C 键破裂的能量势垒相关,也可能与 Bi 纳米颗粒在石墨烯表面特定晶向的选择性有关。

　　石墨烯的原子级精细制造对于其在微电子器件领域的应用至关重要,纳米条带的宽度与特殊的取向决定了石墨烯的电学性能,如 armchair 边界由于包含不等价的两种 C 原子,随着纳米条带宽度的变化既可以表现为金属性又可表现为半导体性[469];zigzag 边界由于 C 原子类型相同而表现为金属性。以目前的纳米技术水平来看,石墨烯粗糙的非晶边缘很难实现微电子器件应用中的结构要求,从而限制了器件的性能和开关电流比。实验中,石墨烯表面热活化的 Bi 纳米颗粒沿着某一轴向发生的定向刻蚀使得石墨烯器件原子级精准制造成为可能,这方面的突破将会使得石墨烯在集成电路中具有广泛的应用。而 Bi 岛在外延石墨烯表面的分布是随机性的,退火后实现石墨烯表面纳米尺度刻蚀位点以及刻蚀沟道宽度的精确控制仍然是一个比较难克服的问题。

12.3　本章小结

本章研究了外延石墨烯的金属化及石墨烯与金属间的相互作用。结果表明,在 SiC 衬底 / 石墨烯表面沉积 Pb、In、Bi 等金属原子时,由于 SiC 衬底表面大量悬挂键的存在,表面吸附能和扩散激活能均大于光滑的石墨烯表面。相比于石墨烯,金属原子更易于在 SiC 衬底上形核长大,呈现出选择性生长模式。尺寸较小且密集的金属小岛往往形成于 SiC 缓冲层,而一旦在石墨烯上形核的金属原子比较容易形成尺寸较大的金属岛。本章以 Bi、Ag 和 Pb 为例,采用分子束外延法将金属沉积至 SiC 外延石墨烯表面,研究金属在石墨烯及其与 SiC 缓冲层共存表面的生长行为及主控因素。

(1)金属原子与外延石墨烯之间的相互作用较弱,沉积在外延石墨烯表面的金属原子为物理吸附,在 STM 的扫图过程中很容易被针尖带走,出现针尖拖拽效应。

(2)在外延石墨烯表面沉积大量金属原子后对样品进行低温短时间退火处理,叠层生长的金属岛转变为较为平整的金属膜,并发生了金属原子的自滑移。在真空退火条件下,金属 Ag、In 颗粒会在外延石墨烯表面滑动,产生沿扶手椅和锯齿形方向的平直沟道,对石墨烯发生类似的刻蚀。

(3)对金属 Bi 原子 / 石墨烯吸附生长体系进行低温长时间退火,外延石墨烯表面仅有少量的 Bi 残留,并附着于石墨烯孔洞周围;在缺陷或孔洞边缘观察到石墨烯表面的刻蚀现象,在无任何气氛的条件下,Bi 金属颗粒与外延石墨烯表面 C 原子之间的相互作用促使了刻蚀沟道的产生。

13
总结与展望

13.1　总结

　　本书采用 6H-SiC 高温热解法在超高真空条件下制备了外延石墨烯,系统表征了 SiC 表面历经各种重构结构再到石墨烯的演变过程,分析探讨了外延石墨烯的生长机理、边界取向及电子态特征,探索了高质量单层外延石墨烯的大面积制备方法,研究了石墨烯表面的金属生长、掺杂和插层等相互作用,得到的主要结论如下:

　　(1)随着温度的升高,SiC 表面历经了三种重构,3×3、($\sqrt{3} \times \sqrt{3}$ $R30°$)和 6×6。6×6 重构是外延石墨烯形成之前 SiC 衬底的缓冲层结构,由($\sqrt{3} \times \sqrt{3}$ $R30°$)重构演化而来,在不同偏压下呈现不同的形貌特征。随着温度的升高,Si 原子开始升华,SiC 缓冲层在保持长程有序的条件下,其短程原子结构历经了"有序 - 无序 - 有序"的转变过程,裂解的碳原子以有序排列的三角形团簇为模板在缓冲层表面形核、长大成为石墨烯。通过 STM 原子分辨像以及 STS 证实了外延石墨烯沿 SiC 台阶具有较好的连续性,且因石墨烯的生成,SiC 表面由半导体特性转变为金属性。

　　(2)发现了石墨烯和 SiC 衬底之间的特殊外延关系,即石墨烯的扶手椅方向和 SiC 衬底 6×6 重构的基矢方向以及 SiC 晶体的 $<11\overline{2}0>$ 密排方向完全一致。利用较大尺度范围的 6×6 重构的基矢方向可以判断外延石墨烯的边界取向,比偏振拉曼光谱和高分辨 STM 图像方法更为直观且高效。基于这种表征方法发现,对于 SiC 高温热解制备的外延石墨烯,无论是单层还是多层均以扶手椅边界为主。

　　(3)揭示了扶手椅边界附近因入射电子和散射电子而产生的量子干涉图案。尽管图案形状有别,但其周期均为石墨烯晶格的 $\sqrt{3}$ 倍,正好与石墨烯费米能级附近的电子波长(0.37 nm)相近。由边界状态决定的反射电子位相差别导致了不同的干涉图样。然而,对于有褶皱或粗糙的边界,未观察到干涉图样,反而呈现的是石墨烯的六角晶格。利用光的镜面反射和漫反射现象做类比,阐释了这一差别。

（4）STM、拉曼光谱及 XPS 表征发现,超高真空热解法制备的石墨烯表面微孔洞多, Si 束流下的热解法制备的石墨烯形貌规则但层数较多,真空快闪法制备的石墨烯表面较为粗糙, Si 或者 Pb 束流下的快闪法制备的石墨烯形貌规则、层数少。实质上,由于 Si 或 Pb 气氛的存在, SiC 基体表面 Si 原子的升华受到一定程度的抑制,且抑制的升华过程为 C 原子在缓冲层表面的扩散和形核提供了足够的时间,而且部分原子向下扩散至石墨烯与缓冲层之间,显著改善了石墨烯的平整度。

（5）研究了金属与外延石墨烯及 SiC 衬底之间的交互作用。由于 SiC 衬底表面大量悬挂键的存在, Bi、Pb、In、Ag 等金属原子在 SiC 表面的吸附能和扩散激活能都大于光滑的石墨烯表面。相比于石墨烯,金属原子更易于在 SiC 衬底上形核长大,在缓冲层与石墨烯共存衬底上展现出选择性沉积模式,并且两种衬底交界处的金属团簇更大更密集。尺寸较小且密集的金属小岛往往形成于 SiC 缓冲层,而金属岛一旦在石墨烯上形核将容易长成尺寸较大的金属岛。Pb、Bi 两种金属原子都展现出电子生长模式,其形成金属岛都展现出量子尺寸效应。金属的沉积过程中影响最大的两个因素分别是沉积时间与沉积温度,沉积时间越长、温度越高,金属岛越大,覆盖度越高。STM 针尖对两种插层区域的形貌都有影响。针尖与样品之间的电压脉冲会改变石墨烯下的金属原子排列结构或使其聚集。在真空退火条件下,金属 Bi、Ag、In 颗粒沿外延石墨烯表面自滑移,导致沿扶手椅和锯齿形方向的平直沟道,类似于刻蚀行为。当金属 Ag 等离子体注入时,外延石墨烯会转变成为类金刚石（DLC）膜。

（6）根据拉曼光谱特征峰的变化,阐明了外延石墨烯与金属界面交互作用的层厚效应。提出基于 SiC 拉曼峰的衰减程度估算石墨烯平均层数的方法,发现石墨烯表面沉积 Ag 后其拉曼信号大幅增强,且拉曼峰的增强因子随层数而减小。发现 Ag 对外延石墨烯有电子注入效应,导致石墨烯的 G 峰劈裂且 2D 峰向低波数方向移动,但 G 峰劈裂和 2D 峰偏移的程度均随石墨烯增厚而减小。究其本质在于, Ag 对石墨烯电子结构的影响几乎局限于表层,因此,石墨烯和 Ag 之间的界面交互作用随层数增加而减弱,表明石墨烯层数是调控石墨烯与金属界面交互作用的有效参量。针对 Ag 沉积的外延石墨烯进行 1 350 ℃ 退火处理导致 Ag 原子替位掺杂,揭示了其掺杂机制为 Ag 原子进入 SiC 缓冲层,与 C 原子结合并参与到新石墨烯层的形成过程,热稳定性高且晶格变形小。理论计算发现, Ag 原子倾向于替位石墨烯 α 位置的 C 原子,且体系自旋向上和自旋向下的轨道劈裂,产生 $1.06\ \mu_B$ 的磁矩。金属原子替位掺杂外延石墨烯为新型电子器件的开发与应用提供了重要参考。

（7）Pb 原子从石墨烯的边缘、褶皱等缺陷处插入到石墨烯与 SiC 衬底之间;SiC 基外延石墨烯 Pb 插层,同时形成三种不同的插层形貌,分别是具有点状莫尔条纹的 Pb 插层区域(周期为 2.5 nm)、具有条状莫尔条纹的 Pb 插层区域(平均间距为 2 nm)以及无莫尔条纹的 Pb 插层区域。 In 原子是从缓冲层的缺陷插入到缓冲层与 SiC 衬底之间,弱化了缓冲层与 SiC 衬底之间的共价连接,促使缓冲层中离化的 C 原子重新排列形成规则结构的石墨烯。SiC 基外延石墨烯 In 插层会形成两种不同的插层形貌,分别是单层 In 原子插层与双层 In 原子插层。以上这种情况都是由于插层原子密度不同造成的。单层 In 原子插层区域在不同的偏置电压下呈现出不同的花纹,第一性原理计算结果表明此时 In 原子按照 In（001）面结构排列。扫描隧道谱及拉曼结果表明 Pb、In 插层都会减弱基体对石墨烯的影响,对石墨烯的能带结构进行调控,优化石墨烯形貌。

以上研究结果有助于理解外延石墨烯的生长机理,掌握外延石墨烯的边界取向及电子态的基本特征,增强对外延石墨烯与金属间相互作用的理解。本书的研究工作为高质量平整单层外延石墨烯的生长及改性提供了工艺参考。

13.2　研究展望

本书的实验工作主要研究了外延石墨烯的制备、表征及金属生长、掺杂及插层等现象,取得了一系列的研究结果,但相关工作仍有待深入,表现在以下方面:

（1）不同干涉图案的机理解释。尽管通过模型及理论分析初步确定了不同干涉图案产生的原因,但仍未建立反射电子相位与边界缺陷或边界状态的对应关系,对边界附近干涉图案的衰减行为的机理仍不清楚。针对石墨烯表面的微区域,如,山脊、边界或缺陷结构,结合针尖增强拉曼光谱(TERS)和扫描隧道谱,建立纳米区域石墨烯电子态与结构的关联性。

(2)拉曼光谱的分辨率在微米级别,无法探测纳米结构。STM 和拉曼光谱集成的针尖增强拉曼光谱(Tip enhanced Raman scattering, TERS)技术可将拉曼光谱的分辨率提高至纳米级别,所以将摸索 TERS 技术,从光学角度探测山脊结构、金属掺杂缺陷等微区域的结构信息。通过高温退火处理实现了 Ag 在石墨烯中的替位掺杂效应,从形成机制分析,此方法针对其他金属原子具有一定普适性,但相关实验报道非常少,所以将进行检测证明,并探究不同金属原子替位掺杂结构的一致性与差异性。拉曼光谱的分辨率在微米级别,无法探测纳米结构。STM 和拉曼光谱集成的针尖增强拉曼光谱(Tip enhanced Raman scattering, TERS)技术可将拉曼光谱的分辨率提高至纳米级别,所以摸索 TERS 技术,从光学角度探测山脊结构、金属掺杂缺陷等微区域结构信息。

(3)SiC 基外延石墨烯金属插层使得离化表层石墨烯变成可能,这种技术上的突破可以很好地解决 SiC 热解石墨烯层厚不一的问题,如果可以进一步控制插层原子的数量,控制插层的结构不变,就为石墨烯 / 金属 /SiC 这种器件的应用提供了可能性。SiC 基外延石墨烯金属插层不仅可以完成单金属的插层,还可以利用多步插层法实现两种金属同时插层。由于金属原子的插入,金属原子层与表层石墨烯之间形成了一个密闭的化学空间,这为很多在普通条件下不能实现的反应提供了更多的可能性。

(4)研究主要针对外延石墨烯用于晶体管沟道材料时所遇到的问题,多从结构分析的角度进行规律性总结和启示性说明,故下一步应将制备出的石墨烯作成晶体管器件,测试相关性能并验证本书提出的结论。优化大面积高质量单层外延石墨烯的制备工艺,结合现有的半导体器件制备工艺,探索外延石墨烯器件原型的制备和设计。石墨烯与金属之间的交互作用可改善其电学特性,这方面的突破将会使石墨烯在集成电路中具有广泛的技术应用。

参考文献

[1] Moore G E. Cramming more components onto integrated circuits[J]. Proceedings of the IEEE,1998, 86(1): 82-85.

[2] Mollick E. Establishing Moore's law[J]. IEEE Annals of the History of Computing, 2006, 28(3): 62-75.

[3] Bohr M T. Nanotechnology goals and challenges for electronic applications[J]. IEEE Transactions on Nanotechnology, 2002, 1(1): 56-62.

[4] Schwierz F. Graphene transistors[J]. Nature Nanotechnoloy, 2010, 5:487-496.

[5] Powell JR. The quantum limit to moore's law[J]. Proceedings of the IEEE,2008, 96(8): 1247-1248.

[6] Lundstrom M. Moore's law forever?[J]. Science, 2003, 299(5604): 210-211.

[7] Thompson S E,Parthasarathy S. Moores law the future of Si microelectronics[J]. Materials Today, 2006, 9(6): 20-25.

[8] Thompson S E, Chau R S, Ghani T, et al. In search of 'forever' continued transistor scaling one new material at a time[J]. IEEE Transactions on Semiconductor Manufacturing, 2005, 18(1): 26-36.

[9] Wyss K M, Luong DX, Tour J M. Large-scale syntheses of 2D materials: flash Joule heating and other methods[J]. Advanced Materials, 2022, 306:2106970.

[10] Le M Q. Fracture and strength of single-atom-thick hexagonal materials[J]. Cmputational Materials Science, 2022, 201:110854.

［11］Novoselov K S, Geim A K, Morozov S V, et al. Electric field effect in atomically thin carbon films[J]. Science, 2004, 306(5696): 666-669.

［12］Wilson N P, Yao W, Shan J, et al. Excitons and emergent quantum phenomena in stacked 2D semiconductors[J]. Nature, 2021, 599(7885): 383-392.

［13］Kidambi P R, Chaturvedi P, Moehring N K. Subatomic species transport through atomically thin membranes: present and future applications[J]. Science, 2021, 374(6568): 708.

［14］Jia J S, Wei Q, Zhao C J. Two-dimensional IrN2 monolayer: An efficient bifunctional electrocatalyst for oxygen reduction and oxygen evolution reactions[J]. Journal of Colloid and Interface Science, 2021, 600:711-718.

［15］Daukiya L, Nair M N, Cranney M, et al. Functionalization of 2D materials by intercalation[J]. Progress in Surface Science, 2019, 94(1): 1-20.

［16］Zhang R, Jiang J, Wu W. Scalably nanomanufactured atomically thin materials-based wearable health sensors[J]. Small Structures, 2022, 3(1): 2100120.

［17］Fu M, Chen W, Yu H, et al. General synthesis of two-dimensional porous metal oxides/hydroxides for microwave absorbing applications[J]. Inorganic Chemistry, 2022, 61(1): 678-687.

［18］Peng Y, Lin C, Long L, et al. Charge-transfer resonance and electromagnetic enhancement synergistically enabling MXenes with excellent SERS sensitivity for SARS-CoV-2 S protein detection[J]. Nano-micro letters, 2021, 13:52.

［19］Wang J, Qiu C, Pang H, et al. High-performance SERS substrate based on perovskite quantum dot–graphene/nano-Au composites for ultrasensitive detection of rhodamine 6G and p-nitrophenol[J]. Journal of Materials Chemistry C, 2021, 9:9011-9020.

［20］Novoselov K S, Jiang D, Schedin F, et al. Two-dimensional atomic crystals[J]. Proceedings of the National Academy of Sciences of the United States of America, 2005, 102(30): 10451-10453.

[21]Novoselov K S, Geim A K, Morozov S V, et al. Two-dimensional gas of massless Dirac fermions in graphene[J]. Nature, 2005, 438(7065): 197-200.

[22]Mermin N D. Crystalline order in two dimensions[J]. Physical Review B, 1968, 176:250.

[23]HW K,JR H.Brien SCO: buckminsterfullerene[J]. Nature, 1985, 318:162-163.

[24]S I. Helical microtubules of graphitic carbon[J]. Nature, 1991, 354: 56-58.

[25]Novoselov K S,Jiang Z,Zhang Y,et al.Room-temperature quantum hall effect in graphene[J]. Science, 2007, 315:1379.

[26]Castro E V, Novoselov KS, Morozov S V,et al. Biased bilayer graphene: semiconductor with a gap tunable by the electric field effect[J]. Physical Review Letters, 2007, 99(21): 216802.

[27]Stampfer C, Schurtenberger E,Molitor F,et al.Tunable graphene single electron transistor[J]. Nano Letters, 2008, 8(8): 2378-2383.

[28]Lemme M C,Echtermeyer T J,Baus M,et al.A graphene field-effect device[J]. IEEE Electron Device Letters, 2007, 28(4): 282-284.

[29]Wu Y Q, Jenkins K A, Valdes-Garcia A,et al. State-of-the-art graphene high-frequency electronics[J]. Nano Letters, 2012, 12:3062-3067.

[30]Geim A K, Novoselov K S. The rise of graphene[J]. Nature Materials, 2007, 6(3): 183-191.

[31]Katsnelson M I. Graphene: carbon in two dimensions[J]. Materials Today, 2007, 10(1-2): 20-27.

[32]Hass, J, W.A. de Heer and E.H. Conrad, The growth and morphology of epitaxial multilayer graphene[J]. Journal of Physics-Condensed Matter, 2008, 20(32): 323202.

[33]Yang H, Mayne A J,Boucherit M,et al. Quantum interference channeling at graphene edges[J]. Nano Letters, 2010, 10(3): 943-947.

［34］Sasaki K, Wakabayashi K. Chiral gauge theory for the graphene edge[J]. Physical Review B, 2010, 82(3): 035421.

［35］Girit Ç Ö, Meyer JC, Erni R, et al. Graphene at the edge stability and dynamics[J]. Science, 2009, 323(5922): 1705-1708.

［36］Castro Neto A H, Peres N M R, Novoselov K S,et al. The electronic properties of graphene[J]. Reviews of Modern Physics, 2009, 81(1): 109-162.

［37］Wallace P R. The band theory of graphite[J]. Physical Review, 1947, 71(9): 622-634.

［38］Slonczewski J C, Weiss P R.Band structure of graphite[J]. Physical Review, 1958, 109(2): 272-279.

［39］Latil S,Henrard L. Charge carriers in few-layer graphene films[J]. Physical Review Letters, 2006, 97(3): 036803.

［40］Katsnelson M I,Novoselov KS, Graphene: new bridge between condensed matter physics and quantum electrodynamics[J]. Solid State Communications, 2007, 143(1-2): 3-13.

［41］Partoens, B. and F.M. Peeters, From graphene to graphite: electronic structure around the K point[J]. Physical Review B, 2006, 74(7): 075404.

［42］Berger C, Song Z, Li T,et al.Ultrathin epitaxial graphite: 2D electron gas properties and a route toward graphene-based nanoelectronics[J]. Journal of Physical Chemistry B, 2004, 108(52): 19912-19916.

［43］Koshino M,Ando T. Transport in bilayer graphene: calculations within a self-consistent born approximation[J]. Physical Review B, 2006, 73(24): 245403.

［44］Peres, N.M.R, F. Guinea and A.H. Castro Neto, Electronic properties of disordered two-dimensional carbon[J]. Physical Review B, 2006, 73(12): 125411.

［45］McCann E,Fal'ko V. Landau-level degeneracy and quantum hall effect in a graphite bilayer[J]. Physical Review Letters, 2006, 96(8): 086805.

[46] Guinea F, Castro N A H, Peres N M R. Electronic states and Landau levels in graphene stacks[J]. Physical Review B, 2006, 73(24): 245426.

[47] Frank S. Carbon nanotube quantum resistors[J]. Science, 1998, 280(5370): 1744-1746.

[48] Lin Y M, Dimitrakopoulos C, Jenkins K A, et al.100-GHz transistors from wafer scale epitaxial graphene[J]. Science, 2010, 327(5966): 662-662.

[49] Kim K S, Zhao Y, Jang H, et al. Large-scale pattern growth of graphene films for stretchable transparent electrodes[J]. Nature,2009,457(7230): 706-710.

[50] De Arco L G, Zhang Y, Schlenker C W, et al. Continuous, highly flexible, and transparent graphene films by chemical vapor deposition for organic photovoltaics[J]. ACS Nano, 2010, 4(5): 2865-2873.

[51] Yang N, Zhai J, Wang D, et al. Two-dimensional graphene bridges enhanced photoinduced charge transport in dye-sensitized solar cells[J]. ACS Nano, 2010, 4(2): 887-894.

[52] Zhang Y, Tan Y W, Stormer H L,et al. Experimental observation of the quantum Hall effect and Berry's phase in graphene[J]. Nature, 2005, 438(7065): 201-204.

[53] Novoselov K S, Jiang Z, Zhang Y, et al. Room temperature quantum hall effect in graphene[J]. Science, 2007, 315(5817): 1379-1379.

[54] Wang, L.F. and Q.S. Zheng, Extreme anisotropy of graphite and single-walled carbon nanotube bundles[J]. Applied Physics Letters, 2007, 90(15): 153113.

[55] Lee C,Wei X,Kysar J W,et al. Measurement of the elastic properties and intrinsic strength of monolayer graphene[J]. Science, 2008, 321(5887): 385-388.

[56] Pereira V,Castro Neto A,Peres N. Tight-binding approach to uniaxial strain in graphene[J]. Physical Review B, 2009, 80(4): 045401.

[57] Reich S,Maultzsch J,Thomsen C,et al.Tight-binding description of graphene[J]. Physical Review B, 2002, 66(3): 035412.

[58] Bolotin K I, Sikes K J, Jiang Z, et al.Ultrahigh electron mobility in suspended graphene[J]. Solid State Communications, 2008, 146(9-10): 351-355.

[59] Pop E,Varshney V,Roy A K.Thermal properties of graphene: Fundamentals and applications[J]. MRS Bulletin, 2012, 37(12): 1273-1281.

[60] Balandin A A.Thermal properties of graphene and nanostructured carbon materials[J]. Nature Materials, 2011, 10(8): 569-581.

[61] Nika D,Pokatilov E,Askerov A,et al.Phonon thermal conduction in graphene: Role of Umklapp and edge roughness scattering[J]. Physical Review B, 2009, 79(15): 155413.

[62] Seol J H, Jo I, Moore A L, et al.Two-dimensional phonon transport in supported graphene[J]. Science, 2010, 328(5975): 213-216.

[63] Blake P,Hill E W, Castro Neto A H, et al. Making graphene visible[J]. Applied Physics Letters, 2007, 91(6): 063124.

[64] Novoselov K S, Geim A K, Morozov S V,et al. Two-dimensional gas of massless Dirac fermions in graphene[J]. Nature, 2005, 438: 197-200.

[65] Bolotin, K.I, K.J. Sikes, Z. Jiang and M. Klima, Ultrahigh electron mobility in suspended graphene[J]. Solid State Communications, 2008, 146: 351-355.

[66] Lin Y M, Dimitrakopoulos C, Jenkins K A,et al.100-GHz transistors from wafer-scale epitaxial graphene[J]. Science, 2010, 327:662.

[67] Tyurnina A V, Okuno H, Pochet P,et al. CVD graphene recrystallization as a new route to tune graphene structure and properties[J]. Carbon, 2016, 102: 499-505.

[68] Ryu S, Han M Y, Maultzsch J,et al. Reversible basal plane hydrogenation of graphene[J]. Nano Letters, 2008, 8(12): 4597-4602.

[69]Elias D C, Nair R R, Mohiuddin T M G,et al. Control of graphene's properties by reversible hydrogenation: evidence for graphene[J]. Science, 2009, 323(5914): 610-613.

[70]Xu Z, Xue K. Engineering graphene by oxidation: A first principles study[J]. Nanotechnology, 2010, 21(4): 045704.

[71]Levy N, Burke S A, Meaker K L, et al.Strain-induced pseudo-magnetic fields greater than 300 tesla in graphene nanobubbles[J]. Science, 2010, 329(5991): 544-547.

[72]Yazyev O, Helm L. Defect-induced magnetism in graphene[J]. Physical Review B, 2007, 75(12): 125408.

[73]Bae S, Kim H, Lee Y, et al.Roll-to-roll production of 30-inch graphene films for transparent electrodes[J]. Nature Nanotechnology, 2010, 5(8): 574-578.

[74]Stoller M D, Park S, Zhu Y, et al. Graphene-based ultracapacitors[J]. Nano Letters, 2008, 8(10): 3498-3502.

[75]Xue K, Xu Z. Strain effects on basal-plane hydrogenation of graphene: A first-principles study[J]. Applied Physics Letters, 2010, 96(6): 063103.

[76]Wakabayashi K, Takane Y, Sigrist M. Perfectly conduction channel and university crossover in disordered graphene nanoribbons[J]. Physical Review Letters, 2007, 99: 036601.

[77]Liu Q, Liu Z, Zhang X,et al.Polymer photovoltaic cells based on solution-processable graphene and P3HT[J]. Advanced Functional Materials, 2009, 19(6): 894-904.

[78]Liu Z, Liu Q, Huang Y, et al.Organic photovoltaic devices based on a novel acceptor material: graphene[J]. Advanced Materials, 2008, 20(20): 3924-3930.

[79]Gorbar E, Gusynin V, Miransky V,et al. Magnetic field driven metal-insulator phase transition in planar systems[J]. Physical Review B, 2002, 66(4): 045108.

[80]Li D, Muller M B, Gilje S, et al.Processable aqueous dispersions of graphene nanosheets[J]. Nature Nanotechnology, 2008,

3(2): 101-105.

［81］Eda G, Fanchini G, Chhowalla M. Large-area ultrathin films of reduced graphene oxide as a transparent and flexible electronic material[J]. Nature Nanotechnology, 2008, 3(5): 270-274.

［82］Stankovich S, Piner R D, Chen X, et al.Stable aqueous dispersions of graphitic nanoplatelets via the reduction of exfoliated graphite oxide in the presence of poly(sodium 4-styrenesulfonate)[J]. Journal of Materials Chemistry, 2006, 16(2): 155-158.

［83］Hirata M, Gotou T, Horiuchi S, et al.Thin-film particles of graphite oxide 1: high-yield synthesis and flexibility of the particles[J]. Carbon, 2004, 42(14): 2929-2937.

［84］Mez-Navarro C G, Weitz R T, Bittner A M, et al.Electronic transport properties of individual chemically reduced graphene oxide sheets[J]. Nano Letters, 2007, 7(11): 3499-3503.

［85］Schniepp H C, Li J L, McAllister M J, et al.Functionalized single graphene sheets derived from splitting graphite oxide[J]. The Journal of Physical Chemical B, 2006, 110(17): 8535-8539.

［86］Gijie S, Han S, Wang M,et al.A chemical route to graphene for deviceapplications[J]. Nano Letters, 2007, 7(11): 3394-3398.

［87］Wang X, Zhi L, Mullen K. Transparent, conductive graphene electrodes for dye-sensitized solar cells[J]. Nano Letters, 2008, 8(1): 323-327.

［88］Gao X, Jang J, Nagase S. Hydrazine and Thermal Reduction of Graphene Oxide: Reaction Mechanisms, Product Structures, and Reaction Design[J]. The Journal of Physical Chemistry C, 2010, 114(2): 832-842.

［89］Reina A, Jia X, Ho J, et al.Large area, few-layer graphene films on arbitrary substrates by chemical vapor deposition[J]. Nano Letters, 2009, 9(1): 30-35.

［90］Li X, Zhu Y, Cai W,et al.Transfer of large-area graphene films for high-performance transparent conductive electrodes[J]. Nano Letters, 2009, 9(12): 4359-4363.

［91］Yu Q, Lian J, Siriponglert S, et al. Graphene segregated on Ni surfaces and transferred to insulators[J]. Applied Physics Letters, 2008, 93(11): 113103.

［92］Li X, Cai W, An J, et al.Large-area synthesis of high-quality and uniform graphene films on copper foils[J]. Science, 2009, 324(5932): 1312-1314.

［93］Robertson A W, Warner J H. Hexagonal single crystal domains of few-layer graphene on copper foils[J]. Nano Letters, 2011, 11(3): 1182-1189.

［94］Li X, Cai W, Luigi C,et al. Evolution of graphene growth on Ni and Cu by carbon isotope labeling[J]. Nano Letters, 2009, 9(12): 4268-4272.

［95］Reina A, Jia I, Ho O, et al.Large area, few-layer graphene films on arbitrary substrates by chemical vapor deposition[J]. Nano Letters, 2009, 9(1): 30-35.

［96］Seyller T, Bostwick A, Emtsev K V, et al.Epitaxial graphene: a new material[J]. Physica Status Solidi (B), 2008, 245(7): 1436-1446.

［97］Weng X, Robinson J A, Trumbull K, et al.Structure of few-layer epitaxial graphene on 6H-SiC(0001) at atomic resolution[J]. Applied Physics Letters, 2010, 97(20): 201905.

［98］Poon S W, Chen W, Wee A T,et al. Growth dynamics and kinetics of monolayer and multilayer graphene on a 6H-SiC(0001) substrate[J]. Physical Chemistry Chemical Physics, 2010, 12(41): 13522-13533.

［99］Yoder, M.N, Wide bandgap semiconductor materials and devices[J]. IEEE Transcations on Electron Devices, 1996, 43(10): 1633-1636.

［100］Emtsev K V, Bostwick A, Horn K, et al.Towards wafer-size graphene layers by atmospheric pressure graphitization of silicon carbide[J]. Nature Materials, 2009, 8(3): 203-207.

［101］de Heer W A, Berger C, Ruan M, et al. Large area and structured epitaxial graphene produced by confinement controlled sublimation of silicon carbide[J]. Proceedings of the National Academy of Sciences of the United States of America, 2011, 108(41): 16900-16905.

[102]Zheng M, Takei K, Hsia B, et al.Metal-catalyzed crystallization of amorphous carbon to graphene[J]. Applied Physics Letters, 2010, 96(6): 063110.

[103]Orofeo C M, Ago H, Hu B,et al. Synthesis of large area, homogeneous, single layer graphene films by annealing amorphous carbon on Co and Ni[J]. Nano Research, 2011, 4(6): 531-540.

[104]Ruan G, Sun Z, Peng Z,et al. Growth of graphene from food, insects, and waste[J]. ACS Nano, 2011, 5(9): 7601-7607.

[105]Manukyan K V, Rouvimov S, Wolf E E,et al. Combustion synthesis of graphene materials[J]. Carbon, 2013, 62:302-311.

[106]Zhou Y, Bao Q, Varghese B, et al.Microstructuring of graphene oxide nanosheets using direct laser writing[J]. Advanced Materials, 2010, 22(1): 67-71.

[107]Sun Z, Yan Z, Yao J, et al.Growth of graphene from solid carbon sources[J]. Nature, 2010, 468(7323): 549-552.

[108]Sutter P W, Flege J I, Sutter E A. Epitaxial graphene on ruthenium[J]. Nature Materials, 2008, 7(5): 406-411.

[109]Novoselov K S.Nobel lecture: graphene: materials in the flatland[J]. Reviews of Modern Physics, 2011, 83(3): 837-849.

[110]Li D, Muller M B, Gilje S,et al. Processable aqueous dispersions of graphene nanosheets[J]. Nature Nanotechnology, 2008, 3:101-105.

[111]Park, S.J. and R.S. Ruoff, Chemical methods for the production of graphenes[J]. Nature Nanotechnology, 2009, 4:217-224.

[112]Kim, K.S, Y. Zhao, H. Jang and S.Y. Lee, Large-scale pattern growth of graphene films for stretchable transparent electrodes[J]. Nature, 2009, 457:706-710.

[113]Obraztsov A N, Obraztsova E A, Tyurnina A V,et al.Chemical vapor deposition of thin graphite films of nanometer

thickness[J].Carbon, 2007, 45:2017-2021.

[114] Cheli M, Michetti P, Iannaccone G. Model and performance evaluation of field-effect transistors based on epitaxial graphene on SiC[J]. IEEE Transactions on Electron Devices, 2010, 57(8): 1936-1941.

[115] Forbeaux I, Themlin J M, Debever J M. Heteroepitaxial graphite on 6H-SiC(0001): Interface formation through conduction-band electronic structure[J]. Physical Review B, 1998, 58(24): 16396-16406.

[116] Hu T W, Ma F, Ma D Y,et al. Evidence of atomically resolved 6×6 buffer layer with long-range order and short-range disorder during formation of graphene on 6H-SiC by thermal decomposition[J]. Applied Physics Letters, 2013, 102(17): 171910.

[117] Zhang Y B, Tang T T, Girit C,et al. Direct observation of a widely tunable bandgap in bilayer graphene[J]. Nature, 2009, 459: 820-823.

[118] Ouyang Y J, Dai H J, Guo J. Projected performance advantage of multilayer graphene nanoribbons as a transistor channel material[J]. Nano Research, 2010, 3: 8-15.

[119] Hu T W, Bao H W, Liu S,et al. Near-free-standing epitaxial graphene on rough SiC substrate by flash annealing at high temperature[J]. Carbon, 2017, 120: 219-225.

[120] Velez Fort, E, C. Mathieu, E. Pallecchi, M. Pigneur, M.G. Silly, R. Belkhou, M. Marangolo, A. Shukla, F. Sirotti and A. Ouerghi, Epitaxial graphene on 4H-SiC(0001) grown under nitrogen flux evidence of low nitrogen doping and high charge transfer[J]. ACS Nano, 2012, 6(12): 10893-10900.

[121] Kim S, Ihm J, Choi H,et al.Origin of anomalous electronic structures of epitaxial graphene on silicon carbide[J]. Physical Review Letters, 2008, 100(17): 176802.

[122] Berger C, Song Z, Li X, et al.Electronic confinement and coherence in patterned epitaxial graphene[J]. Science, 2006, 312(5777):

1191-1196.

［123］Huang H, Chen W, Chen S,et al.Bottom-up growth of epitaxial graphene on 6H-SiC(0001)[J]. ACS Nano, 2008, 2(12): 2513-2518.

［124］Forbeaux I, Themlin J M, Debever J M. Heteroepitaxial graphite on 6H-SiC(0001): Interface formation through conduction-band electronic structure[J]. Physical Review B, 1998, 58(24): 16396-16406.

［125］Starke U, Schardt J, Franke M. Morphology, bond saturation and reconstruction of hexagonal SiC surfaces[J]. Applied Physics A, 1997, 65(6): 587-596.

［126］Ong W, Tok E. Role of Si clusters in the phase transformation and formation of (6×6)-ring structures on 6H-SiC(0001) as a function of temperature: An STM and XPS study[J]. Physical Review B, 2006, 73(4): 045330.

［127］Ji L, Tang C, Sun L Z,et al. Nucleation effect of Sia of 6H-SiC-(0001)-($\sqrt{3} \times \sqrt{3}$)R30 ° surface: first-principles study[J]. Physica B: Condensed Matter, 2010, 405(17): 3576-3580.

［128］Riedl C, Starke U. Structural properties of the graphene-SiC(0001) interface as a key for the preparation of homogeneous large-terrace graphene surfaces[J]. Physical Review B, 2007, 76(24): 245406.

［129］Rutter G M, Guisinger N P, Crain J N, et al.Imaging the interface of epitaxial graphene with silicon carbide via scanning tunneling microscopy[J]. Physical Review B, 2007, 76(23): 235416.

［130］Watcharinyanon S, Johansson L I, Xia C,et al.Changes in structural and electronic properties of graphene grown on 6H-SiC(0001) induced by Na deposition[J]. Journal of Applied Physics, 2012, 111(8): 083711.

［131］Zhou S Y, Gweon G H, Fedorov A V, et al.Substrate-induced bandgap opening in epitaxial graphene[J]. Nature Materials, 2007, 6(10): 770-775.

［132］Ponomarenko, L.A, F. Schedin, M.I. Katsnelson, R. Yang,

E.W. Hill, K.S. Novoselov and A.K. Geim, Chaotic dirac billiard in graphene quantum dots[J]. Science, 2008, 320(5874): 356-358.

［133］Areshkin, D.A. and C.T. White, Building blocks for integrated graphene circuits[J]. Nano Letters, 2007, 7(11): 3253-3259.

［134］Stein, S.E. and R.L. Brown, Pi-electron properties of large condensed polyaromatic hydrocarbons[J]. Journal of the American Chemical Society, 1987, 109 (12): 3721-3729.

［135］Yoshizawa K, Okahara K, Sato T. Molecular-orbital study of pyrolytic carbons based on small cluster models[J]. Carbon, 1994, 32(8): 1517-1522.

［136］Fujita M, Wakabayashi K, Nakada K,et al. Peculiar localized state at zigzag graphite edge[J]. Journal of the Physical Society of Japan, 1996, 65(7): 1920-1923

［137］Nakada, K, M. Fujita, K. Wakabayashi and K. Kusakabe, Localized electronic states on graphite edge[J]. Czechoslovak Journal of Physics, 1996 46(5): 2429-2430.

［138］Enoki T, Kobayashi Y, Fukui K.-i. Electronic structures of graphene edges and nanographene[J]. International Reviews in Physical Chemistry, 2007, 26(4): 609-645.

［139］Kobayashi Y, Fukui K.-i, Enoki T. Edge state on hydrogen-terminated graphite edges investigated by scanning tunneling microscopy[J]. Physical Review B, 2006, 73(12): 125415.

［140］Enoki T, Fujii S, Takai K. Zigzag and armchair edges in graphene[J]. Carbon, 2012, 50(9): 3141-3145.

［141］Ritter K A, Lyding J W. The influence of edge structure on the electronic properties of graphene quantum dots and nanoribbons[J]. Nature Materials, 2009, 8(3): 235-242.

［142］Chen J H, Cullen W, Jang C, et al.Defect scattering in graphene[J]. Physical Review Letters, 2009, 102(23): 236805.

［143］Rutter, G.M, J.N. Crain, N.P. Guisinger, T. Li, P.N. First and J.A. Stroscio, Scattering and interference in epitaxial graphene[J]. Science, 2007, 317(5835): 219-222.

［144］Tian J, Cao H, Wu W, et al. Direct imaging of graphene edges: atomic structure and electronic scattering[J]. Nano Letters, 2011, 11(9): 3663-3668.

［145］Parka C, Yangb H, Maynec A J, et al. Formation of unconventional standing waves at graphene edges by valley mixing and pseudospin rotation[J]. Proceedings of the National Academy of Sciences of the United States of America, 2011, 108(46): 18622-18625.

［146］Xue J, Sanchez-Yamagishi J, Watanabe K, et al.Long-wavelength local density of states oscillations near graphene step edges[J]. Physical Review Letters, 2012, 108(1): 01680.

［147］Crommie M F, Lutz C P, Eigler D M. Imaging standing waves in a two dimensional electron gas[J]. Nature, 1993, 363(6429): 524-527.

［148］Tao C, Jiao L, Yazyev O V, et al.Spatially resolving edge states of chiral graphene nanoribbons[J]. Nature Physics, 2011, 7(8): 616-620.

［149］Wang Q, Zhang W, Wang L, et al.Large-scale uniform bilayer graphene prepared by vacuum graphitization of 6H-SiC(0001) substrates[J]. Journal of Physics. Condensed Matter, 2013, 25(9): 095002.

［150］Campos L C, Manfrinato V R, Sanchez-Yamagishi J D, et al. Anisotropic etching and nanoribbon formation in single-layer graphene[J]. Nano Letters, 2009, 9(7): 2600-2604.

［151］Datta S S, Strachan D R, Khamis S M,et al.Crystallographic etching of few-layer graphene[J]. Nano Letters, 2008, 8(7): 1912-1915.

［152］Severin N, Kirstein S, Sokolov I M,et al.Rapid trench channeling of graphenes with catalytic silver nanoparticles[J]. Nano Letters, 2009, 9(1): 457-461.

［153］Chan K T, Neaton J B, Cohen M L,et al. First-principles study of metal adatom adsorption on graphene[J]. Physical Review B, 2008, 77(23): 235430.

［154］Liu X, Wang C Z, Hupalo M, et al.Metals on graphene:

correlation between adatom adsorption behavior and growth morphology[J]. Physical Chemistry Chemical Physics, 2012, 14(25): 9157-9166.

[155]Zhou H, Qiu C, Liu Z,et al. Thickness-dependent morphologies of gold on n-layer graphenes[J]. Journal of the American Chemical Society, 2010, 132(3): 944-946.

[156]Ci L, Xu Z, Wang L, et al. Controlled nanocutting of graphene[J]. Nano Research, 2008, 1(2): 116-122.

[157]Gao, T, Y. Gao, C. Chang, Y. Chen, M. Liu, S. Xie, K. He, X. Ma, Y. Zhang and Z. Liu, Atomic-scale morphology and electronic structure of manganese atomic layers underneath epitaxial graphene on SiC(0001)[J]. ACS Nano, 2012, 6 (8): 6562-6568.

[158]Cranney M, Vonau F, Pillai P B, et al. Superlattice of resonators on monolayer graphene created by intercalated gold nanoclusters[J]. EPL: A Letters Journal Exploring the Frontiers of Physics, 2010, 91(6): 66004.

[159]Cho E K, Yitamben E N, Iski E V,et al.Guisinger, Atomic-scale investigation of highly stable Pt clusters synthesized on a graphene support for catalytic applications[J].Journal of Physical Chemistry C, 2012, 116: 26066-26071.

[160]Binz S M, Hupalo M, Liu X J,et al. High island densities and long range repulsive interactions: Fe on epitaxial graphene[J]. Physical Review Letters, 2012, 109(2): 026103.

[161]Ruffino, F. and F. Giannazzo, A review on metal nanoparticles nucleation and growth on/in graphene[J]. Crystals, 2017, 7: 219.

[162]Liu X J, Han Y, Evans J W,et al. Growth morphology and properties of metals on graphene[J]. Progress in Surface Science, 2015, 90: 397-443.

[163]Amft M, Sanyal B, Eriksson O,et al. Small gold clusters on graphene, their mobility and clustering: a DFT study[J]. Journal of Physics: Condensed Matter, 2011, 23: 205301.

［164］Liu X J, Hupalo M, Wang C Z,et al. Growth morphology and thermal stability of metal islands on graphene[J]. Physical Review B, 2012, 86(8): 081414.

［165］Luo Z T, Somers L A, Dan Y P,et al. Size-selective nanoparticle growth on few-layer graphene films[J]. Nano Letters, 2010, 10: 777-781.

［166］Chen, H H, Su S H, Chang S L,et al. Long-range interactions of bismuth growth on monolayer epitaxial graphene at room temperature[J]. Carbon, 2015, 93: 180-186.

［167］Huang H, Wong S L, Wang Y Z,et al.Scanning tunneling microscope and photoemission spectroscopy investigations of bismuth on epitaxial graphene on SiC(0001)[J]. Journal of Physical Chemistry C, 2014, 118: 24995-24999.

［168］N'Diaye A T, Bleikamp S, Feibelman P J,et al. Two-dimensional Ir cluster lattice on a graphene moire on Ir(111)[J]. Physical Review Letters, 2006, 97(21): 215501.

［169］Song C L, Sun B, Wang Y L,et al.Charge-transfer-induced cesium superlattices on graphene[J]. Physical Review Letters, 2012, 108(15): 156803.

［170］Hu T W, Ma D Y, Ma F,et al. Preferred armchair edges of epitaxial graphene on 6H-SiC(0001) by thermal decomposition[J]. Applied Physics Letters, 2012, 101(24): 241903.

［171］Sandin A, Jayasekera T, Rowe J E,et al. Multiple coexisting intercalation structures of sodium in epitaxial graphene-SiC interfaces[J]. Physical Review B, 2012, 85(12): 125410.

［172］Varykhalov A, Scholz M R, Kim T K,et al. Effect of noble-metal contacts on doping and band gap of graphene[J]. Physical Review B, 2010, 82(12): 121101.

［173］Papagno M, Moras P, Sheverdyaeva P M,et al. Hybridization of graphene and a Ag monolayer supported on Re(0001)[J]. Physical Review B, 2013, 88(23): 235430.

［174］Lima L H, Landers R, Siervo A. Patterning quasi-periodic

Co 2D-clusters underneath graphene on SiC(0001)[J]. Chemistry of Materials, 2014, 26: 4172-4177.

[175] Premlal B, Cranney M, Vonau F,et al.Surface intercalation of gold underneath a graphene monolayer on SiC(0001) studied by scanning tunneling microscopy and spectroscopy[J]. Applied Physics Letters, 2009, 94(26): 263115.

[176] Wang H T, Wang Q X, Cheng YC,et al. Doping monolayer graphene with single atom substitutions[J]. Nano Letters, 2012, 12: 141-144.

[177] Virojanadara C, Watcharinyanon S, Zakharov A A,et al. Epitaxial graphene on 6H-SiC and Li intercalation[J]. Physical Review B, 2010, 82(20): 205402.

[178] Emtsev K V, Zakharov A A, Coletti C,et al. Ambipolar doping in quasifree epitaxial graphene on SiC(0001) controlled by Ge intercalation[J]. Physical Review B, 2011, 84(12): 125423.

[179] Chuang F C, Lin W H, Huang Z Q,et al.Electronic structures of an epitaxial graphene monolayer on SiC(0001) after gold intercalation: A first-principles study[J]. Nanotechnology, 2011, 22:275704.

[180] Krasheninnikov, A.V, P.O. Lehtinen, A.S. Foster and P. Pyykkö, Embedding transition-metal atoms in graphene: Structure, bonding, and magnetism[J]. Physical Review Letters, 2009, 102(12): 126807.

[181] Mao, Y.L. and J.X. Zhong, Structural, electronic and magnetic properties of manganese doping in the upper layer of bilayer graphene[J]. Nanotechnology, 2008, 19:205708.

[182] Hu T W, Fang Q L, Zhang X H,et al. Enhanced n-doping of epitaxial graphene on SiC by bismuth[J]. Applied Physics Letters, 2018, 113(1): 011602.

[183] Moon J, An J, Sim U,et al. One-step synthesis of n-doped graphene quantum sheets from monolayer graphene by nitrogen plasma[J]. Advanced Materials, 2014, 26:3501-3505.

［184］Wang Q, Shao Y, Ge D H,et al. Surface modification of multilayer graphene using Ga ion irradiation[J]. Journal of Applied Physics, 2015, 117(16): 165303.

［185］Liu X J, Wang C Z, Yao Y X,et al. Bonding and charge transfer by metal adatom adsorption on graphene[J]. Physical Review B, 2011, 83(23): 235411.

［186］Lee J, Novoselov K S, Shin H S. Interaction between metal and graphene: dependence on the layer number of graphene[J]. ACS Nano, 2011, 5(1): 608-612.

［187］Gierz I, Riedl C, Starke U,et al. Atomic hole doping of graphene[J]. Nano Letters, 2008, 8(12): 4603-4607.

［188］Liu L, Ryu S M, Tomasik M R,et al. Graphene oxidation: thickness-dependent etching and strong chemical doping[J]. Nano Letters, 2008, 8(7): 1965-1970.

［189］Koehler F M, Jacobsen A, Ensslin K,et al.Selective chemical modification of graphene surfaces: distinction between single- and bilayer graphene[J]. Small, 2010, 6(10): 1125-1130.

［190］Li X Y, Li J, Zhou X M,et al. Silver nanoparticles protected by monolayer graphene as a stabilized substrate for surface enhanced Raman spectroscopy[J]. Carbon, 2014, 66: 713-719.

［191］Gong T C, Zhang J, Zhu Y,et al.Optical properties and surface-enhanced Raman scattering of hybrid structures with Ag nanoparticles and graphene[J]. Carbon, 2016, 102: 245-254.

［192］Gong T C, Zhu Y, Zhang J,et al. Study on surface-enhanced Raman scattering substrates structured with hybrid Ag nanoparticles and few-layer graphene[J]. Carbon, 2015, 87: 385-394.

［193］Jimenez-Villacorta F, Climent-Pascual E, Ramirez-Jimenez R,et al. Graphene–ultrasmall silver nanoparticle interactions and their effect on electronic transport and Raman enhancement[J]. Carbon, 2016, 101: 305-314.

［194］Zhao Y D, Liu X, Lei D Y,et al. Effects of surface roughness of Ag thin films on surface-enhanced Raman spectroscopy of graphene:

Spatial nonlocality and physisorption strain[J]. Nanoscale, 2014, 6:1311-1317.

[195] Wan W, Li H, Huang H,et al. Incorporating isolated molybdenum (Mo) atoms into bilayer epitaxial graphene on 4H-SiC(0001)[J]. ACS Nano, 2014, 8(1): 970-976.

[196] Liu L W, Xiao W D, Yang K,et al. Growth and structural properties of Pb islands on epitaxial graphene on Ru(0001)[J]. Journal of Physical Chemistry C, 2013, 117: 22652-22655.

[197] Guo Y, Guo L W, Huang J,et al.The correlation of epitaxial graphene properties and morphology of SiC(0001)[J]. Journal of Applied Physics, 2014, 115(4): 043527.

[198] Oura K, Lifshits V G, Saranin A A, et al.Surface science: an Introduction[J]. Berlin Heidelberg: Springer,2003,3(66):159-187.

[199] Oura K, Lifshits V G, Saranin A A,et al.Hydrogen interaction with clean and modified silicon surfaces[J]. Surface Science Reports, 1999, 35(1-2): 1-69.

[200] Arthur J R.Molecular beam epitaxy[J]. Surface Science, 2002, 500(1-3): 189-217.

[201] Cho A Y. Epitaxy by periodic annealing[J]. Surface Science, 1969, 17(2): 494-503.

[202] Wang X, Yoshikawa A. Molecular beam epitaxy growth of GaN, AlN and InN[J]. Progress in Crystal Growth and Characterization of Materials, 2004, 48-49: 42-103.

[203] 宋灿立. 先进纳米材料的 MBE 生长和 STM 研究 [D]. 北京 : 中国科学院北京物理所 ,2010.

[204] Binnig G, Rohrer H. Scanning tunneling microscopy-from birth to adolescence[J]. Reviews of Modern Physics, 1987, 59(3): 615-625.

[205] Binnig G, Rohrer H, Gerber C. 7 × 7 reconstruction on Si(111) resolved in real space[J]. Physical Review Letters, 1983, 50(2): 120-123.

[206] Binnig G, Rohrer H, Gerber C,et al.Surface studies by

scanning tunneling microscopy[J]. Physical Review Letters, 1982, 49(1): 57-61.

［207］Everson M P, Jaklevic R C, Shen W.Measurement of the local density of states on a metal surface Scanning tu nneling spectroscopic imaging of Au(111)[J]. Journal of Vacuum Science & Technology A, 1990, 8(5): 3662-3665.

［208］Tersoff J, Hamann D R. Theory of the scanning tunneling microscope[J]. Physical Review B, 1985, 31(2): 805-813.

［209］Hamers R J.Scanned probe microscopies in chemistry[J]. The Journal of Physical Chemical B, 1996, 100(31): 13103-13120.

［210］Tersoff J, Hamann D R. Theory and application for the scanning tunneling microscope[J]. Physical Review Letters, 1983, 50(25): 1998-2001.

［211］陈成钧著, 华中一, 朱昂如等译, 扫描隧道显微学引论 [M]. 北京 : 中国轻工业出版社 ,1996.

［212］Viernow J, Lin J L, Petrovykh D Y, et al.Regular step arrays on silicon[J]. Applied Physics Letters 1998, 72(8): 948-950.

［213］Horcas I,Fernandez R,Gomez-Rodriguez J M,et al.WSXM: a software for scanning probe microscopy and a tool for nanotechnology[J]. Review of scientific instruments, 2007, 78(1): 013705.

［214］Hansma P K, Tersoff J. Scanning tunneling microscopy[J]. Journal of Applied Physics, 1987, 61(2): R1-R23.

［215］Hipps K W, Mazur U. Inelastic electron tunneling: an alternative molecular spectroscopy[J]. Journal of Physical Chemistry, 1993, 97(30): 1803-1814.

［216］Chen C J.Theory of scanning tunneling spectroscopy[J]. Journal of Vacuum Science & Technology A, 1988, 6(2): 319-322.

［217］Avouris P, lyo I W. Observation of quantum size effects at room temperature on metal surfaces with STM[J]. Science, 1994, 264(13): 942-945.

［218］白春礼, 扫描隧道显微术及其应用1992, 上海 : 科学出版社 .

［219］Hasegawa S, Tong X, Takeda S,et al. Structures and electronic transport on silicon surfaces[J]. Progress in Surface Science, 1999, 60(5-8): 89-257.

［220］Ugeda M M, Brihuega I, Hiebel F, et al.Electronic and structural characterization of divacancies in irradiated graphene[J]. Physical Review B, 2012, 85(12): 121402(R).

［221］Mahan J E, Geib K M, Robinson G Y.A review of the geometrical fundamentals of reflection high-energy electron-diffraction with application to silicon surfaces[J]. Journal of Vacuum Science & Technology A, 1990, 8(5): 3692-3700.

［222］Ichimiya A, Cohen P.Reflection high-energy electron diffraction[J]. Cambridge University Press, 2004, 28-58.

［223］Grimme, S, Semiempirical GGA-type density functional constructed with a long-range dispersion correction[J]. Journal of Computational Chemistry, 2006, 27(15): 1787-99.

［224］Blöchl P E.Projector augmented-wave method[J]. Physical Review B, 1994, 50(24): 17953-17979.

［225］Varchon F, Feng R, Hass J,et al.Electronic structure of epitaxial graphene layers on SiC: effect of the substrate[J]. Physical Review Letters, 2007, 99(12): 126805.

［226］Guo Z X, Ding J W, Gong X G. Thermal conductivity of epitaxial graphene nanoribbons on SiC effect of substrate[J]. Pysical Review B 2012, 85(23): 235429.

［227］Chen W, Xu H, Liu L, et al.Atomic structure of the 6H-SiC(0001) nanomesh[J]. Surface Science, 2005, 596(1-3): 176-186.

［228］de Heer W A, Berger C, Wu X,et al.Epitaxial graphene[J]. Solid State Communications, 2007, 143(1-2): 92-100.

［229］Chelnokov V E, Syrkin A L, Dmitriev V A.Overview of SiC power electronics[J]. Diamond and Related Materials, 1997, 6(10): 1480-1484.

［230］Elasser A, Chow T P. Silicon carbide benefits and advantages for power electronics circuits and systems[J]. Proceddings of the IEEE, 2002, 90(6): 969-986.

［231］Cooper J A, Agarwal A. SiC power-switching devices-the second electronics revolution?[J]. Proceddings of the IEEE, 2002, 90(6): 956-968.

［232］Jagodzinski, H, Polytypism in SiC crystals[J]. Acta Crystallographica, 1954, 7(3): 300-300.

［233］Ramsdell L S. The crystal structure of alpha-SiC, type IV[J]. American Mineralogist, 1944, 29(11-12): 431-442.

［234］Lambrecht W R L, Limpijumnong S, Rashkeev S Ne al.Electronic band structure of SiC polytypes: A discussion of theory and experiment[J]. Physica Status Solidi (B), 1997, 202(1): 5-33.

［235］Bauer A, Reischauer P, Kräusslich J, et al.Structure refinement of the silicon carbide polytypes 4H and 6H: unambiguous determination of the refinement parameters[J]. Acta Crystallographica Section A, 2001, 57: 60-67.

［236］Li, X, Epitaxial graphene films on silicon carbide growth, characterization, 2008, Georgia Institute of Technology: Atlanta.

［237］Burk Jr A A, O'Loughlin M J, Siergiej R R, et al. Balakrishna and C.D. Brandt, SiC and GaN wide bandgap semiconductor materials and devices[J]. Solid-State Electronics, 1999, 43(8): 1459-1464.

［238］Neudeck P G.Progress in silicon-carbide semiconductor electronics technology[J]. Journal of Electronic Materials, 1995, 24(4): 283-288.

［239］Hu H, Ruammaitree A, Nakahara H,et al. Few-layer epitaxial graphene with large domains on C-terminated 6H-SiC[J]. Surface and Interface Analysis, 2012, 44(6): 793-796.

［240］Bolen M, Harrison S, Biedermann L,et al.Graphene formation mechanisms on 4H-SiC(0001)[J]. Phys. Rev. B, 2009, 80(11): 115433.

［241］Starke U, Riedl C.Epitaxial graphene on SiC(0001) and SiC(000-1): from surface reconstructions to carbon electronics[J].

Journal of Physics: Condensed Matter, 2009, 21(13): 134016.

［242］Hass J, Heer W A D, Conrad E H. The growth and morphology of epitaxial multilayer graphene[J]. Journal of Physics: Condensed Matter, 2008, 20: 323202.

［243］Van Bommel A J, Crombeen J E. Van A,Tooren, LEED and Auger electron observations of the SiC(0001) surface[J]. Surface Science, 1975, 48(2): 463-472.

［244］Bernhardt J, Nerding M, Starke U,et al.Stable surface reconstructions on 6H-SiC(000-1)[J]. Materials Science and Engineering B, 1999, B61-62: 207-211.

［245］Forbeaux I, Themlin J M, Charrier A, et al.Solid-state graphitization mechanisms of silicon carbide 6H-SiC polar faces[J]. Applied Surface Science, 2000, 162-163: 406-412.

［246］Hisada Y, Hayashi K, Kato K,et al.Reconstructions of 6H-SiC(0001) surfaces studied by scanning tunneling microscopy and reflection high-energy electron diffraction[J]. Japanese Journal of Applied Physics, 2001, 40(4A): 2211-2216.

［247］Ong W J,Tok E S, Xu H,et al.Self-assembly of Si nanoclusters on 6H-SiC(0001)-(3 × 3) reconstructed surface[J]. Applied Physics Letters, 2002, 80(18): 3406-3408.

［248］Li L, Tsong I. Atomic structures of 6H-SiC (0001) and (000-1) surfaces[J]. Surface Science, 1996, 351(1-3): 141-148.

［249］Kaplan, R, Surface structure and composition of β -and 6H-SiC[J]. Surface Science, 1989, 215(1-2): 111-134.

［250］Kaplan R, Parrill T M.Reduction of SiC surface oxides by a Ga molecular beam: LEED and electron spectroscopy studies[J]. Surface Science, 1986, 165(2-3): L45-L52.

［251］Wang J, So R, Liu Y, et al.Observation of a ($\sqrt{3}$ × $\sqrt{3}$)-R30° reconstruction on GaN(0001) by RHEED and LEED[J]. Surface Science, 2006, 600(14): 169-174.

［252］Heinz K, Starke U, Bernhardt J, et al.Surface structure of hexagonal SiC surfaces key to crystal growth and interface formation[J]. Applied Surface Science, 2000, 162-163: 9-18.

［253］Starke U, Schardt J, Bernhardt J,et al.Stacking transformation from hexagonal to cubic SiC Induced by surface reconstruction: a seed for heterostructure growth[J]. Physical Review Letters, 1999, 82(10): 2107-2110.

［254］Emtsev K V, Speck F, Seyller Tet al. Interaction, growth, and ordering of epitaxial graphene on SiC(0001) surfaces: A comparative photoelectron spectroscopy study[J]. Physical Review B, 2008, 77(15): 155303.

［255］Mallet P, Varchon F, Naud C,et al. Electron states of mono- and bilayer graphene on SiC probed by scanning-tunneling microscopy[J]. Physical Review B, 2007, 76(4): 041403(R).

［256］Tsukamoto T, M. Hiraia, M. Kusakaa, M. Iwamia, T. Ozawa, T. Nagamurab and T. Nakatac, Annealing effect on surfaces of 4H(6H)-SiC(0001) Si face [J]. Applied Surface Science, 1997, 113-114: 467-471.

［257］Hu T W, Ma F, Ma D Y, et al.Evidence of atomically resolved 6×6 buffer layer with long-range order and short-range disorder during formation of graphene on 6H-SiC by thermal decomposition[J]. Applied Physics Letters, 2013, 102(17): 171910.

［258］Varchon F, Mallet P, Veuillen J Y,et al.Ripples in epitaxial graphene on the Si-terminated SiC(0001) surface[J]. Physical Review B, 2008, 77(23): 235412.

［259］Riedl C, Zakharov A A, Starke U. Precise in situ thickness analysis of epitaxial graphene layers on SiC(0001) using low-energy electron diffraction and angle resolved ultraviolet photoelectron spectroscopy[J]. Applied Physics Letters, 2008, 93(3): 033106.

［260］Ni Z, Chen W, Fan X, et al.Raman spectroscopy of epitaxial graphene on a SiC substrate[J]. Phys. Rev. B, 2008, 77(11): 115416.

［261］Emtsev K V, Speck F, Seyller T,et al.Interaction, growth, and ordering of epitaxial graphene on SiC{0001} surfaces: A comparative photoelectron spectroscopy study[J]. Physical Review B,

2008, 77(15): 155303.

[262] Xie X N, Loh K P.Observation of a 6 × 6 superstructure on 6H-SiC(0001) by reflection high energy electron diffraction[J]. Applied Physics Letters, 2000, 77(21): 3361-3363.

[263] An J, Voelkl E, Suk J W, et al.Domain (grain) boundaries and evidence of "twinlike" structures in chemically vapor deposited grown graphene[J]. ACS Nano, 2011, 5(4): 2433-2439.

[264] Xie X N, Yakolev N, Loh K P. Distinguishing the H3 and T4 silicon adatom model on 6H-SiC(0001) $\sqrt{3} \times \sqrt{3}$ R30 ° reconstruction by dynamic rocking beam approach[J]. The Journal of Chemical Physics, 2003, 119(3): 1789-1793.

[265] Mattausch A, Pankratov O. Ab initio study of graphene on SiC[J]. Physical Review Letters, 2007, 99(7): 076802.

[266] Lauffer P, Emtsev K V, Graupner R, et al.Atomic and electronic structure of few-layer graphene on SiC(0001) studied with scanning tunneling microscopy and spectroscopy[J]. Physical Review B, 2008, 77(15): 155426.

[267] Brar V W, Zhang Y, Yayon Y,et al. Scanning tunneling spectroscopy of inhomogeneous electronic structure in monolayer and bilayer graphene on SiC[J]. Applied Physics Letters, 2007, 91(12): 122102.

[268] Goler S, Coletti C, Piazza V,et al. Revealing the Atomic Structure of the Buffer Layer between SiC(0001) and Epitaxial Graphene[J]. Carbon, 2013, 51:249-254.

[269] Berger C, Song Z M, Li T B,et al. Ultrathin epitaxial graphite: 2D electron gas properties and a route toward graphene based nanoelectronics[J]. Journal of Physical Chemistry B, 2004, 108(52): 19912-19916.

[270] Xia F N, Farmer D B, Lin Y M,et al. Graphene field-effect transistors with high on/off current ratio and large transport band gap at room temperature[J]. Nano Letters, 2010, 10: 715-718.

[271] Hu T W, Liu X T, Ma F, et al.High-quality, single-layered

epitaxial graphene fabricated on 6H-SiC (0001) by flash annealing in Pb atmosphere and mechanism[J]. Nanotechnology, 2015, 26(10): 105708.

[272] Aoyama T, Hisada Y, Mukainakano S,et al. Structural study of the SiC(0001)-($\sqrt{3} \times \sqrt{3}$)R30 degree surfaces by reflection high-energy electron diffraction rocking curves[J]. Japanese Journal of Applied Physics, 2002, 41(2B): L174-L177.

[273] Angot T, Portail M, Forbeaux I,et al. Graphitization of the 6H-SiC(0001) surface studied by HREELS[J]. Surface Science, 2002, 502-503: 81-85.

[274] Batzill M, The surface science of graphene: Metal interfaces, CVD synthesis, nanoribbons, chemical modifications, and defects[J]. Surface Science Reports, 2012, 67(3-4): 83-115.

[275] Sutter, E, D.P. Acharya, J.T. Sadowski and P. Sutter, Scanning tunneling microscopy on epitaxial bilayer graphene on ruthenium (0001)[J]. Applied Physics Letters, 2009, 94(13): 133101.

[276] Mallet P, Brihuega I, Bose S,et al.Role of pseudospin in quasiparticle interferences in epitaxial graphene probed by high-resolution scanning tunneling microscopy[J]. Physical Review B, 2012, 86(4): 045444.

[277] Huang H, Wong S L, Tin C C,et al.Epitaxial growth and characterization of graphene on free-standing polycrystalline 3C-SiC[J]. Journal of Applied Physics, 2011, 110(1): 014308.

[278] Choi J, Lee H, Kim S. Atomic-scale investigation of epitaxial graphene grown on 6H-SiC(0001) using scanning tunneling microscopy and spectroscopy[J]. Journal of Physical Chemistry C, 2010, 114(31): 13344-13348.

[279] Ji S H, Hannon J B, Tromp R M, et al.Atomic-scale transport in epitaxial graphene[J]. Nature Materials, 2012, 11(2): 114-119.

[280] Tromp R, Hannon J. Thermodynamics and Kinetics of Graphene Growth on SiC(0001)[J]. Physical Review Letters, 2009,

102(10): 106104.

［281］Hannon J B, Tromp R M. Pit formation during graphene synthesis on SiC(0001): In situ electron microscopy[J]. Physical Review B, 2008, 77(24): 241404(R).

［282］Rutter G M, Guisinger N P, Crain J N,et al.Imaging the interface of epitaxial graphene with silicon carbide via scanning tunneling microscopy[J]. Physical Review B, 2007, 76(23): 235416.

［283］Geim A K, MacDonald A H. Graphene: Exploring carbon flatland[J]. Physics Today, 2007, 60(8): 35-41.

［284］Ritter K A, Lyding J W.The influence of edge structure on the electronic properties of graphene quantum dots and nanoribbons[J]. Nature Materials, 2009, 8: 235-242.

［285］Rutter G M, Crain J N, Guisinger N P,et al.Structural and electronic properties of bilayer epitaxial graphene[J]. Journal of Vacuum Science & Technology A: Vacuum, Surfaces, and Films, 2008, 26(4): 938-943.

［286］Hu T W, Ma D Y, Ma F,et al Direct and diffuse reflection of electron waves at armchair edges of epitaxial graphene[J]. RSC Advances, 2013, 3:25735-25740.

［287］Sun G F, Jia J F, Xue Q K,et al.Atomic-scale imaging and manipulation of ridges on epitaxial graphene on 6H-SiC(0001)[J]. Nanotechnology, 2009, 20:355701.

［288］Ni Z H, Chen W, Fan X F, et al. Raman spectroscopy of epitaxial graphene on a SiC substrate[J]. Physical Review B, 2008, 77(11): 115416.

［289］Ferralis, N, R. Maboudian and C. Carraro, Evidence of structural strain in epitaxial graphene layers on 6H-SiC(0001)[J]. Physical Review Letters, 2008, 101(15): 156801.

［290］Udupa A, Martini A. Model predictions of shear strain-induced ridge defects in graphene[J]. Carbon, 2011, 49: 3571-3578.

［291］Prakash G, Bolen M L, Colby R.Nanomanipulation of ridges in few-layer epitaxial graphene grown on the carbon face of 4H-SiC[J].

New Journal of Physics, 2010, 12:125009.

［292］Snyder S R, Gerberich W W, White H S. Scanning-tunneling-microscopy study of tip-induced transitions of dislocation-network structures on the surface of highly oriented pyrolytic graphite[J]. Physical Review B, 1993, 47(16): 10823-10831.

［293］Camara N, Rius G, Huntzinger J R, et al.Early stage formation of graphene on the C face of 6H-SiC[J]. Applied Physics Letters, 2008, 93(26): 263102.

［294］Prakash G, Capano M A, Bolen M L,et al. AFM study of ridges in few-layer epitaxial graphene grown on the carbon-face of 4H–SiC[J]. Carbon, 2010, 48:2383-2393.

［295］Biedermann L B, Bolen M L, Capano M A,et al. Insights into few-layer epitaxial graphene growth on 4H-SiC(0001‾) substrates from STM studies[J]. Physical Review B, 2009, 79(12): 125411.

［296］Wakabayashi K, Sasaki K.-i, Nakanishi T,et al. Electronic states of graphene nanoribbons and analytical solutions[J]. Science and Technology of Advanced Materials, 2010, 11(5): 054504.

［297］Lee E J, Balasubramanian K, Weitz R T,et al.Contact and edge effects in graphene devices[J]. Nature Nanotechnology, 2008, 3(8): 486-490.

［298］Potasz P, Guclu A, Wojs A,et al.Electronic properties of gated triangular graphene quantum dots Magnetism, correlations, and geometrical effects[J]. Physical Review B, 2012, 85(7): 075431.

［299］Kang J, Wu F, Li S S, Xia J B,et al.Antiferromagnetic coupling and spin filtering in asymmetrically hydrogenated graphene nanoribbon homojunction[J]. Applied Physics Letters, 2012, 100(15): 153102.

［300］Kiguchi M, Takai K, Joly V,et al.Magnetic edge state and dangling bond state of nanographene in activated carbon fibers[J]. Physical Review B, 2011, 84(4): 045421.

［301］Son Y W, Cohen M L, Louie S G. Energy gaps in graphene nanoribbons[J]. Physical Review Letters, 2006, 97(21): 216803.

[302] Son, Y.W, M.L. Cohen and S.G. Louie, Half-metallic graphene nanoribbons[J]. Nature, 2006, 444(7117): 347-349.

[303] Abanin D A, Lee P A, Levitov L S. Spin-filtered edge states and quantum hall effect in graphene[J]. Physical Review Letters, 2006, 96(17): 176803.

[304] Ridene M, Girard J C, Travers L, et al. STM/STS investigation of edge structure in epitaxial graphene[J]. Surface Science, 2012, 606(15-16): 1289-1292.

[305] Phark S H, Borme J, Vanegas A L, et al. Direct observation of electron confinement in epitaxial graphene nanoislands[J]. ACS Nano, 2011, 5(10): 8162-8166.

[306] Casiraghi C, Hartschuh A, Qian H, et al. Raman spectroscopy of graphene edges[J]. Nano Letters, 2009, 9(4): 1433-1441.

[307] Kobayashi Y, Fukui K I, Enoki T, et al. Observation of zigzag and armchair edges of graphite using scanning tunneling microscopy and spectroscopy[J]. Physical Review B, 2005, 71(19): 193406.

[308] Hu T, Ma D, Fang Q, et al. Bismuth mediated defect engineering of epitaxial graphene on SiC(0001)[J]. Carbon, 2019, 146(313-319.

[309] Hu T, Fang Q, Zhang X, et al. Enhanced n-doping of epitaxial graphene on SiC by bismuth[J]. Applied Physics Letters, 2018, 113(1): 011602.

[310] Suenaga K, Koshino M. Atom-by-atom spectroscopy at graphene edge[J]. Nature, 2010, 468(7327): 1088-1090.

[311] Zhang, Y, V.W. Brar, C. Girit, A. Zettl and M.F. Crommie, Origin of spatial charge inhomogeneity in graphene[J]. Nature Physics, 2009, 5(10): 722-726.

[312] Ferralis N, Kawasaki J, Maboudian R, et al. Evolution in surface morphology of epitaxial graphene layers on SiC induced by controlled structural strain[J]. Applied Physics Letters, 2008, 93(19): 191916.

[313] Tiberj A, Huntzinger J R, Camassel J, et al. Multiscale

investigation of graphene layers on 6H-SiC(000-1)[J]. Nanoscale Research Letters,2011,6(1): 171.

［314］Eom D, Prezzi D, Rim K T, et al.Structure and electronic properties of graphene nanoislands on Co(0001)[J]. Nano Letters, 2009, 9(8): 2844-2848.

［315］Gass M H, Bangert U, Bleloch A L, et al.Free-standing graphene at atomic resolution[J]. Nature Nanotechnology, 2008, 3(11): 676-681.

［316］Xue J, Sanchez-Yamagishi J, Watanabe K,et al. Long-wavelength local density of states oscillations near graphene step edges[J]. Physical Review Letters, 2012, 108(1): 016801.

［317］Ye M, Cui Y T, Nishimura Y,et al. Edge states of epitaxially grown graphene on 4H-SiC(0001) studied by scanning tunneling microscopy[J]. The European Physical Journal B, 2010, 75(1): 31-35.

［318］Lu Q, Huang R. Excess energy and deformation along free edges of graphene nanoribbons[J]. Physical Review B, 2010, 81(15): 155410.

［319］Gan CK,Srolovitz D J.First-principles study of graphene edge properties and flake shapes[J]. Physical Review B, 2010, 81(12): 125445

［320］Wang J, Beyerlein I J.Atomic structures of symmetric tilt grain boundaries in hexagonal close packed (hcp) crystals[J]. Modelling and Simulation in Materials Science and Engineering, 2012, 20(2): 024002.

［321］Huang B, Liu M, Su N, et al. Quantum manifestations of graphene edge stress and edge instability: A first-principles study[J]. Physical Review Letters, 2009, 102(16): 166404.

［322］Koskinen P, Malola S, Hakkinen H.Self-passivating edge reconstructions of graphene[J]. Physical Review Letters, 2008, 101(11): 115502.

［323］Wassmann T, Seitsonen A P, Saitta A M,et al.Clar's theory, π-electron distribution, and geometry of graphene nanoribbons[J].

Journal of the American Chemical Society, 2010, 132(10): 3440-3451.

［324］Sasaki K I, Kato K, Tokura Y,et al.Pseudospin for Raman D band in armchair graphene nanoribbons [J]. Physical Review B, 2012, 85(7): 075437.

［325］Markussen T, Stadler R, Thygesen K S. The relation between structure and quantum interference in single molecule junctions[J]. Nano Letters, 2010, 10(10): 4260-4265.

［326］Chen Z, Lin Y M, Rooks M J,et al.Graphene nano-ribbon electronics[J]. Physica E: Low-dimensional Systems and Nanostructures, 2007, 40(2): 228-232.

［327］Wong H, Durkan C. Imaging confined charge density oscillations on graphite at room temperature[J]. Physical Review B, 2011, 84(8): 085435.

［328］Kresse G, Furthmuller J.Efficient iterative schemes for ab initio total-energy calculations using a plane-wave basis set[J]. Physical Review B, 1996, 54(16): 11169-11186.

［329］Simon L, Bena C, Vonau F, et al.Symmetry of standing waves generated by a point defect in epitaxial graphene[J]. European Physical Journal B, 2009, 69(3): 351-355.

［330］Avouris P, Lyo I W, Walkup R E,et al.Real space imaging of electron scattering phenomena at metal surfaces[J]. Journal of Vacuum Science & Technology B, 1994, 12(3): 1447-1455.

［331］Mallet P,Varchon F, Naud C, et al.Electron states of mono- and bilayer graphene on SiC probed by scanning-tunneling microscopy[J]. Physical Review B, 2007, 76(4): 041403.

［332］Prakash G, Bolen M L, Colby R,et al.Nanomanipulation of ridges in few-layer epitaxial graphene grown on the carbon face of 4H-SiC[J]. New Journal of Physics, 2010, 12(12): 125009.

［333］Sun G F,Jia J F,Xue Q K,et al.Atomic-scale imaging and manipulation of ridges on epitaxial graphene on 6H-SiC(0001)[J]. Nanotechnology, 2009, 20(35): 355701.

［334］N' Diaye A T, Gastel R V, Martínez-Galera A J, et al. In situ observation of stress relaxation in epitaxial graphene[J]. New Journal of Physics, 2009, 11(11): 113056.

［335］Munarriz J, Dominguez-Adame F, Malyshev A V.Toward graphene-based quantum interference devices[J]. Nanotechnology, 2011, 22(36): 365201.

［336］Cuansing E, Wang J S. Quantum transport in honeycomb lattice ribbons with armchair and zigzag edges coupled to semi-infinite linear chain leads[J]. The European Physical Journal B, 2009, 69(4): 505-513.

［337］Bena C. Effect of a Single Localized Impurity on the Local Density of States in Monolayer and Bilayer Graphene[J]. Physical Review Letters, 2008, 100(7): 076601.

［338］Hashimoto A, Suenaga K, Gloter A,et al. Direct evidence for atomic defects in graphene layers[J]. Nature, 2004, 430(7002): 870-873.

［339］Ni, Z, Y. Wang, T. Yu and Z. Shen, Raman spectroscopy and imaging of graphene[J]. Nano Res, 2008, 1(4): 273-291.

［340］Kudin K N, Ozbas B, Schniepp H C, et al. Raman spectra of graphite oxide and functionalized graphene sheets[J]. Nano Letters, 2008, 8(1): 36-41.

［341］Grodecki K, Bozek R, Strupinski W, et al. Micro-Raman spectroscopy of graphene grown on stepped 4H-SiC (0001) surface[J]. Applied Physics Letters, 2012, 100(26): 261604.

［342］Ying W Y, Ni Z H, Yu T, et al. Raman studies of monolayer graphene: the substrate effect[J]. Journal of Physical Chemistry C, 2008, 112(29): 10637-10640.

［343］Hu T W, Ma D Y, Ma F, et al. Direct and diffuse reflection of electron waves at armchair edges of epitaxial graphene[J]. RSC Advances, 2013, 3(48): 25735-25740.

［344］Zhang T W, Ma F, Zhang W L, et al.Diffusion-controlled formation mechanism of dual-phase structure during Al induced crystallization of SiGe[J]. Applied Physics Letters, 2012, 100(7):

071908.

［345］Premlal B, Cranney M, Vonau F, et al. Surface intercalation of gold underneath a graphene monolayer on SiC(0001) studied by scanning tunneling microscopy and spectroscopy[J]. Applied Physics Letters, 2009, 94(26): 263115.

［346］Ferrari A C, Meyer J C, Scardaci V, et al. Raman spectrum of graphene and graphene layers[J]. Physical Review Letters, 2006, 97(18): 187401.

［347］Hu T, Bao H, Liu S, et al. Near-free-standing epitaxial graphene on rough SiC substrate by flash annealing at high temperature[J]. Carbon, 2017, 120: 219-225.

［348］Mohiuddin T, Lombardo A, Nair R, et al. Uniaxial strain in graphene by Raman spectroscopy: G peak splitting, Grüneisen parameters, and sample orientation[J]. Physical Review B, 2009, 79(20): 205433.

［349］Biedermann L, Bolen M, Capano M, et al. Insights into few-layer epitaxial graphene growth on 4H-SiC(000-1) substrates from STM studies[J]. Physical Review B, 2009, 79(12): 125411.

［350］Johansson, L.I, F. Owman and P. Martensson, High-resolution core-level study of 6H-SiC(0001)[J]. Physical Review B, 1996, 53(20): 13793-13802.

［351］Wang F, Shepperd K, Hicks J, et al. Silicon intercalation into the graphene-SiC interface[J]. Physical Review B, 2012, 85(16): 165449.

［352］Kuchler R, Steinke L, Daou R, et al. Thermodynamic evidence for valley-dependent density of states in bulk bismuth[J]. Nat Mater, 2014, 13(5): 461-5.

［353］Hofmann P. The surfaces of bismuth: Structural and electronic properties[J]. Progress in Surface Science, 2006, 81(5): 191-245.

［354］Liu X, Wang C Z, Hupalo M, et al. Metals on Graphene: Interactions, Growth Morphology, and Thermal Stability[J]. Crystals,

2013, 3(1): 79-111.

［355］Rogacheva E I, Lyubchenko S G, Dresselhaus M S. Semimetal-semiconductor transition in thin Bi films[J]. Thin Solid Films, 2008, 516(10): 3411-3415.

［356］Chen H Y, Xiang S K, Yan X Z,et al.Phase transition of solid bismuth under high pressure[J]. Chinese Physics B, 2016, 25(10): 108103.

［357］Kumar S, Singh S, Dhawan PK, et al. Effect of graphene nanofillers on the enhanced thermoelectric properties of Bi2Te3 nanosheets: elucidating the role of interface in de-coupling the electrical and thermal characteristics[J]. Nanotechnology, 2018, 29(13): 135703.

［358］Ge Z H, Qin P, He D, et al. Highly Enhanced Thermoelectric Properties of Bi/Bi2S3 Nanocomposites[J]. ACS Appl Mater Interfaces, 2017, 9(5): 4828-4834.

［359］Chudzinski P, Giamarchi T. Collective excitations and low-temperature transport properties of bismuth[J]. Physical Review B, 2011, 84(12).

［360］编辑部 . 原子层沉积技术发展现状 [J]. 电子工业专用设备 , 2010, 180: 1-8.

［361］Sun H H, Wang M X, Zhu F, et al.Coexistence of Topological Edge State and Superconductivity in Bismuth Ultrathin Film[J]. Nano Lett, 2017, 17(5): 3035-3039.

［362］Kang H C, Karasawa H, Miyamoto Y, et al. Epitaxial graphene top-gate FETs on silicon substrates[J]. Solid-State Electronics, 2010, 54(10): 1071-1075.

［363］Nagao T, Sadowski J T, Saito M, et al. Nanofilm allotrope and phase transformation of ultrathin Bi film on Si(111)-7x7[J]. Phys Rev Lett, 2004, 93(10): 105501.

［364］Yaginuma S, Nagao T, Sadowski J T, et al. Surface pre-melting and surface flattening of Bi nanofilms on Si(111)-7 × 7[J]. Surface Science, 2003, 547(3): L877-L881.

［365］Yaginuma S, Nagao T, Sadowski J T, et al. Origin of flat morphology and high crystallinity of ultrathin bismuth films[J]. Surface Science, 2007, 601(17): 3593-3600.

［366］Jnawali G, Hattab H, Bobisch C A, et al.Epitaxial Growth of Bi(111) on Si(001)[J]. e-Journal of Surface Science and Nanotechnology, 2009, 7: 441-447.

［367］Sharma H R, Fournée V, Shimoda M, et al. Growth of Bi thin films on quasicrystal surfaces[J]. Physical Review B, 2008, 78(15):

［368］Sharma H R, Smerdon J A, Young K M,et al. Epitaxial Bi allotropes on quasicrystal surfaces as templates for adsorption of pentacene and fullerene[J]. J Phys Condens Matter, 2012, 24(35): 354012.

［369］Kato C,Aoki Y, Hirayama H. Scanning tunneling microscopy of Bi-induced Ag(111) surface structures[J]. Physical Review B, 2010, 82(16).

［370］Girard, Y, C. Chacon, G. de Abreu, J. Lagoute, V. Repain and S. Rousset, Growth of Bi on Cu(111): Alloying and dealloying transitions[J]. Surface Science, 2013, 617:118-123.

［371］Kowalczyk P J, Mahapatra O, Belić D, et al. Origin of the moiré pattern in thin Bi films deposited on HOPG[J]. Physical Review B, 2015, 91(4).

［372］Chen H H, Su S H, Chang S L,et al. Tailoring low-dimensional structures of bismuth on monolayer epitaxial graphene[J]. Sci Rep, 2015, 5:11623.

［373］Kowalczyk P J, Mahapatra O, McCarthy D N, et al.STM and XPS investigations of bismuth islands on HOPG[J]. Surface Science, 2011, 605(7-8): 659-667.

［374］Yaginuma S, Nagaoka K, Nagao T, et al. Electronic Structure of Ultrathin Bismuth Films with A7 and Black-Phosphorus-like Structures[J]. Journal of the Physical Society of Japan, 2008, 77(1): 014701.

［375］陆肖励，张燕娜，姚志东. 单双层结构的石墨烯纳米带边界

态的第一原理研究 [J]. 长春大学学报 , 2011, 21(4): 74-76.

［376］Saito M, Takemori Y, Hashi T, et al.Comparative Study of Atomic and Electronic Structures of P and Bi Nanofilms[J]. Japanese Journal of Applied Physics, 2007, 46(12): 7824-7828.

［377］Hu T, Hui X, Zhang X, et al.Nanostructured Bi grown on epitaxial graphene/SiC[J]. The Journal of Physical Chemistry Letters, 2018, 9(19): 5679-5684.

［378］Liu X T, Hu T W, Miao Y P, et al.Selective growth of Pb islands on graphene/SiC buffer layers[J]. Journal of Applied Physics, 2015, 117(6): 065304.

［379］Scott S A, Kral M V,Brown S A. Growth of oriented Bi nanorods at graphite step-edges[J]. Physical Review B, 2005, 72(20): 205423.

［380］Kowalczyk P J, Mahapatra O, Brown S A, et al.STM driven modification of bismuth nanostructures[J]. Surface Science, 2014, 621:140-145.

［381］Liu L W, Xiao W D, Yang K, et al. Growth and Structural Properties of Pb Islands on Epitaxial Graphene on Ru(0001)[J]. The Journal of Physical Chemistry C, 2013, 117(44): 22652-22655.

［382］Shen J, Wang C, Wang X, et al.Second-order Convex Splitting Schemes for Gradient Flows with Ehrlich–Schwoebel Type Energy: Application to Thin Film Epitaxy[J]. SIAM Journal on Numerical Analysis, 2012, 50(1): 105-125.

［383］Alcántara Ortigoza M,Sklyadneva I Y, Heid R, et al. Ab initiolattice dynamics and electron-phonon coupling of Bi(111)[J]. Physical Review B, 2014, 90(19).

［384］Sun J T, Huang H, Wong S L, et al.Energy-gap opening in a Bi110 nanoribbon induced by edge reconstruction[J]. Phys Rev Lett, 2012, 109(24): 246804.

［385］Lopez-Salido, I, D.C. Lim and Y.D. Kim, Ag nanoparticles on highly ordered pyrolytic graphite (HOPG) surfaces studied using STM and XPS[J]. Surface Science, 2005, 588: 6-18.

［386］Choi S M, Jhi S H. Electronic property of Na-doped epitaxial graphenes on SiC[J]. Applied Physics Letters, 2009, 94(15): 153108.

［387］Sicot M, Leicht P, Zusan A,et al.Size-selected epitaxial nanoislands underneath graphene moiré on Rh(111)[J]. ACS Nano, 2012, 6(1): 151-158.

［388］Hsu C H, Lin W H , Ozolins V,et al. Electronic structures of an epitaxial graphene monolayer on SiC(0001) after metal intercalation: A first-principles study[J]. Applied Physics Letters, 2012, 100(6): 063115.

［389］Virojanadara C, Zakharov A A, Watcharinyanon S,et al.A low-energy electron microscopy and x-ray photo-emission electron microscopy study of Li intercalated into graphene on SiC(0001)[J]. New Journal of Physics, 2010, 12: 125015.

［390］Li, Y.C, G. Zhou, J. Li and J. Wu, Lithium intercalation induced decoupling of epitaxial graphene on SiC(0001): Electronic property and dynamic process[J]. Journal of Physical Chemistry C, 2011, 115: 23992-23997.

［391］Fiori S, Murata Y, Veronesi S,et al.Li-intercalated graphene on SiC(0001): An STM study[J]. Physical Review B, 2017, 96(12): 125429.

［392］Yagyu K, Tajiri T, Kohno A,et al. Fabrication of a single layer graphene by copper intercalation on a SiC(0001) surface[J]. Applied Physics Letters, 2014, 104(5): 053115.

［393］Gao T, Gao Y B, Chang C Z, et al.Atomic-scale morphology and electronic structure of manganese atomic layers underneath epitaxial graphene on SiC(0001)[J]. ACS Nano, 2012, 6(8): 6562-6568.

［394］Hupalo M, Conrad E H, Tringides M C. Growth mechanism for epitaxial graphene on vicinal 6H-SiC(0001) surfaces: A scanning tunneling microscopy study[J]. Physical Review B, 2009, 80(4): 041401.

［395］Ugeda M M, Brihuega I, Guinea F, et al.Missing atom as a source of carbon magnetism[J]. Physical Review Letters, 2010, 104(9): 096804.

[396]Zhao L Y,He R, Rim K T,et al. Visualizing individual nitrogen dopants in monolayer graphene[J]. Science, 2011, 333:999-1003.

[397]Liu X J, Wang C Z, Hupalo M,et al. Metals on graphene: correlation between adatom adsorption behavior and growth morphology[J]. Physical Chemistry Chemical Physics, 2012, 14:9157-9166.

[398]Gong C,Lee G, Shan B, et al.First-principles study of metal–graphene interfaces[J]. Journal of Applied Physics, 2010, 108(12): 123711.

[399]Johll H, Wu J, Ong S W, et al.Graphene-adsorbed Fe, Co, and Ni trimers and tetramers: Structure, stability, and magnetic moment[J]. Physical Review B, 2011, 83(20): 205408.

[400]Uchoa B,Yang L, Tsai S W, et al. Orbital symmetry fingerprints for magnetic adatoms in graphene[J]. New Journal of Physics, 2014, 16(1): 013045.

[401]Ferrari A C, Meyer J C, Scardaci V,et al. Raman spectrum of graphene and graphene layers[J]. Physical Review Letters, 2006, 97(18): 187401.

[402]Graf D,Molitor F,Ensslin K,et al.Spatially resolved Raman spectroscopy of single- and few-layer graphene[J]. Nano Letters, 2007, 7(2): 238-242.

[403]Pisana S,Lazzeri M, Casiraghi C,et al. Breakdown of the adiabatic Born-Oppenheimer approximation in graphene[J]. Nature Materials, 2007, 6: 198-201.

[404]Zhou H Q, Qiu C Y, Yu F,et al. Thickness-dependent morphologies and surface-enhanced Raman scattering of Ag deposited on n-layer graphenes[J]. Journal of Physical Chemistry C, 2011, 115: 11348-11354.

[405]Liu X, Fang Q, Hu T, et al. Thickness dependent Raman

spectra and interfacial interaction between Ag and epitaxial graphene on 6H-SiC(0001)[J]. Phys. Chem. Chem. Phys, 2018, 20:5964.

［406］Domke K F,Pettinger B. Tip-enhanced Raman spectroscopy of 6H-SiC with graphene adlayers: selective suppression of E1 modes[J]. Journal of Raman Spectroscopy, 2009, 40:1427-1433.

［407］Shivaraman S, Chandrashekhar M V S, Boeckl J J,et al. Thickness estimation of epitaxial graphene on SiC using attenuation of substrate Raman intensity[J]. Journal of Electronic Materials, 2009, 38(6): 725-730.

［408］Beams R, Cancado L G, Novotny L. Raman characterization of defects and dopants in graphene[J]. Journal of Physics: Condensed Matter, 2015, 27:083002.

［409］Ouerghi A, Silly M G, Marangolo M,et al.Large-area and high-quality epitaxial graphene on off-axis SiC wafers[J]. ACS Nano, 2012, 6(7): 6075-6082.

［410］Niu J, Truong V G, Huang H,et al. Study of electromagnetic enhancement for surface enhanced Raman spectroscopy of SiC graphene[J]. Applied Physics Letters, 2012, 100(19): 191601.

［411］Schedin F,Lidorikis E, Lombardo A,et al.Surface-enhanced Raman spectroscopy of graphene[J]. ACS Nano, 2010, 4(10): 5617-5626.

［412］Melios C, Spencer S, Shard A,et al.Surface and interface structure of quasi-free standing graphene on SiC[J]. 2D Materials, 2016, 3:025023.

［413］Hao Q Z, Wang B, Bossard J A,et al.Surface-enhanced Raman scattering study on graphene-coated metallic nanostructure substrates[J]. Journal of Physical Chemistry C, 2012, 116: 7249-7254.

［414］Qiu C Y, Zhou H Q, Cao B C,et al.Raman spectroscopy of morphology-controlled deposition of Au on graphene[J]. Carbon, 2013, 59:487-494.

［415］Emtsev K V, Bostwick A, Horn K,et al.Towards wafer-size graphene layers by atmospheric pressure graphitization of silicon carbide[J]. Nature Materials, 2009, 8:203-207.

[416] Röhrl J,Hundhausen M, Emtsev K V,et al.Raman spectra of epitaxial graphene on SiC(0001)[J]. Applied Physics Letters, 2008, 92(20): 201918.

[417] Frank O,Tsoukleri G,Parthenios J,et al.Compression behavior of single-layer graphene[J]. ACS Nano, 2010, 4(6): 3131-3138.

[418] Dong X C, Shi Y M, Zhao Y,et al.Symmetry breaking of graphene monolayers by molecular decoration[J]. Physical Review Letters, 2009, 102(13): 135501.

[419] Beams R, Cancado L G,Novotny L. Low temperature raman study of the electron coherence length near graphene edges[J]. Nano Lett, 2011, 11(3): 1177-81.

[420] Faugeras C,Nerrière A, Potemski M,et al. Few-layer graphene on SiC, pyrolitic graphite, and graphene: A Raman scattering study[J]. Applied Physics Letters, 2008, 92(1): 011914.

[421] Ni Z H, Yu T, Lu Y H,et al.Uniaxial strain on graphene: Raman spectroscopy study and band-Gap Opening[J]. ACS Nano, 2008, 2(11): 2301-2305.

[422] Das, A, S. Pisana, B. Chakraborty and S. Piscanec, Monitoring dopants by Raman scattering in an electrochemically top-gated graphene transistor[J]. Nature Nanotechnology, 2008, 3: 210-215.

[423] Amft M,Lebegue S,Eriksson O,et al.Adsorption of Cu, Ag, and Au atoms on graphene including van der Waals interactions[J]. Journal of Physics: Condensed Matter, 2011, 23: 395001.

[424] Avouris P,Xia F. Graphene applications in electronics and photonics[J]. MRS Bulletin, 2012, 37(12): 1225-1234.

[425] Liu X, Hupalo M, Wang C Z,et al.Growth morphology and thermal stability of metal islands on graphene[J]. Physical Review B, 2012, 86(8): 081414.

[426] Hupalo M, Liu X, Wang C Z, et al.Metal nanostructure formation on graphene: weak versus strong bonding[J]. Advanced

Materials, 2011, 23(18): 2082-2087.

［427］Liu X, Wang C Z,Hupalo M, et al.Metals on graphene: correlation between adatom adsorption behavior and growth morphology[J]. Physical chemistry chemical physics : PCCP, 2012, 14(25): 9157-9166.

［428］Michely T,Hohage M,Bott M,et al.Inversion of growth speed anisotropy in two dimensions[J]. Physical Review Letters, 1993, 70(25): 3943-3946.

［429］Stumpf R,Scheffler M.Theory of self-diffusion at and growth of Al(111)[J]. Physical Review Letters, 1994, 72(2): 254-257.

［430］Ugeda M M,Fernandez-Torre D, Brihuega I, et al.Point defects on graphene on metals[J]. Phys Rev Lett, 2011, 107(11): 116803.

［431］Özer M M, Wang C Z, Zhang Z Y,et al.Quantum size effects in the growth, coarsening, and properties of ultra-thin metal films and related nanostructures[J]. Journal of Low Temperature Physics, 2009, 157: 221-251.

［432］Dil J H, Kampen T U, Hülsen B,et al.Quantum size effects in quasi-free-standing Pb layers[J]. Physical Review B, 2007, 75: 161401.

［433］Wang K D,Zhang X Q, Loy M M T,et al.The role of Pb wetting layer conduction in tunneling spectroscopy of Pb nanoislands on Si(111) surface[J]. Surface Science, 2008, 602: 1217-1222.

［434］Zhang Y F,Jia J F,Tang Z,et al.Growth, stability and morphology evolution of Pb films on Si(111) prepared at low temperature[J]. Surface Science, 2005, 596: 331-338.

［435］Ma X C,Jiang P,Qi Y,et al.Experimental observation of quantum oscillation of surface chemical reactivities[J]. Proceedings of the National Academy of Sciences of the United States of America, 2007, 104(22): 9204-9208.

［436］Zhang Y F,Jia J F,Tang Z,et al.Growth, stability and morphology evolution of Pb films on Si(111) prepared at low temperature[J]. Surface Science, 2005, 596(1-3): L331-L338.

[437] Kim J,Zhang C, Kim J, et al. Anomalous phase relations of quantum size effects in ultrathin Pb films on Si(111)[J]. Physical Review B, 2013, 87(24): 245432.

[438] Yamamoto, Y, S. Ino and T. Ichikawa, Surface reconstruction on a clean Si(110) surface observed by RHEED[J]. Japanese Journal of Applied Physics, 1986, 25(4): L331-L334.

[439] Liu X, Wang C Z,Hupalo M, et al. Metals on graphene: interactions, growth morphology, and thermal stability[J]. Crystals, 2013, 3(1): 79-111.

[440] Wang Y,Chen M,Li Z,et al. Scanning tunneling microscopy study of the superconducting properties three-atomic-layer Pb films[J]. Applied Physics Letters, 2013, 103(24): 242603.

[441] Liu Y,Paggel J,Upton M,et al.Quantized electronic structure and growth of Pb films on highly oriented pyrolytic graphite[J]. Physical Review B, 2008, 78(23): 235437.

[442] Ma X, Jiang P,Qi Y, et al.Experimental observation of quantum oscillation of surface chemical reactivities[J]. Proceedings of the National Academy of Sciences of the United States of America, 2007, 104(22): 9204-9208.

[443] Hupalo M,Tringides M. Ultrafast kinetics in Pb/Si(111) from the collective spreading of the wetting layer[J]. Physical Review B, 2007, 75(23): 235443.

[444] Dil J,Kampen T, Hülsen B, et al. Quantum size effects in quasi-free-standing Pb layers[J]. Physical Review B, 2007, 75(16): 161401.

[445] Yeh V,Berbil-Bautista L, Wang C Z, et al. Role of the metal/semiconductor interface in quantum size effects: Pb/Si(111)[J]. Physical Review Letters, 2000, 85(24): 5158-5161.

[446] Poon S W,Chen W, Tok E S,et al. Probing epitaxial growth of graphene on silicon carbide by metal decoration[J]. Applied Physics Letters, 2008, 92(10): 104102.

［447］Otero R,Vázquez de Parga A,Miranda R.Observation of preferred heights in Pb nanoislands: A quantum size effect[J]. Physical Review B, 2002, 66(11): 115401.

［448］Zhu W H,Chen K H,Zhang Z. Formation of graphene p-n superlattices on Pb quantum wedged islands[J]. ACS Nano, 2011, 5(5): 3707-3713.

［449］Yang D,Xia Q,Gao H, et al.Fabrication and mechanism of Pb-intercalated graphene on SiC[J]. Applied Surface Science, 2021, 569: 151012.

［450］Pan Y,Zhang H Q, Shi D X,et al.Highly ordered, millimeter-scale, continuous, single-crystalline graphene monolayer formed on Ru (0001)[J]. Advanced Materials, 2009, 21:2777-2780.

［451］Gao M, Y. Pan, L. Huang and H. Hu, Epitaxial growth and structural property of graphene on Pt(111)[J]. Applied Physics Letters, 2011,98(3): 033101.

［452］Murata Y, V. Petrova, B.B. Kappes and A. Ebnonnasir, Moire superstructures of graphene on faceted nickel islands[J]. ACS Nano, 2010, 4(11): 6509-6514.

［453］Hu T, Yang D, Gao H, et al.Atomic structure and electronic properties of the intercalated Pb atoms underneath a graphene layer[J]. Carbon,2021, 179:151-158.

［454］Hu T,Yang D,Hu W,et al.The structure and mechanism of large-scale indium-intercalated graphene transferred from SiC buffer layer[J]. Carbon, 2021, 171:829-836.

［455］Khomyakov P A,Giovannetti G, Rusu P C, et al. First-principles study of the interaction and charge transfer between graphene and metals[J]. Physical Review B, 2009, 79(19): 195425.

［456］Giovannetti G, Khomyakov P A, Brocks G, et al.Doping graphene with metal contacts[J]. Phys Rev Lett, 2008, 101(2): 026803.

［457］Hu T, Liu X,Ma D, et al.Formation of Micro- and Nano-Trenches on Epitaxial Graphene[J]. Applied Sciences, 2018, 8(12): 2518.

［458］Waterhouse G I N, Bowmaker G A, Metson J B. Oxygen chemisorption on an electrolytic silver catalyst: a combined TPD and Raman spectroscopic study[J]. Applied Surface Science, 2003, 214(1-4): 36-51.

［459］Liu X,Hu T,Miao Y, et al.Substitutional doping of Ag into epitaxial graphene on 6H-SiC substrates during thermal decomposition[J]. Carbon, 2016, 104: 233-240.

［460］Courty A, Henry A I,. Goubet N,et al.Large triangular single crystals formed by mild annealing of self-organized silver nanocrystals[J]. Nature Materials, 2007, 6(11): 900-907.

［461］Xu W,Mao N,Zhang J.Graphene: A platform for surface-enhanced Raman spectroscopy[J]. Small, 2013, 9(8): 1206-1224.

［462］Sarau G,Lahiri B,Banzer P,et al.Enhanced Raman scattering of graphene using arrays of split ring resonators[J]. Advanced Optical Materials, 2013, 1(2): 151-157.

［463］Hatakeyama T,Kometani R, Warisawa S I,et al.Selective graphene growth from DLC thin film patterned by focused-ion-beam chemical vapor deposition[J]. Journal of Vacuum Science & Technology B,2011,29(6): 06FG04.

［464］Chu P K, Li L.Characterization of amorphous and nanocrystalline carbon films[J]. Materials Chemistry and Physics, 2006, 96(2-3): 253-277.

［465］Hu T,Ma D,Ma F,et al.Direct and diffuse reflection of electron waves at armchair edges of epitaxial graphene[J]. RSC Advances, 2013, 3(48): 25735.

［466］Ma L,Wang J,Yip J,et al. Mechanism of Transition-Metal Nanoparticle Catalytic Graphene Cutting[J]. J Phys Chem Lett, 2014, 5(7): 1192-7.

［467］Rius G,Camara N,Godignon P,et al.Nanostructuring of epitaxial graphene layers on SiC by means of field-induced atomic force microscopy modification[J]. Journal of Vacuum Science & Technology B: Microelectronics and Nanometer Structures, 2009,

27(6): 3149.

［468］Wong HS, Durkan C, Chandrasekhar N. Tailoring the Local Interaction between Graphene Layers in Graphite at the Atomic Scale and Above Using Scanning Tunneling Microscopy[J]. ACS Nano, 2009, 3(15): 3455-3462.